西安石油大学优秀学术著作出版基金资助

X100 管线钢
组织强韧化机制与腐蚀行为

胥聪敏　罗金恒　朱丽霞　李丽锋　著

中国石化出版社

内 容 提 要

本书详细介绍了热处理工艺、焊接热输入与应变时效对 X100 钢组织-性能的影响，集中讨论了 X100 钢在我国典型腐蚀性土壤环境中的微生物腐蚀与应力腐蚀行为，展示了腐蚀研究方法、腐蚀数据积累和腐蚀行为规律与机理等方面的研究成果。

本书可供从事金属材料研究的科研人员参考使用，也可作为高等学校相关专业研究生，管线钢生产单位、使用单位和设计单位的参考书。

图书在版编目 (CIP) 数据

X100 管线钢组织强韧化机制与腐蚀行为 / 胥聪敏等著.
—北京：中国石化出版社，2020.9
ISBN 978-7-5114-5963-3

Ⅰ. ①X… Ⅱ. ①胥… Ⅲ. ①钢管-土壤腐蚀-研究
Ⅳ. ①TG172.4

中国版本图书馆 CIP 数据核字（2020）第 172677 号

未经本社书面授权，本书任何部分不得被复制、抄袭，或者以任何形式或任何方式传播。版权所有，侵权必究。

中国石化出版社出版发行
地址：北京市东城区安定门外大街 58 号
邮编：100011 电话：(010)57512500
发行部电话：(010)57512575
http://www.sinopec-press.com
E-mail:press@sinopec.com
北京艾普海德印刷有限公司印刷
全国各地新华书店经销

*

710×1000 毫米 16 开本 17 印张 362 千字
2020 年 9 月第 1 版 2020 年 9 月第 1 次印刷
定价：86.00 元

序
PREFACE

经过近20年的努力，我国在油气输送管道，特别是大口径、高压力输送管道，管型、钢级、材质、尺寸等参数优化和高钢级管材研发应用等方面达到国际领先水平。

为更好地满足大口径、高压力输气管道工程发展的需求，必须研究解决X90~X120超高强度管线钢和钢管屈强比、应变时效、低温韧性、屈服强度测试等关键技术难题，掌握高钢级管材成分、组织、性能、工艺等的相关性。联合冶金和制管企业，形成批量生产能力。研究形成X90~X120管材现场焊接技术，进一步提高环焊缝质量性能水平。最终实现超高强度管线钢和钢管生产及应用技术的全面突破。

油气输送管道(特别是天然气管道)总的发展趋势是持续提高钢管的强度水平，以期最大程度降低管道建设成本和输送成本。采用X100/X120超高强度管线钢代替X70管线钢可降低成本15%~30%，具有较高的经济效益。为降低成本，X100/X120管线钢必将成为高压、大流量油气管线的主力钢种。目前，X100/X120的超前储备研究已成为世界上所有管线研究和生产机构关注的一个重要论题。我国也正在迅速开展超高强度管线钢的开发、组织强韧化机制、应变时效控制、工业性应用、管材现场焊接技术、耐蚀性等方面的应用基础研究，这对于超高强度管线钢及钢管的应用推广具有重要的理论意义与实用价值。

腐蚀是影响油气管道系统可靠性及使用寿命的关键因素。对于长输管道，由于输送介质是经过净化和脱水处理，符合输送标准的石油和天然气，对管道内表面腐蚀轻微，故外部土壤腐蚀是油气管道腐蚀的主要类型。因此，迫切需要对油气输送管道实施腐蚀控制，且重点控制外腐蚀，尤其应该开展超高强度管线钢在我国各种典型土壤环境下的服役安全性研究和数据积累工作。油气管道土壤腐蚀及防护研究是关系油气输送长期经济效益的重大问题之一。由于土壤环境的特殊性及复杂性，积累超高强度油气管道材料在我国典型土壤环境中的腐蚀基础数据，研究其在典型土壤环境中的腐蚀规律及机理是十分必要的。

该书系统全面地开展了X100管线钢的组织性能控制与强韧化机制及其在我国各种典型土壤中的腐蚀研究工作，对国家管网建设、自然环境腐蚀科学发展和长输管线的长周期安全运行都具有实际应用价值和工程指导意义。

近十几年来，该书作者及其课题组一直致力于石油管材的组织强韧化机制、腐蚀与防护、安全评价、风险评估、失效控制等方面的应用基础研究工作，取得了丰硕的研究成果，为企业解决了较多的实际腐蚀问题，为国家相关决策部门、石化企业、油田及专业管道公司提供了决策依据！

中国工程院院士
李鹤林

前 言
PREFACE

近年来，随着国民经济和能源战略需求的快速提升，我国油气消费量和进口量急剧增长，油气管网规模不断扩大。到2025年，全国油气管网规模将达到 $24×10^4$ km，网络覆盖将进一步扩大，结构更加优化，储运能力大幅提升。采用高钢级、大口径、高压力、大壁厚及大输量管道已成为世界油气管道发展趋势，也是保障我国能源工业重大战略需求的主要途径。近几年中国石油天然气集团公司组织攻关对第三代大输量天然气管道工程的研究和试制工作，采用X90等更高钢级管线钢既符合高强减重的发展趋势，又在生产实施方面具有可行性，是油气输送管线建设发展的必然趋势。

X100是超高强度管线钢中的一种典型钢种，作为超前储备研究也是世界上所有管线研究和生产机构关注的一个重要论题。X100管线钢最早的工程应用开始于20世纪60年代中叶，以微合金化和控轧、控冷（TMCP）技术开发的X100管线钢出现在80年代末，90年代是高性能X100管线钢研究的活跃时期。21世纪初X100管线钢开始进入工程应用阶段，其中包括由加拿大Transcanada公司和日本JFE公司共同推动的几项标志性工程。经历多年的发展，X100管线钢已逐步成熟。采用X100钢作为高压、大流量天然气输送管线管材，具有较大的经济效益。资料显示，在油气管道建设中，采用X100/X120代替X70，可降低成本15%~30%。为降低成本，X100/X120管线钢必将成为油气管线的主力钢种。由于输量大、压力高、沿线环境复杂等，高钢级管道一旦泄漏爆炸将导致灾难性后果，因此，高钢级管道服役期的安全运行备受关注。

腐蚀是影响油气管道系统可靠性及使用寿命的关键因素。长输管线由于绝大部分埋设在土壤下，因此与土壤接触而引起的腐蚀问题占腐蚀总量的比例最大，土壤应力腐蚀开裂(SCC)作为世界各国油气长输管道一种主要失效风险，已导致事故数百起，造成巨大损失，并且随着管材强度的提高SCC敏感性增大，因此腐蚀失效问题便成为超高强度管线钢X100/X120研制开发及应用过程中不可回避的一个重要问题。X100/X120超高强度管线钢在预应变条件下的强韧性变化、疲劳性能、耐腐蚀性能、应力腐蚀开裂敏感性以及可焊性等都是应用基础研究应该解决的问题，也是X100/X120管线钢管应用的前提条件。因此，很有必要系统地开展X100管线钢组织强韧化机制及其在我国典型土壤环境中的服役安全性研究和数据积累工作，从而为超高强钢油气管网的建设与发展积累更多的数据资料。

鉴于此，西安石油大学材料科学与工程学院联合中国石油集团石油管工程技术研究院成立了专业的研究梯队，近年来一直持续开展高钢级管线钢的组织强韧化机制与土壤腐蚀行为的研究及数据积累工作。目前，研究梯队已经形成了比较完整的研究体系，取得了一定的研究成果。作者将研究梯队所开展的工作和取得的成果进行总结，形成本书。第1章~第3章简要地介绍了油气管线钢的发展历程与土壤腐蚀研究现状；第4章~第13章讨论焊接热输入、热处理工艺与应变时效等对X100管线钢组织-性能的影响；第14章~第17章讨论X100管线钢在我国典型土壤环境中的微生物腐蚀与应力腐蚀。期待本书的出版将对我国长输管网的建设和管线的长周期安全运行提供数据和理论支撑，为材料学科与腐蚀学科的发展尽绵薄之力。

本书由胥聪敏(18万字)、罗金恒、朱丽霞和李丽锋合著，第1章~第4章、第14章~第17章与参考文献由胥聪敏著写，第5章~第13章由罗金恒、朱丽霞和李丽锋共同著写。

本书获得"西安石油大学优秀学术著作出版基金"和陕西省重点研发计划项目(项目编号2020GY-234)资助。感谢为本书的相关研究工作提供支持和作出贡献的单位和同志。

由于作者水平和经验有限，书中难免存在一些不足之处，敬请读者批评指正。

目录
CONTENTS

1 概述 …………………………………………………………（ 1 ）
  1.1 油气管线钢的发展现状与趋势 …………………………（ 2 ）
  1.2 管线钢的发展历史 ………………………………………（ 3 ）
    1.2.1 油气输送管的开发历史 ……………………………（ 3 ）
    1.2.2 X100 管线钢的开发历史与应用现状 ………………（ 7 ）
  1.3 高钢级管线钢的化学成分和组织设计 …………………（ 11 ）
  1.4 X100 管线钢的发展现状 ………………………………（ 13 ）
    1.4.1 X100 钢级管线钢化学成分设计原理 ………………（ 13 ）
    1.4.2 X100 管线钢组织设计思路 …………………………（ 16 ）
    1.4.3 X100 管线钢的组织 …………………………………（ 18 ）
    1.4.4 X100 管线钢的生产工艺 ……………………………（ 20 ）
  1.5 油气管线钢土壤腐蚀的研究背景与意义 ………………（ 21 ）
  1.6 土壤环境性质与土壤腐蚀影响因素 ……………………（ 23 ）
    1.6.1 土壤环境性质 ………………………………………（ 24 ）
    1.6.2 土壤腐蚀电池与电极过程 …………………………（ 24 ）
    1.6.3 土壤腐蚀的影响因素 ………………………………（ 26 ）
  1.7 土壤腐蚀实验研究方法 …………………………………（ 31 ）
    1.7.1 室外现场实验 ………………………………………（ 32 ）
    1.7.2 室内实验 ……………………………………………（ 35 ）

2 油气管线的微生物腐蚀 ……………………………………（ 38 ）
  2.1 油气管线的微生物腐蚀案例 ……………………………（ 39 ）
  2.2 油气管线的微生物腐蚀研究进展 ………………………（ 41 ）
  2.3 生物膜及其对腐蚀的影响 ………………………………（ 43 ）
    2.3.1 生物附着与生物膜形成 ……………………………（ 43 ）

  2.3.2 生物膜对微生物腐蚀的影响 ……………………………………（44）
 2.4 微生物腐蚀机理 ……………………………………………………（47）
  2.4.1 去极化理论 ………………………………………………（47）
  2.4.2 代谢产物腐蚀机理 ………………………………………（49）
  2.4.3 浓差电池机理 ……………………………………………（50）
  2.4.4 直接与间接电子传递 ……………………………………（50）
  2.4.5 微生物群落协同与抑制腐蚀 ……………………………（52）

3 油气管线的应力腐蚀 ……………………………………………（54）

 3.1 油气管线应力腐蚀案例 ……………………………………………（55）
  3.1.1 硫化物应力腐蚀开裂 ……………………………………（55）
  3.1.2 高 pH 值应力腐蚀开裂 …………………………………（57）
  3.1.3 近中性 pH 值应力腐蚀开裂 ……………………………（57）
 3.2 影响应力腐蚀开裂的因素 …………………………………………（57）
  3.2.1 力学因素 …………………………………………………（58）
  3.2.2 材料因素 …………………………………………………（58）
  3.2.3 环境因素 …………………………………………………（59）
 3.3 管线钢应力腐蚀研究进展 …………………………………………（61）
  3.3.1 应力腐蚀机理 ……………………………………………（61）
  3.3.2 应力腐蚀敏感性评定参数 ………………………………（62）
  3.3.3 应力腐蚀开裂实验方法 …………………………………（63）
 3.4 应力腐蚀与微生物的协同腐蚀研究现状 …………………………（64）

4 X100 钢的理化性能 ………………………………………………（66）

 4.1 X100 钢的化学成分与力学性能 …………………………………（66）
 4.2 JCOE 成型对拉伸性能的影响 ……………………………………（69）
  4.2.1 实验材料和方法 …………………………………………（69）
  4.2.2 JCOE 成型中的加工硬化与包申格效应 ………………（70）
  4.2.3 形变微结构对拉伸性能的影响 …………………………（71）

5 X100 钢的 CCT 曲线和连续冷却转变 …………………………（74）

 5.1 实验原理 ……………………………………………………………（74）
 5.2 实验材料和方法 ……………………………………………………（74）

  5.3 实验结果 ………………………………………………………… （75）
    5.3.1 临界点的确定 ……………………………………………… （75）
    5.3.2 CCT 曲线的建立 …………………………………………… （76）
    5.3.3 组织与硬度 …………………………………………………… （76）
    5.3.4 分析与讨论 …………………………………………………… （78）
  5.4 本章小结 ………………………………………………………… （84）

6 连续加速冷却对 X100 钢组织-性能的影响 ……………………… （85）
  6.1 实验材料和方法 ………………………………………………… （85）
  6.2 实验结果与分析 ………………………………………………… （85）
    6.2.1 强塑性 ………………………………………………………… （85）
    6.2.2 冲击韧性 ……………………………………………………… （88）
    6.2.3 分析与讨论 …………………………………………………… （92）
  6.3 本章小结 ………………………………………………………… （96）

7 临界区加速冷却对 X100 钢组织-性能的影响 …………………… （97）
  7.1 实验材料和方法 ………………………………………………… （97）
  7.2 实验结果与分析 ………………………………………………… （98）
    7.2.1 显微组织特征 ………………………………………………… （98）
    7.2.2 力学性能特征 ………………………………………………… （100）
    7.2.3 组织结构对性能的影响 ……………………………………… （104）
    7.2.4 组织含量对性能的影响 ……………………………………… （106）
  7.3 本章小结 ………………………………………………………… （108）

8 延迟加速冷却对 X100 钢组织-性能的影响 ……………………… （109）
  8.1 实验材料和方法 ………………………………………………… （109）
  8.2 实验结果与分析 ………………………………………………… （110）
    8.2.1 强塑性 ………………………………………………………… （110）
    8.2.2 冲击韧性 ……………………………………………………… （111）
    8.2.3 分析与讨论 …………………………………………………… （113）
  8.3 本章小结 ………………………………………………………… （118）

9 焊接热输入对 X100 钢组织-性能的影响 ………………………… （119）
  9.1 实验材料和方法 ………………………………………………… （119）

9.2 实验结果与分析 (120)
　　9.2.1 力学性能特征 (120)
　　9.2.2 组织结构特征及其对性能的影响 (127)
9.3 本章小结 (132)

10 焊接二次热循环对 X100 钢组织-性能的影响 (133)
10.1 实验材料和方法 (133)
10.2 实验结果与分析 (134)
　　10.2.1 力学性能特征 (134)
　　10.2.2 显微组织特征与讨论 (138)
10.3 本章小结 (144)

11 焊接热循环对 QT 态 X100 钢组织-性能的影响 (145)
11.1 实验材料和方法 (145)
11.2 实验结果与分析 (146)
　　11.2.1 力学性能特征 (146)
　　11.2.2 显微组织特征与讨论 (148)
11.3 本章小结 (153)

12 焊接预热温度对 X100 钢组织-性能的影响 (154)
12.1 实验材料和方法 (154)
12.2 实验结果与分析 (155)
　　12.2.1 力学性能特征 (155)
　　12.2.2 显微组织特征及分析 (160)
12.3 本章小结 (163)

13 应变和应变时效对 X100 钢组织-性能的影响 (165)
13.1 实验材料和方法 (165)
13.2 应变对 X100 性能的影响 (166)
　　13.2.1 强塑性 (166)
　　13.2.2 冲击韧性 (169)
13.3 应变时效对 X100 性能的影响 (170)
　　13.3.1 强塑性 (170)
　　13.3.2 冲击韧性 (174)

13.4 分析与讨论 (176)
13.5 本章小结 (179)

14 X100钢在东南酸性土壤中的腐蚀行为 (180)
14.1 实验材料和方法 (180)
14.1.1 试样制备 (180)
14.1.2 实验介质 (181)
14.1.3 实验方法 (181)
14.2 实验结果与分析 (183)
14.2.1 X100钢在含SRB的酸性土壤环境中的微生物腐蚀行为 (183)
14.2.2 X100钢在含SRB的酸性土壤环境中的应力腐蚀开裂行为 (192)
14.3 本章小结 (198)

15 X100钢在西北盐渍土壤中的腐蚀行为 (200)
15.1 实验材料和方法 (200)
15.1.1 试样制备 (200)
15.1.2 实验介质 (200)
15.1.3 实验方法 (201)
15.2 实验结果与分析 (202)
15.2.1 X100钢在含SRB的西北盐渍土壤环境中的微生物腐蚀行为 (202)
15.2.2 X100钢在含SRB的西北盐渍土壤环境中的应力腐蚀行为 (211)
15.3 本章小结 (217)

16 X100钢在海滨盐碱土壤中的腐蚀行为 (219)
16.1 实验材料和方法 (219)
16.1.1 试样制备 (219)
16.1.2 实验介质 (220)
16.1.3 实验方法 (220)
16.2 实验结果与分析 (221)
16.2.1 X100钢在含SRB的海滨盐碱土壤环境中的微生物腐蚀行为 (221)
16.2.2 X100钢在含SRB的海滨盐碱土壤环境中的应力腐蚀行为 (231)
16.3 本章小结 (237)

v

17 X100 钢在近中性 pH 值溶液中的腐蚀行为 (238)
17.1 实验材料和方法 (238)
17.1.1 试样制备 (238)
17.1.2 实验介质 (238)
17.1.3 实验方法 (238)
17.2 X100 钢在近中性 pH 值溶液中的实验结果与分析 (239)
17.2.1 腐蚀速率的测定 (239)
17.2.2 电化学分析 (240)
17.2.3 腐蚀形貌分析 (242)
17.2.4 EDS 及 XRD 分析 (245)
17.3 本章小结 (248)
参考文献 (248)

1 概　　述

　　石油和天然气占全球一次能源的57%，我国陆上70%石油和99%天然气依靠管道输送，油气管道是国民经济的生命线。油气管网是国家重要的基础设施和民生工程，是油气上下游衔接协调发展的关键环节，是现代能源体系和现代综合交通运输体系的重要组成部分。

　　在经济全球化的大背景下，为了保持经济稳定增长，维护国家能源安全、经济安全和军事安全，石油作为战略物资，重要程度不言而喻。油气发展"十三五"规划旨在提高石油利用效率，大力发展天然气产业，逐步把天然气培育成主体能源之一，加快天然气管网建设，加快储气设施建设提高调峰储备能力。

　　近年来，随着国民经济发展和能源战略需求，我国油气消费量和进口量快速增长，油气管网规模不断扩大。在保证大输量的前提下，如何提高管道建设水平和降低成本，采用高钢级、大口径已成为世界油气管道发展趋势，也是保障我国能源工业重大战略需求的主要途径。

　　随着西气东输项目的不断推进，埋地管线里程越来越长，高压、高强度、大壁厚、大直径及大输量已经成为当前油气长输管线发展的主要方向。近几年中石油天然气集团公司组织攻关第三代大输量天然气管道工程的研究和试制工作，采用X90等更高钢级管线钢既符合高强减重的发展趋势，又在生产实施方面具有可行性，是油气输送管线建设发展的必然趋势。据测算，在管道施工中，在同样输量的情况下，管材每提高一个等级，可节约钢材使用量7%~8%，节约管道建设成本3%~5%。例如，采用X100/X120管线钢替代X70管线钢进行铺设，可节约成本15%~30%。为降低成本，X100/X120管线钢必将成为油气管线的主力钢种。

　　目前国外在超高强度管线钢的开发、工业性应用及耐蚀性方面的研究正在迅速发展，表明采用超高强度管线钢作为高压、大流量天然气输送管线管材，具有较高的经济效益，这对于推广应用超高强度管线钢具有指导意义，这也正是我国在超高强度管线钢研制开发过程中所面临和需要解决的重要课题。其中X100/X120超高强度管线钢作为超前储备研究也是世界上所有管线研究和生产机构关注的一个重要论题。X100/X120预应变条件下的强韧性变化、疲劳性能、耐腐蚀性能、应力腐蚀开裂敏感性以及可焊性等都是应用基础研究应该解决的问题，也是X100/X120管线钢管应用的前提条件。

　　为保障国家能源安全，中国石油2012年7月在大规模管道建设进程方面设立"第三代大输量天然气管道工程关键技术研究"重大科技专项，针对X90/X100

超高强度钢管应用技术、0.8 设计系数应用技术和管径 1422mm X80 管线钢管应用技术展开系统研究，为今后超大输量天然气管道工程建设做好技术支撑和储备。这项关键技术将为我国今后大规模油气管网建设节约大量资金、减少大量土地占用和环境扰动，实现绿色低碳和节约发展。

1.1 油气管线钢的发展现状与趋势

由于地理环境不同和油气资源分布不均，石油天然气的长距离运输成为必然。与公路运输、铁路运输、水路运输、航空运输相比，凭借运输成本低、损耗少、永久性占用土地少、建设速度快、油气运输量大且安全性能高等优势，管道运输成为油气输送的主要手段。能源需求的快速增长更推动了能源管道相关领域的迅猛发展。

随着世界石油天然气行业的快速发展，油气管道输送技术得到了快速的发展。由全球油气管道总里程统计数据可知，2015 年全球油气管道总里程达到 205.8×10^4 km。其中，原油管道总里程为 44.2×10^4 km，成品油管道总里程为 24×10^4 km，天然气管道总里程为 137.6×10^4 km，天然气管道最长，占总里程的 67%，原油和成品油管道里程分别占 21% 和 12%。美国和苏联是世界最大的油气消费国，已建油气管线长度分别占世界第一位和第二位，占世界石油管道总长度的 60%。

进入 21 世纪，中国成为全球第二大经济体和第二大能源消费国，原油和天然气对外依存度分别达到 60% 和 35%。中国石油为保障国家能源安全，规划从东北、西北、西南、海上建设四大油气能源战略通道，全面加快我国能源战略通道和油气骨干管网建设。

早期的管线钢一直采用 C、Mn、Si 型的普通碳素钢，在冶金上侧重于性能，对化学成分没有严格的规定。自 20 世纪 60 年代开始，随着输油、气管道输送压力和管径的增大，开始采用低合金高强钢(HSLA)，主要以热轧及正火状态供货。这类钢的化学成分：C≤0.2%，合金元素≤3%~5%。随着管线钢的进一步发展，到 60 年代末 70 年代初，美国石油组织在 API 5LX 和 API 5LS 标准中提出了微合金控轧钢 X56、X60、X65 三种钢。这种钢突破了传统钢的观念，碳含量为 0.1%~0.14%，在钢中加入≤0.2%的 Nb、V、Ti 等合金元素，并通过控轧工艺使钢的力学性能得到显著改善。到 1973 年和 1985 年，API 标准又相继增加了 X70 和 X80 钢，而后又开发了 X100 和 X120 管线钢，碳含量降到 0.01%~0.04%，碳当量相应地降到 0.35% 以下，真正出现了现代意义上的多元微合金化控轧控冷钢。

目前，在长输油气管道中正式应用的最高钢级是 X80 管线钢，2019 年我国已建以西气东输二线、三线、中俄东线为代表的 X80 管道约 1.4×10^4 km，年输送天然气消费量的 60%，促进了"一带一路"能源互联互通。国内高钢级管线钢研究起步较晚，但近几年发展迅速，随着西气东输二线工程的开展，我国成为拥有 X80 钢管道里程最长的国家，高钢级管线钢开发与应用技术步入国际先进行列。随着高压、大流量天然气管线钢的发展和对降低管线建设成本的追求，X100/X120管线钢也已经开发出来，并且国外已建成部分试验段，目前正在进行工业性试验。

按照《中长期油气管网规划》，中国将在"十三五"增加油气管道里程近六成，到2020年，全国油气管网规模将达到 $16.9×10^4 km$，其中原油、成品油、天然气管道里程分别为 $3.2×10^4 km$、$3.3×10^4 km$ 和 $10.4×10^4 km$，储运能力明显增强。到2025年，全国油气管网规模将达到 $24×10^4 km$，网络覆盖进一步扩大，结构更加优化，储运能力大幅提升。全国省区市成品油、天然气主干管网全部连通，100万人口以上的城市成品油管道基本接入，50万人口以上的城市天然气管道基本接入。

近年来，我国油气管道技术发展迅速。就高压输送和高钢级焊管的工程实践而言，我国已跃升进入国际上领跑者的行列。但就油气管道建设的整体技术，特别是高压输送和高钢级焊管应用基础研究方面，我国仍属跟踪研究阶段，与发达国家还有一定差距。因此，亟须进一步深入开展高压输送与高钢级管线钢应用基础研究，以及开展X100管线钢、焊管超前研究与现场应用先导试验。

1.2 管线钢的发展历史

1.2.1 油气输送管的开发历史

管道运输与另外四种传统的运输方式（铁路、公路、水运和航空）相比，具有安全、高效和低功耗等优势。同时在前期建设的资金投入上，管道建设比铁路、公路和航空都省很多；而在投产运营时，油气管道的单位运营成本远低于其他运输方式；对于具有易燃易爆易挥发性的石油和天然气来说，管道运输有着安全、可靠和密闭等特性，可以认为是油气资源运输的最佳方式。因此，管道运输自从20世纪兴起后，一直方兴未艾，在各国都得到了广泛的发展。

（1）国外油气输送管的发展及应用

能源需求的快速增长推动了管道工程建设的迅猛发展，大型国际管道已横跨北美、北欧、东欧乃至跨越地中海连接欧非两个大陆。

油气输送管发展的几个里程碑：1806年，英国伦敦安装了第一条铅制管道；1843年，铸铁管开始用于天然气管道；1879年，美国在宾夕法尼亚州建成世界第一条长距离输油管道，管径150mm、长176km，成为管道输油工业的开端。

20世纪20年代末，焊接技术诞生，使管道建设进入飞速发展时期。1925年，英国建成世界第一条焊接钢管天然气管道。第二次世界大战期间，美国建设了当时世界上口径最大的原油管道和成品油管道——得克萨斯州朗维尤至纽约州费城原油管道（管径610mm）、得克萨斯州博蒙特至新泽西州贝永成品油管道（管径508mm），成为现代输油管道的开端。1944年6月，英美盟军跨越英吉利海峡建设了一条成品油管道。到1959年，美国的原油输送管网已发展至25.7×10⁴km，80%运往炼油厂的原油靠管道运输。从20世纪60年代开始，管道向大管径、长距离方向发展。

输气管道的建设和发展比输油管道晚一些。1891年，美国在俄克拉荷马州建成一条4km的天然气试验管道。20世纪70年代，长距离、大输量海底天然气管道开始建设。1967年，第一条高压、高钢级(X65)跨国天然气管道(伊朗至阿塞拜疆)建成；20世纪70年代，长距离、大输量海底天然气管道开始建设。1970年，在北美开始将X70管线钢用于天然气管道；1994年，德国开始在天然气管道上使用X80钢级；1995年，加拿大开始使用X80钢级；2000年，开始开发玻璃纤维-钢复合管用于高压天然气管道；2002年，TCPL在加拿大建成了一条管径1219mm、壁厚14.3mm、X100钢级的1km试验段。同年，新版的CSZ245-1-2002中首次将Grade690（X100）列入加拿大国家标准；2004年2月，Exxon Mobil石油公司采用与日本新日铁合作研制的X120钢级焊管在加拿大建成一条管径φ914mm、壁厚16mm、1.6km长的试验段。

1993年，埃克森美孚公司开始研究X120管线钢，在1996年分别与日本新日铁和住友金属签订了X120管线钢研究合作协议，开展了X120管线钢钢板开发、X120管线钢焊接工艺多方面的研究。2000年，埃克森美孚利用新日铁生产的X120钢管进行了全尺寸爆破试验。2006年，新日铁投资40亿日元，在君津厂建立X100和X120级超高强度管线钢钢管的生产体系，并于2008年3月实现了X120级UOE钢管的商业化生产。目前国外掌握X120管线钢生产技术的仅有日本新日铁、住友金属和韩国的浦项制铁等少数几家，且生产X120钢级钢管均采用了UOE成型工艺。X120管线钢相关技术尚需进一步完善，如X120管线钢的止裂性能、焊缝强度匹配性问题等还需要深入的研究。

（2）国内油气输送管的发展及应用

早在1600多年前，我国就有用木筧输送卤水的史料记载。明末清初，我国就有人采用木筧或竹筧连成管道，用于输送天然气，堪称最原始的输气管道。20世纪70年代，我国建了青海格尔木至西藏拉萨的成品油管道，全长1076km，成为世界海拔最高的输油管道，最高点海拔4857m。随着我国工业、制造业及相关领域的飞速发展，能源管道从设计、装备制造到建设、运行等均实现从追赶到领跑的跨越。

管线钢大致经历了普通碳素钢、低合金高强度钢和微合金化钢的发展历程。国内管线钢的发展大体经历了三个阶段：第一阶段为1960年以前，是以C-Mn钢和C-Mn-Si钢为主的普通碳钢，强度级别为X52以下；第二阶段为1960～1972年，在C-Mn钢基础上引入微量钒和铌，通过相应的热轧及轧后处理等工艺，提高了钢材的综合性能，生产出X60、X65级钢板；第三阶段为1972年至今，用V、Ti、Nb、Mo、B等多元合金化，并采用了控制轧制与控制冷却相结合等新技术，生产出综合性能优异的高强度级别管线钢。从某种意义上讲，管线钢的发展过程实质上就是管线钢显微组织的演变过程。根据显微组织的不同,可将管线钢分为四类:即铁素体-珠光体(F-P)管线钢、针状铁素体(AF)管线钢、贝氏体-马氏体(B-M)管线钢和回火索氏体(Sc)管线钢。前三类管线钢为微合金化控制轧制和控制冷却状态(thermo-mechanical controlled process,TMCP)管线钢,是现代油气管线的主流钢种;第四类管线钢为淬火、回火状态(quench tempering,QT)管线钢,由于这类管线钢难以进行大规模生产,在使用上受到限制,然而在俄罗斯等国和在海洋中管线等仍有使用。第一代微合金化管线钢的主要组织形态是铁素体-珠光体组织,具有此种形态的管线钢是X70及其以下级别的;第二代微合金化管线钢是针状铁素体管线钢,其代表是X60~X100管线钢;近年来发展的显微组织为贝氏体-马氏体的超高强度管线钢,其代表有X100、X120。

国内X80管线钢研究起步较晚,但随着西气东输一线、二线等重大工程推动了X80钢生产技术的迅速发展。X80级热轧板卷和宽厚钢板在鞍钢、武钢、宝钢等国内大型钢企已相继成功开发,并具备批量生产的能力。X80级螺旋缝埋弧焊管和直缝埋弧焊管在宝鸡、华油、巨龙等钢管公司也已成功开发。在试验方法、技术标准、检测手段上国产X80管线钢均实现了重大突破,产品质量与国内外同类产品水平一样,西气东输二线用钢基本实现了国产化。

2006年7月鞍钢成功研制开发了X100管线钢宽厚板,成为掌握X100级管线钢生产技术的国内第一家钢铁企业。武钢在2007年8月成功开发了X100板卷。另外,济钢、宝钢、本钢等也已成功研制了X100管线钢。华油钢管厂在2007年成功研制出X100钢级直缝埋弧焊管,壁厚12.5mm、直径813mm,其质量达到国际同类钢管实物水平。采用JCOE工艺,巨龙钢管公司成功制造了壁厚15mm、直径813mm的直缝埋弧焊钢管。宝鸡钢管公司在2010年成功研制了壁厚15.3mm、管径1219mm的X100螺旋埋弧焊管。

在2005年宝钢启动了X120管线钢的前期研发,2006年10月在新投产的5000mm宽厚板轧机上成功试制出超高强度X120管线钢宽厚板,成为国内第一家、全球第四家具备X120管线钢试生产能力的企业。2008年3月太钢在2250mm热连轧生产线上成功轧制了X120板卷,成为全球首家实现X120管线钢卷板试产的企业。巨龙钢管有限公司采用JCOE工艺,使用宝钢研制的X120钢级管线钢钢板成功研制出直径914mm、壁厚16mm直缝埋弧焊钢管。管体和焊缝的强度、冲击韧性和硬度等力学性能均较为理想,达到了国外同类钢管实物水平。

根据国家能源规划,中国石油天然气集团完成了油气管道和管网建设的全面布局,特别是"十一五"以来开始建设与西北中亚、东北俄罗斯、西南缅甸相连的3大陆上油气通道,统筹国内外资源与市场,基本上形成了连通海外、覆盖全国的油气骨干管网。

为了满足长距离大输量高压力天然气管道输送的需要,中国石油集团整体部署，科技管理部门组织开展了若干重大科技攻关，开展了高钢级管线钢管研发和应用关键技术研究，使我国在较短的时间内，将输气管线的钢级由X52、X60、X65提升至X70和X80，在过去螺旋埋弧焊管的基础上发展了直缝埋弧焊管，产品质量、性能均达到国际先进水平。成功研发了系列X70、X80大口径、厚壁螺旋埋弧焊管和直缝埋弧焊管及弯管和管件，形成了规模化的生产制造能力，使输气管线压力从6.3MPa逐步提升至8.4MPa、10MPa和12MPa，单管输送能力达到$300 \times 10^8 m^3/a$。在管线钢和钢管的研发和应用方面，我们用不到20年的时间取得了发达国家用将近40年才取得的研究成绩（图1-1）。

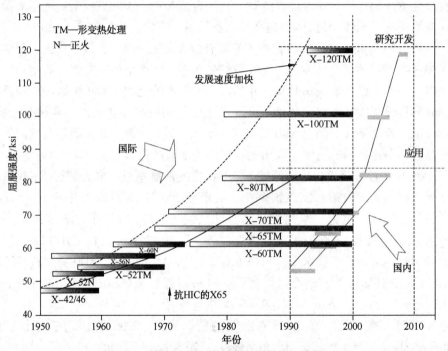

图1-1 管线钢和钢管研究应用进展国内外对比

注：1ksi=6.895MPa

我国管道工程发展、高钢级管线钢及钢管研发应用具有研发周期短、应用速度快、实施效果好的显著特点，建成了全世界瞩目的西气东输管线和全球规模最大的西气东输二线和三线，材料和设备基本实现国产化，我国的X70、X80钢管制造技术及应用规模达到国际领先水平。材料及重大装备的国产化带动了产业升级，推动了民族工业发展。我国高压大口径输气管道使全国5亿人受益，为我国能源安全和生态文明建设做出了重大贡献。

中国油气管道建设发展了半个多世纪，经历了三次建设高潮：

第一次高潮：20世纪70年代，东北管网的建设掀起中国油气管道建设的第一次高潮。

第二次高潮：始于20世纪90年代的西部管道建设，掀起中国油气管道建设的第二次高潮，新疆库鄯管道、陕京管道、兰成渝管道及西气东输一线等一系列工程相继竣工投产运营。这段时间建成的管道相当于1980年以前全国建成管道总量的3倍。

第三次高潮：随着西气东输二线的开工建设，中国管道建设进入第三次高潮，仅2009年全国新建管道里程就超过5000km。

中石油集团在油气管道里程中的占比最大。截至2017年末，中石油集团在国内运营的油气管道总长度约$8.24×10^4$km，覆盖全国30个省区市和香港特别行政区，占国内油气总管道的68%；中石化占比为15%；中海油的管道里程最短，且主要集中在天然气领域。

我国的长输油气管道建设从国内管道到跨国管道，输送介质从单一的原油到原油、成品油、天然气等多种介质，其管理体制也不断变革，新技术、新工艺也不断呈现，管道布局呈现纵横东西、贯通南北、连接海外的发展态势。

随着世界经济的不断发展，能源消费将持续增加，全球仍处于油气管道建设的持续增长期，油气输送管线钢和钢管的需求量呈现波动式增加。我国天然气资源大约60%集中在西部地区，主要是塔里木和长庆天然气、新疆煤制气。进口天然气包括中亚天然气、俄罗斯西伯利亚和东伯利亚天然气。上述天然气资源大部分需要通过管道实现"西气东输"和"北气南运"。由此预测我国油气长输管道建设每年需要高性能钢管$(100\sim300)×10^4$t。

我国天然气长输管道工程的发展趋势是进一步增大输量并尽可能地降低建设成本。最近，我国相继与中亚国家和俄罗斯签订新的油气供应协议，将来需要建设输量为$(450\sim600)×10^8m^3/a$的天然气管道。第2代（X70和X80）天然气管道工程技术已经不能满足超大输量的需求，需要发展第3代管道工程技术：钢级X90/X100，管径1219~1422 mm，压力不低于12MPa，输量$(300\sim600)×10^8m^3/a$，设计系数0.8。第3代管线钢和钢管的研究已取得重要的阶段性成果。目前，我国超大输量天然气管道建设和高钢级管材的研发应用进入了新的发展阶段。

1.2.2 X100管线钢的开发历史与应用现状

(1)国外现状

有关X100最早的研究报告发表于1988年，通过大量工作已形成很好的技术体系。X100级管线钢在20世纪80年代中期已完成了试验，但那时尚无实际应用的需求，直到90年代中期钢管公司对X100管线钢的研发工作才开展起来。1994年欧洲钢管公司开始研发试制X100管线钢。90年代末期，英国Advantica公司、壳牌、BP阿莫科和英国天然气公司曾对X100级管线钢进行历时五年之久的联合研制，研究重点是希望在管线钢抗裂特性和有效止裂上取得突破。

进入21世纪，对高性能X100管线钢的研究依然活跃。截至2002年，欧洲钢管公司已采用控冷控轧工艺(TMCP)生产出数百吨壁厚为12.7~25.4mm的X100管线钢，并进行了数次全尺寸爆破试验。新日铁成功地开发了具有划时代意义的热影响区细晶粒超高强韧技术(HTUFF)，生产了具有高HAZ韧性型和高均匀延伸率型的X100钢管。2006年，日本住友金属公司投资100亿日元，在鹿岛厂建立X100及以上级别超高强度管线钢的生产体系，预计投产后年生产能力可达50×10^4t。

对于X100管线钢，欧洲钢管公司和英国钢管、意大利SNAM公司曾经做过三种不同的尝试：第一种是高含碳量和碳当量、低冷速、高终冷温度；第二种是低含碳量和碳当量、高冷速、低终冷温度；第三种介于上述二者之间。三种方法的化学成分见表1-1，经过控制快冷得到的结果见表1-2。经过比较发现，方法Ⅲ尽管C_{eq}为0.46，但是在确保强度的同时，还是可以得到良好的低温冲击韧性和满意的现场焊接性能，效果最佳。

表1-1 三种试验方法测得的X100钢级化学成分　　　　　　　　　　%

方法	直径×厚度	$w(C)$	$w(Mn)$	$w(Si)$	$w(Mo)$	$w(Ni)$	$w(Cu)$	$w(Nb)$	$w(Ti)$	$w(N)$
Ⅰ	30in×19.1mm	0.08	1.95	0.26	0.26	0.3	0.22	0.05	0.018	0.003
Ⅱ	30in×15.9mm	0.07	1.89	0.28	0.15	0.16	—	0.05	0.015	0.004
Ⅲ	56in×19.1mm	0.07	1.9	0.3	0.17	0.33	0.20	0.05	0.018	0.005
Ⅲ	36in×16.0mm	0.06	1.90	0.35	0.28	0.25	—	0.05	0.018	0.004

表1-2 经控制快冷测得的X100钢级力学性能

方法	$\sigma_{t0.5}$/MPa	σ_o/MPa	$\sigma_{t0.5}/\sigma_o$	δ/%	C_v/J(20℃)	85% FA TT/℃
Ⅰ	739	792	0.93	18.4	235	-15
Ⅱ	755	820	0.92	17.1	240	-25
Ⅲ	737	800	0.92	18	200	-20
Ⅲ	752	816	0.92	18	270	-50

目前各家试制实物产品的化学成分见表1-3，对应力学性能见表1-4。各家均采用低C高Mn的纯净钢，结合微Ti处理，在炼钢和轧钢工艺过程中通过Nb、Mo、B和Ni等合金元素的固溶强化、沉淀强化、细晶强化等原理，得到高强度和高韧性以及良好焊接性能的管线钢。对于X100化学成分的准确控制、非再结晶区的总压下量、终冷温度及B组织的控制是各家比较注意的关键点。

表 1-3　X100 钢级试制实物产品的化学成分　　　　　　　　　　　%

序号	$w(C)$	$w(Mn)$	$w(Si)$	$w(P)$	$w(S)$	$w(Mo)$	$w(Nb)$	$w(Ti)$	$w(Cr)$	$w(V)$	$w(Ni)/w(Cu)$	$w(Al)$	$w(B)$	$w(N)$	钢厂
1	0.06	1.96	0.22	0.006	0.0026	0.11	0.045	0.013	—	—	0.39/0.17	—	—	—	NSC
2	0.06	1.84	0.18	0.008	0.0030	0.25	0.04	0.008	—	—	0.42/0.17	—	0.0003	0.0023	SM
3															NKK
4	0.06	1.8	0.3	0.010	0.0010	—	0.06	0.015	—	—	—	0.03	—	—	Kawasaki
5	0.06	1.90	0.35	—	—	0.28	0.05	0.018	—	—	0.25/—	—	—	0.0040	Europipe

表 1-4　X100 钢级试制实物产品的力学性能

序号	钢级	拉伸性能				CVN 冲击性能				BDW TT		生产厂家
		屈服强度 σ_s/MPa 母材	拉伸强度 σ_0/MPa 母材	拉伸强度 σ_0/MPa 焊缝	延伸率 δ/% 母材	实验温度/℃	冲击能量 C_v/J 母材	HAZ	焊缝	剪切面积 SA/%	85% FA TT/℃	
1		710	848	793	30	-20	133	144 (-10℃)	71~130 (-10℃)		-15	NSC
2		711~776	706~817	722~833	18~23	20	235~241					SM
3	X100	748	794			-5	102				-29	NKK
4		727~770	852~917			0	320~350	110 (-20℃)	180 (-20℃)	96 (-10℃)		Kawasaki
5		752	816		18	20	270				-50	Europipe

经过多年发展，X100 管线钢的标准也逐步完善起来。2002 年，新版 CSZ 245-1—2002 首次将 X100 钢级列入了加拿大国家标准。之后，X100 钢级被列入了 ISO 3183 草案中，并由 ISO 和 API 联合工作组完成了标准的修订。2007 年，X100 钢级正式列入 API SPEC 5L 标准中。

X100 管线钢应用方面，国外已有多条试验段建成。2001 年英国 BP 公司与日本钢铁公司和德国的欧洲钢管进行合作，在美国阿拉斯加气田开发中使用 X100 管线钢。加拿大 Trans Canada 公司是 X100 管线钢应用的积极推动者，2002 年 9 月，TransCanada 用 JFE/NKK 提供的口径 φ1219mm、壁厚 14.3mm 的 X100 钢管在加拿大 WESTPATH 项目中铺设了 1km 长的试验段，进行了世界上首次 X100 的应用试验。通过现场焊接试验，认为只要采取适当的措施，X100 现场焊接的焊缝强度和韧性可以获得满意结果。TransCanada 公司已建设了多条 X100 管线钢试验段，见表 1-5，这对推广应用 X100 管线钢具有指导意义。

表 1-5　X100 级管道试验段

序号	建设年份	项目	业主	直径/mm	长度/km	壁厚/mm	钢管厂
1	2002	West Path	Trans Canada	1219	1	14.3	JFE
2	2004	Godin Lake	Trans Canada	914	2	13.2	JFE
3	2006	Stittsville Loop	Trans Canada	1066	5 2	14.3 12.7	JFE IPSCO
4	2007	Ft McKay	Trans Canada	762	2	9.8	IPSCO

(2) 国内现状

随着中国经济的强劲增长，对石油天然气等能源的需求也相应增加，而大半需从国外进口。这意味着从中亚和西西伯利亚到中国东北部将建设一巨大的长距离管线输送的网络工程。而长距离管线输送的关键在于不断提高其工作压力，降低单位输送成本，且通过减少其管壁厚度来降低材料及相关建设费用。鉴于此，长距离输送则要求更高钢级的高强度管线钢管，同时还要求有高韧性，特别是很高的 CVN。因此，近年来开发更高强度管线钢的经济驱动力不断增加，曾在国际标准中处于最高钢级的 X70 已被 X80 所取代，在业已竣工的西气东输工程中，采用的是 X70/X80 钢级。未来在中国铺设的天然气管线，必然要采用更高的钢级，基于 X120 钢级在技术准备仍然不够成熟，那么其选择也必然在 X80～X100 之间。

2006 年 7 月鞍钢成功研制开发了 X100 管线钢宽厚板，成为国内首家掌握 X100 级管线钢生产技术的钢铁企业。2007 年 8 月武钢成功开发了 X100 板卷。另外，宝钢、本钢、济钢等也已成功研制了 X100 管线钢。

2007 年华油钢管厂成功研制出 X100 钢级直缝埋弧焊管，直径 813mm、壁厚 12.5mm，其质量达到国际同类钢管实物水平。巨龙钢管公司采用 JCOE 工艺，成功制造了直径 813mm、壁厚 15mm 的直缝埋弧焊钢管。2010 年宝鸡钢管公司成功研制了 X100 螺旋埋弧焊管，管径 1219mm、壁厚 15.3mm。

国内对高钢级管线钢的研究起步较晚，但近些年发展迅速，随着西气东输二线等重大工程的开展，我国已跃居 X80 钢管道总长度第一位，生产与应用均达到了国际领先水平。X100/X120 管线钢国内生产厂商也已开发出来，性能已达到国外实物产品同等水平，但目前尚未进行试验段建设，同时相关标准仍需进一步完善。

1.3 高钢级管线钢的化学成分和组织设计

超级管线钢的成分设计大都是低碳(超低碳)的 Mn-Nb-Ti 系或 Mn-Nb-V(Ti)系。同时还加入钼、镍、铜等元素提高淬透性，以便在钢厂现有的轧制和冷却条件下得到针状铁素体、贝氏体乃至马氏体组织。

Endo 总结了在日本和欧洲开发的 X80~X100 超级管线钢的化学成分和力学性能，见表 1-6。这些高级管线钢为 Mn-Nb-Ti 基本成分体系加 Cu-Ni-(V)-Mo 少量合金。w(Mn) 为 1.7%~1.9%，且 X100 的 w(Mn) 略高。高强度高韧性是通过控轧控冷技术得到贝氏体铁素体组织来保证的，同时应降低钢中碳的质量分数和尽量去除夹杂物，提高钢的纯净度，强化钢的精炼技术，使其质量分数达到要求：P ≤20 ×10^{-6}，S ≤5 ×10^{-6}，N ≤20 ×10^{-6}，O ≤10 ×10^{-6}，H ≤1.0 ×10^{-6}。

X80、X100 和 X120 的组织将是通过进一步优化合金成分和控轧控冷技术来提高低温组织的体积分数，在不损失韧性前提下提高强度。通常针状铁素体的形成伴随岛状硬相，这种弥散分布的硬相是高碳马氏体和残余奥氏体的混合，即 M-A 组元。针状铁素体和 M-A 组元的集合体有时也称为粒状贝氏体。而管线钢的强度和韧性就是由粒状贝氏体的体积分数、尺寸以及粒状贝氏体中的亚结构，以及 M-A 岛的体积分数和分布所共同决定的。根据 Pontremoli 的设计：X80 的组织应为铁素体+粒状贝氏体(含 M-A 岛)；X100 的组织应为全部粒状贝氏体(含 M-A 岛)；X120 的组织应为快速冷却至更低温度下的组织，即为下贝氏体+渗碳体。其中，粒状贝氏体和 M-A 岛的体积分数对管线钢钢板的抗拉强度(R_m)和钢管屈服强度(R_{eL})的关系见图 1-2。

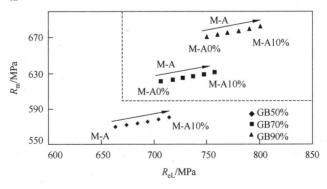

图 1-2　X80 管线钢钢板的抗拉强度和钢管屈服应力的关系

表1-6 X80~X100超级管线钢的成分和力学性能

编号	钢种	板厚/mm	化学成分/%							C_{eq}/%	P_{cm}/%	R_{eL}/MPa	R_m/MPa	屈强比/%	夏比冲击测试						DWTT/°C 85% SATT
			$w(C)$	$w(Si)$	$w(Mn)$	$w(Nb)$	$w(Mo)$	$w(Ti)$	其他						基体			热影响区			
															t/°C	A_{KV}/J	R_m	t/°C	A_{KV}/J	
A	X80	16.9	0.04	0.25	1.76	0.03	0.14	0.01	Cu、Ni	0.39	0.18	594	765	78	-45	133	-45	92	-45
A	X100	17.5	0.06	0.25	1.80	0.04	0.19	0.02	Cu、Ni、V	0.44	0.20	706	870	81	-20	179	-20	154	-25
B	X80	15.0	0.06	0.25	1.61	0.05	0.17	0.02	Ni	0.38	0.16	588	646	91	-20	252	-20	147	-35
B	X100	19.1	0.06	0.22	1.96	0.05	0.11	0.01	Cu、Ni	0.45	0.19	710	848	84	-20	133	-10	130	-15
C	X80	19.0	0.06	0.16	1.85	0.04	0.20	0.01	Ni	0.43	0.18	584	656	89	-20	263	-20	169	-72
C	X100	19.1	0.07	0.09	1.81	0.04	0.20	0.01	Cu、Ni	0.5	0.20	730	810	90	—	—	-10	162	-20
D	X80	19.1	0.05	0.11	1.80	0.05	0.01		Cu、Ni、V	0.39	0.18	590	701	84	-30	319	-30	249	-50
D	X100	20.0	0.06	0.30	1.78	0.06	0.37	0.02	Ni	0.47	0.19	718	887	81	-40	186	-20	175	-30
E	X80	13.6	0.07	0.42	1.91	0.05	0.03	0.02	—	0.41	0.19	—	—	—	—	—	—	—	—
E	X100	19.1	0.07	0.25	1.93	0.05	0.28	0.02	Cu、Ni	0.48	0.21	739	792	93	-20	235	-20	135	-15

1.4 X100 管线钢的发展现状

1.4.1 X100 钢级管线钢化学成分设计原理

对 X100 钢级管线钢,其化学成分设计依据以下原理:

碳:随着碳含量增加,钢的强度增加而韧性、焊接性能降低。但由于控轧控冷工艺和微合金化技术的日趋成熟,同时为改善焊接热影响区(HAZ)的性能,钢中的碳含量逐渐降低,X80、X100 钢级管线钢碳含量应在 0.06% 以下为宜。

锰:Mn 的作用是固溶强化。它倾向于抑制奥氏体的转变温度。从而导致较细的组织。大量的 Mn(1.5%~2%)可以显著降低转变温度,从而可以获得针状铁素体或贝氏体产物。

Mn 还可降低 γ-α 相变温度,进而细化铁素体晶粒。有研究表明:添加(1.0%~1.5%)Mn,γ-α 相变温度降低 50℃,可细化铁素体晶粒并保持多边形;当添加(1.5%~2.0%)Mn 时,可获得针状铁素体组织。Mn 还可提高韧性、降低韧脆转变温度,所以早期的管线钢以 C-Mn 为主。但是,Mn 含量过大会加速控轧钢板的中心偏析,从而引起钢板和钢管力学性能的各向异性,且导致抗 HIC 性能的降低。因而,在高钢级管线钢中,Mn 的含量应保持在一个合理的范围内,而且 Mn/C 比值也应适宜。Mn 可抑制珠光体的形成,同时促进贝氏体形成。但是对于抗 HIC 钢,如果 Mn 含量过高,则必须尽可能降低 C、P 含量和 P 的偏析。

铌:Nb 是强碳氮化物形成元素。它在 $\gamma\rightarrow\alpha$ 相变中的作用是复杂的。Nb 的碳氮化物可以在转变进行中的奥氏体中或转变结束后的铁素体中析出。在固溶状态下,Nb 可以降低 A_{r3} 温度(大约为 8℃/0.01%Nb),也可以减低铁素体形核速率,从而使 CCT 曲线时间延长且温度降低。在轧制过程中,由于应变诱导细 Nb(C,N)颗粒的析出,使得 Nb 延迟奥氏体再结晶。Nb 和 N 具有强烈的亲和力,如果在奥氏体中 N 可以任意获取将会析出 NbN,从而降低其抑制 $\gamma\rightarrow\alpha$ 转变的效果。在 600℃板卷制管的过程中,少量细小的 NbC 形成。将导致额外的细处强化。但析出相对冲击韧性有害。

20 世纪 60 年代末期,Nb 开始用于 X65 钢的生产,管线钢的研究由原来的 C-Mn 钢进入微合金化体系:中/低 C + 中/高 Mn+ NbV 系(NbV 系管线钢)。Nb 可延迟奥氏体再结晶、降低相变温度,通过固溶强化、相变强化、析出强化等机制来获得要求的性能。有研究表明,(0.30%~0.75%)Nb 钢,配合合理的轧制工艺,可以获得均匀的针状铁素体组织和良好韧性。但在 X100 等高钢级贝氏体钢中,添加 Nb 会促进 M-A 岛的生成,降低 HAZ 的韧性。一般 Nb 的含量为 0.01%~0.05%。此外,含 Nb 钢还存在高温延展性能会明显降低的脆化温度区

（900~700℃），易在连铸时出现裂纹。但在添加微量 Ti 后，脆化温度区消失。这是因为在奥氏体高温区，TiN 比 Nb（N、C）更易生成，所以 N 被 TiN 固定在奥氏体高温区，Nb 析出物从 Nb（N、C）变成了在奥氏体低温区和 γ+α 双相区难以析出的 NbC。目前，X80、X100 的合金体系中，Ti 和 Nb 几乎同时存在。

钒：V 在奥氏体中有较大的溶解度，然后是 Nb。其很可能在转变之前保留在固溶状态。V 会导致铁素体起始转变温度的提高，使 CCT 曲线中的铁素体转变的鼻子时间缩短。较高的转变温度促进多边铁素体的形成。

V 同样抑制贝氏体和珠光体转变，从而促进在高碳奥氏体及铁素体反应中 MAC 的形成。V 在钢中可补充 Nb 析出强化的不足，还可以改善钢材焊后韧性。因其有较强的沉淀强化和较弱的细晶作用，故其韧脆转变温度比 Nb、Ti 高，但在管线钢的合金设计中，一般不单独作用。

钼：Mo 的作用是固溶强化，也可以起到析出强化的作用。Mo 能显著提高 Nb(C、N) 的溶解度。从而可以延迟控轧后一些 Nb 的溶解，以改善淬透性和铁素体的析出硬化。

Mo 强烈地延迟(γ→α，珠光体)转变动力学，尤其是在 600~700℃，它使得珠光体和铁素体区域的 CCT 曲线时间延长。这促进了低温组织的形成，如针状铁素体、贝氏体。

1972 年投入使用了低 C + 高 Mn +Nb + Mo 系管线钢。由于 Mo 能够降低相变温度、抑制块状铁素体的形成、促进针状铁素体的转变，并能提高 Nb（C、N）的沉淀强化效果，这种合金体系的管线钢具有含高密位错的细小针状铁素体组织，强度高(达到 X70、X80)、冲击韧性好。早期为获得针状铁素体，多用高 Mn 和 Mo，导致 C_{eq} 和 P_{cm} 偏高，影响管线钢的焊接性能。后来为改善焊接性能开发出了 Nb2Mo2TiV 系钢，即降低 Mn 和 Mo 含量，通过添加 V 来弥补强度损失、通过 TiN 细化晶粒改善韧性。在 X80 管线钢中，Mo 含量在 0.1%~0.3%比较理想。随着 Mo 含量增加，并结合控轧急冷工艺，NbMo 类钢还可获得 X100 钢级，此时的组织由珠光体-贝氏体转变为单一的、内含贝氏体型铁素体和均匀分布的马氏体-奥氏体(M-A)岛的贝氏体。由于没有屈服平台，钢板的屈服强度稍偏低，但是在 UOE 成型后，钢管的屈服强度便可上升到 X100 的级别。

铬：Cr 稳定钢中的奥氏体。延迟转变和促进低温产物相的形成。Cr 在抑制 γ→α 转变中的效果略差于 Mo。在抗 HIC、SSCC 钢中，为减少合金元素的中间偏析，通常采用低 C、低 Mn。这时要达到 X80 的强度，可添加 Cr。随着 Cr 的添加，强度近乎直线上升，σ_b 可以达到 X80 钢级，但是 σ_s 不合要求，只有 Cr 达到 0.2%以上时，通过 UOE 冷加工变形，才能达到 X80 的屈服强度要求。当 Cr 含量超过 0.3%时，其低温韧性就会明显下降，因此对于 X80 酸性气体用管线钢，Cr 含量在 0.2%~0.3%时为宜。

硼：B 的添加强烈抑制 γ→α 转变。B 使 CCT 曲线右移，增加淬透性，从而允许贝氏体和马氏体的形成。抑制 γ→α 转变的机理被认为是通过抑制铁素体在奥氏体晶界的形核而实现。B 有强烈的同 Mo、Nb 的协同作用，其中任何之一元素的出现都会延迟铁素体形成。

加入微量的 B 可明显抑制铁素体在奥氏体晶界上的形核；同时还使贝氏体转变曲线变得扁平，从而即使在低碳的情况下在一个较大的冷却范围之内也能获得贝氏体组织，使管线钢获得 X80 乃至 X100 的强度级别。但冶炼时必须精确控制 B 含量，因为 B 的上述作用是基于其在奥氏体晶界的偏聚，从而阻止等轴铁素体在晶界上优先形核。如果 B 以氧化物或氮化物存在于钢中，就丧失了抑制铁素体在晶界上形核的作用。

为了防止 B 与氧和氮形成化合物，必须在钢中添加适量的 Al 来脱氧，并添加与氮亲和力更大的元素 Ti 来固氮。另外，在超低碳贝氏体中由于碳含量很低，如果工艺控制不当，易形成局部空隙自由区而促进晶内裂纹。贝氏体钢特别适用于高寒焊接、酸性环境中的高强和厚壁钢管。

钛：Ti 也是强碳氮化物形成元素。TiN 在高温形成，是非常稳定的化合物，甚至在 1400℃ 的高温都不溶解。这样当钢材再加热到 1200~1250℃，TiN 颗粒钉扎在奥氏体晶界，从而阻止再结晶奥氏体晶粒的异常长大。这样导致 γ→α 转变中形成细小的初始奥氏体晶粒尺寸，从而产生细小的最终的铁素体晶粒尺寸。Ti 的加入另一方面也为了阻止 NbN 的形成。由于 TiN 在较高的温度形成，它约束了任何多余的 N。同样也约束了 N 在含 B 钢中形成 BN。B 对于提高淬透性有着重要意义，如果不考虑 BN 的溶解，它的效果即被抵消。依赖于最初的含量，Ti 会以 TiC 的形式在铁素体中析出，从而产生析出强化。但是 TiC 对韧性有害。

钢中钛的作用与 Nb、V 相似，在阻止奥氏体晶粒长大方面，Nb、Ti 较明显，V 较弱；在延迟奥氏体再结晶方面，Nb > Ti > V；在轧后快冷的细晶强化方面，Nb > Ti > V；在析出强化方面，Ti > Nb > V。此外，对焊接热影响区的韧性不利方面，Ti > Nb。新的研究表明：在奥氏体中，通过弥散、细小的 TiN 颗粒可抑制奥氏体晶粒的长大，但在 1400℃ 以上时，TiN 颗粒开始粗化或溶解，其作用开始丧失。由于 Ti_2O_3 在高温下性能很稳定，新开发的 TiO 钢就是利用细小均匀分布在钢中的 Ti_2O_3 来改善钢管 HAZ 的韧性。这种颗粒大小为 2μm，一般与 MnS、TiN 共存析出在奥氏体晶粒内。在实际生产中，为获得足够细小的 Ti_2O_3，必须尽量减少与氧有很强亲和力的元素 Al。

其他元素：从经济、产品性能方面考虑，在管线钢中还经常用 Ni、Cu、Cr 代替 Mo，这些元素对管线钢相变行为的影响类似于 Mn、Mo。Cu 还能降低钢的腐蚀速率，这对于酸性环境中使用的管线钢有利。但是在电炉废钢炼钢时，有时残余 Cu、Cr 的含量较难控制，从而影响与后序焊接工艺的匹配。另外，在 X100

钢的生产过程中,为了改善钢管热影响区的韧性,应尽量减少 Si 的含量。因此,X80、X100 管线钢应选用低碳贝氏体钢,合金化可采用 3 种方式:低 C+高 Mn、Nb,低 C+中/高 Mn+Nb、Mo,低 C+中/高 Mn、Nb、B。从各钢厂试制结果来看,对于 X100 管线钢,各元素控制在下列范围为宜:[C]≤0.6%,1.7%≤[Mn]≤1.9%,0.1%≤[Nb]≤0.5%,0.2%≤[Mo]≤0.13%。

国外在 X80 和 X100 高钢级管线钢的研究中发现:添加 B 元素可以将抗拉强度提高近 100MPa,如结合轧后快冷,强度可又提高近 50MPa。而相同强度级别条件下,快冷钢较控轧钢可以降低 C_{eq} 值 0.04%;添加 B 元素可将 C_{eq} 值降低 0.3%。因此,低 C-Nb-B 钢通过控轧快冷可以获得 X80 钢级。但也有研究表明:低 C-Nb-B 钢通过控轧快冷可以得到贝氏体组织,但是要突破 X80 的强度到 X100 并保持良好的低温冲击韧性(如-20℃夏比冲击功为 120~180J),就必须在贝氏体基体组织中,生成较硬的类似 M-A 岛的第二相。但是对于 X100 钢级,由于微观组织中的 M-A 岛容易产生微观裂纹,从而导致不稳定脆性断裂,影响 HAZ 韧性,所以在生产过程中,应注意严格控制好 M-A 岛等二次硬化相的体积含量、形态参数、纵横比等。

焊接钢管 HAZ 性能的改善:钢管用钢板必须考虑在 UOE 或其他方式成型后焊接热影响区 HAZ 的韧性。为了改善 HAZ 韧性,可从三个方面着手:①减少含碳量和碳当量以及降低 Si、Nb 含量,抑制残余奥氏体的生成;②通过 TiN 和 Ti_2O_3 的析出来抑制奥氏体晶粒的粗化;③减少 N 含量、添加 Ni,结合 TiN/AlN/BN 的固氮作用,改善晶间矩阵的韧性。在实际生产中,这些方法往往被同时使用。

1.4.2 X100 管线钢组织设计思路

对于具有大变形能力的材料组织特征优化的分析和具有模拟双相组织行为的理论模型研究表明,硬化指数 n 可以通过增加基体相和第二相的强度差异的办法来得到提高。这就意味着管线钢组织设计可以通过引入较硬第二相的办法来得到高的 n 值。具有拉长贝氏体的铁素体-贝氏体钢表现出圆屋顶型的应力应变曲线,并具有高的 n 值。

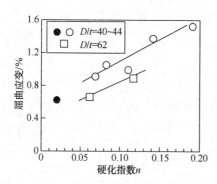

图 1-3 屈曲应变和硬化指数 n 之间的关系

应变硬化能力强烈地受组织的影响。管线钢的变形能力可以通过改善该钢材的应变硬化能力来达到。图 1-3 表明屈曲应变和硬化指数 n 之间的关系。这样 n

值就代表材料变形能力的参数，目前许多研究针对提高应变硬化能力即 n 而展开。通常材料具有较高 n 值时即会拥有高的延伸率和低的屈强比 Y/T。

图 1-4 是不同管线钢的应力-应变曲线。从图 1-4 可以看出，当材料强度较高时，材料拥有低的均匀延伸率，这意味着低的变形能力。因而，若使高强度管线钢拥有高的变形能力，这就意味着需要高的应变能力来抵抗屈曲，从而适用于地震或者冻结带。另一方面，当对应于低的加速冷却终止温度时，M-A 岛会在贝氏体相中形成（图 1-5）。形成的 M-A 强烈增强贝氏体相硬度的效果，从而也可提高 n 值。

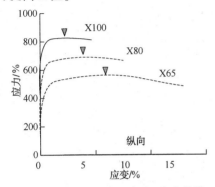

图 1-4 不同管线钢的应力-应变曲线

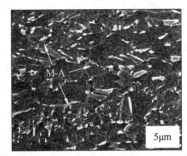

图 1-5 组织中的 M-A（终止温度为 305℃）

根据前面的讨论，含有较硬第二相的双相组织表现出较高的 n 值。另外 M-A 组元作为第二相时同样表现出高的变形能力。为了获得含 M-A 的双相组织，通过加热过程和随后的加速冷却过程，新的组织控制方法得以应用。图 1-6 示例说明了新的组织控制过程。该过程包括三个阶段：加速冷却终止于贝氏体转变结束温度之上，这时未转变的奥氏体残余。在这个阶段，组织为贝氏体和未转变奥氏体。之后随即进行在线热处理，在加热过程中，贝氏体中的碳扩散进入奥氏体。加热之后，由于碳集中在奥氏体中，奥氏体中具有高的残余碳含量，空冷就可以使得其转变为 M-A。

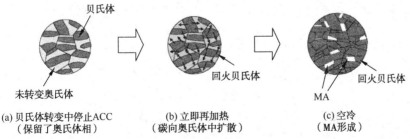

图 1-6 获得贝氏体组织和 M-A 的过程示意图

M-A 的体积分数受化学成分及 ACC 还有加热状况的影响。图 1-7 是 M-A 的体积分数对 Y/T 的影响。较低的 Y/T（低于 80%）可以通过增加 M-A 的体积分

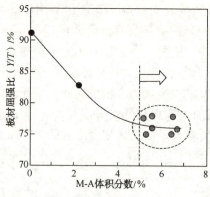

图1-7 M-A体积分数对Y/T的影响

数到5%以上而得到。

对于铁素体-贝氏体双相钢的组织设计思路为：通过研究加速冷却条件对组织的影响，确定利用传统TMCP过程生产铁素体-贝氏体组织的过程。

实验室钢板热轧试验利用化学成分为0.08C-0.25Si-1.5Mn-0.04Nb的钢来进行。钢板热轧后，不同温度的加速冷却得以应用。然后进行组织特征研究。图1-8是加速冷却起始温度对贝氏体体积分数的影响。

加速冷却起始温度表示为A_{r3}减去的值，其为连续冷却下铁素体转变开始温度。当加速冷却起始温度高于A_{r3}时，贝氏体体积分数为100%。研究表明，当加速冷却起始温度高于A_{r3}时，贝氏体单相可以获得，降低加速冷却温度至A_{r3}以下，可以获得铁素体-贝氏体双相组织。

统计分析表明，n值随着较硬第二相的增加而增加。铁素体-贝氏体钢中贝氏体的硬度强烈受到加速冷却条件的影响。

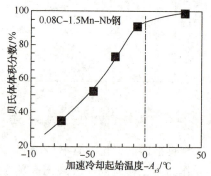

图1-8 加速冷却起始温度对贝氏体体积分数的影响

如果加速冷却温度相对高于560℃，在加速冷却之后的空冷中渗碳体形成于贝氏体区域内部。另一方面，对于较低的加速冷却终止温度，M-A形成于贝氏体相。该M-A形成对提高贝氏体相的硬度有重要影响，从而提高n值。因而，加速冷却在提高铁素体-贝氏体双相钢应变硬化中发挥着重要作用。并且，为了得到大变形管线钢管，加速冷却起始温度、终止温度都需要精确控制。

1.4.3 X100管线钢的组织

贝氏体组织现在愈来愈广泛地用以生产、制备强度和韧性较高的高强或超高强管线钢。为了得到X100管线钢的目标性能，不仅细的或超细的贝氏体铁素体的有效结构细化是必须的，而且正确的贝氏体类型的形成也极其重要。例如，韧性对于第二相的类型和分布极其敏感。因此在贝氏体钢性能尺度控制的角度理解贝氏体的形貌非常重要。然而贝氏体是钢中发现的最复杂的组织（图1-9和图1-10），定量描述较为困难。它的形貌在一般光镜下极难观测，需在先进的扫描电镜和电子背散射分析条件下确认。通常贝氏体组织定义为低共熔奥氏体的分解产物。先共析铁素体和贝氏体铁素体重要的成分区别是 C 含量。贝氏体铁素体残余的碳含量由各种第二相的析出而得到降低，并且分布于铁素体晶体之间和内部。

粒状贝氏体定义为由多边铁素体和分布于其上的第二相组成。高分辨率电子显微分析表明，铁素体长大由扩散机制控制，少板条铁素体晶体限制残余奥氏体成为粒状或等轴状。粒状贝氏体在组织上缺乏碳化物，相反，碳被从贝氏体铁素体分隔，以稳定残余奥氏体，因而最终组织可能含有任意由富碳奥氏体形成的转变产物。研究发现，不同第二相的形成与合金元素的影响直接相关，并且最终决定了转变产物奥氏体的尺寸和碳含量。下述第二相形貌通常可以观察到：①退化珠光体或碳化物残骸；②贝氏体；③不完全转变产物；④M-A；⑤马氏体。

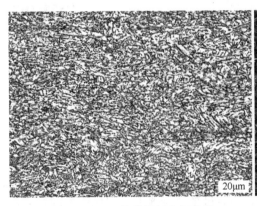

图 1-9　X100 管线钢的金相组织
（B 粒，12.6 级）

图 1-10　X100 管线钢的扫描组织

由于双相组织由硬相和软相组成，非常有利于获得高的可淬性和良好的变形能力。资料表明，如果针状铁素体配合分布有岛状硬相，其证明为高碳马氏体，并且通常含有残余奥氏体。那么其称为 M-A 组元。针状铁素体和 M-A 的组合也就是通常的粒状贝氏体。由于 MA 岛对力学性能有重要影响，优化这种弥散相就成为一个专门的话题。

X100 管线钢基体相由粒状贝氏体并配合有合适数量的 M-A 为弥散相（图 1-9 和图 1-10），被证明是最佳选择。尽管严格的奥氏体条件是必须以 TMCP 工艺精心控制，从而保障如此高的强度水平下的合适的 DWTT 韧性。并且资料报道了 X100 通过 TMCP 和 Q&T 工艺制备的两种产品的显微组织，结果表明 TMCP 工艺制备产品表现出明显的细晶特征。

下面是数家国外钢厂研制 X100 管线钢的扫描组织类型：

① 瑞典　粒状贝氏体组织；
② 德国　粒状贝氏体组织；
③ 加拿大　双相组织(针状铁素体+粒贝)，冷却速度大于50℃，粒状贝氏体组织；
④ 日本　粒状贝氏体；
⑤ 欧洲　粒状贝氏体；
⑥ 日本　铁素体(F)和马氏体(M)的双相钢(DP)。

1.4.4　X100管线钢的生产工艺

通过采用TMCP技术、就可以生产出强度和低温韧性匹配良好的钢板。因此TMCP是生产超细晶粒钢和X100管线钢的必要工艺，再结晶轧制是设计用于生产均匀细小的奥氏体晶粒。

TMCP大致分为两种工艺。第一种类型是直接淬火和回火工艺，是以比较快的冷却速度冷却到接近室温之后，为了得到合适的延性和韧性再进行回火处理。第二种类型是中途停止水冷型工艺，只是在相变温度区域采用适当的冷却速度进行冷却之后，再进行空冷的工艺。这个工艺由于采用自身回火效果，不进行回火处理可以确保具有良好的延性和韧性。对于X100管线钢主要采用的是第二种方法。在TMCP过程中，由于钢板强度和低温韧性取决于板坯加热、控制轧制到其后的冷却等各种条件。因此必须将这些条件最佳化：

(1)加热要求

再结晶轧制是使用现有钢厂热处理炉和常规工艺，将钢板重新加热至1000~1200℃，进行奥氏体再结晶，然后进行轧制。再结晶处理工艺的目的是得到细小均匀的奥氏体晶粒。

(2)轧制要求

① 在轧制的第一阶段，即高温区域。该温度区域处于再结晶温度区。因此尽可能地提高变形量从而细化再结晶奥氏体晶粒。

② 低温非再结晶区域轧制，该区域轧制主要是为了获得强烈形变的饼形奥氏体晶粒，因为这种压扁的奥氏体具有高度的位错密度和强烈的内部应变，能够促进大量的均匀铁素体形核。

③ 终轧必须在接近A_{r3}点时进行，这样可以保证没有发生再结晶的奥氏体压扁到合适程度。

(3)冷却要求

由于试验板材的成分不同，其冷却速度和方式也不相同。

① LB结构的钢终轧后马上进行水冷，其终止冷却温度位于贝氏体转变区，然后空冷至室温。

② DP 结构的钢终轧后空冷到 A_{r3} 与 A_{r1} 之间,然后进行淬火。或者空冷后淬火到 LB 与 M 交界区域空冷至室温。

1.5 油气管线钢土壤腐蚀的研究背景与意义

腐蚀是影响油气管道系统可靠性及使用寿命的关键因素。腐蚀具有普遍性、隐蔽性、渐进性和突发性的特点。长输管线由于绝大部分埋设在土壤下,因此与土壤接触而引起的腐蚀问题占腐蚀总量的比例最大,可导致管道穿孔泄漏和开裂性严重事故,研究长输管线的腐蚀问题,主要就是研究其与土壤接触的腐蚀问题。近年来随着埋地管线的输送压力逐渐增高和高硫、高酸、高盐原油数量的增多,对管线钢提出了更高的要求。目前,高压、大管径、高钢级管线钢是石油和天然气输送管道发展的必然趋势,因此腐蚀失效问题便成为高钢级管线钢研制开发及应用过程中不可回避的一个重要问题。

在天然气与石油加工行业中,输气干线和集气管线的泄漏事故中,有74%是腐蚀造成的,其中管线腐蚀的15%~30%与微生物腐蚀(Microbiologically Induced Corrosion,MIC)相关,加拿大2000km 以上管线腐蚀调查表明,MIC 约占地下管线总腐蚀发生量的60%以上。而微生物腐蚀尤其是硫酸盐还原菌(Sulfate Reducing Bacteria,SRB)所导致的管线腐蚀问题日益突出,是目前集输管线的主要腐蚀形态之一。地埋管线50%的故障来自微生物腐蚀。

腐蚀总成本为腐蚀损失与防腐投入之和,约占各国 GDP 的3%~5%,远远高于自然灾害与事故损失的总和。2013年美国的腐蚀损失为2.5万亿美元,占 GDP 的3.4%,其中微生物腐蚀(MIC)占20%,约为5000亿美元。2014年我国腐蚀损失超过2.1万亿,占当年 GDP 的3.34%,为自然灾害的4倍,而且这个数值还在逐年上升,其中硫酸盐还原菌(SRB)影响的 MIC 占有相当大的部分。

美国管道与危险材料安全署(Pipeline Hazardous Materials Safety Administration,PHMSA)对2009~2018年间上报的每起油气管线事故原因的分布统计结果如图1-11所示。图1-11显示出,在美国,过去10年间油气管线失效最常见的根本原因是材料/焊接/设备失效(占43%),其次是腐蚀(占17%)。美国能源部对1987~2006年间运行的天然气管道事故进行统计分析,发现腐蚀是美国输气管道的一个主要事故原因,其中外部腐蚀所占的比例最高,为40%;内部腐蚀和应力腐蚀开裂(stress corrosion cracking,SCC)分别占27%和17%。在所有的腐蚀事故中,点蚀是引起管道内外腐蚀的主要因素,点蚀痕迹在应力和腐蚀介质作用下促使微裂纹萌生,加速 SCC 进程。SCC 因其无预兆性,破坏性严重等原因,问题尤为严重,经验表明,土壤介质引起的 SCC 是埋地管道发生突发性破裂事故的主要危险之一,在国外许多国家都曾发生过。因此,必须高度重视埋地管道的 SCC 问题。

长输管线穿越沙漠、沼泽和盐碱等复杂地区，管线外壁长期与土壤中的腐蚀介质相接触，管道涂层是抵抗腐蚀的第一道屏障，阴极保护被用于控制涂层损坏部位的腐蚀。但是，随着管道使用年限增加，涂层系统会出现老化、开裂、破损等失效问题，严重影响管道的安全运行。剥离涂层下闭塞区所特有的局部腐蚀环境易诱导管线钢发生 SCC，且受土壤类型、阴极保护电位、金属材质等影响。因此，土壤 SCC 问题已成为管线钢安全服役面临的主要问题。

大量的管线腐蚀调查研究表明，由于管线周围的回填土提供了一个比未动土更有利于微生物生长的环境，而管线涂层提供的营养物质和阴极极化促进了微生物在管线表面的聚集，导致大多数管道外表面的剥离涂层下都存在微生物腐蚀（MIC）。而根据大量的样品分析表明，剥离涂层下管线钢的微生物腐蚀多与 SRB 有关。因此，研究土壤条件下管线钢的 SRB 活性规律及腐蚀机理十分重要。

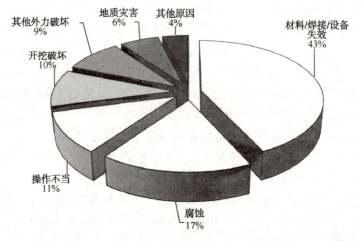

图 1-11　PHMSA 统计的 2009~2018 年间每起油气管线事故原因分布图

近年来埋地管线上的输送压力正逐渐增高，而输送压力的提高要求采用更高强度的管线钢。世界范围内的天然气长输管道建设已从过去采用的 X52、X60 和 X65 管线钢发展到 X70 和 X80 高强度管线钢，随着高压、大流量天然气管线钢的发展和对降低管线建设成本的追求，X80 管线钢已不能满足要求，这时一种超高强度管线钢（X100 和 X120）应运而生，目前国外正在进行 X100/X120 钢的工业性试验。我国在西气东输二线工程中首次采用高强度管线钢 X80，缩小了与国外的差距，它是国内应用的最高强度级别的管线钢。2006 年 7 月，我国鞍钢成功研制开发出超高强度管线钢 X100。当前 X100/X120 超高强度管线钢作为超前储备研究也是世界上所有管线研究和生产机构关注的一个重要论题。X100/X120 预应变条件下的强韧性变化、疲劳性能、耐腐蚀性能、应力腐蚀开裂敏感性以及可焊性等都是应用基础研究应该解决的问题,也是 X100/X120 管线钢管应用的前提条件。

SRB 的活动可以极大地改变特定服役条件下金属表面的腐蚀环境特性,致使金属产生严重的点蚀。而 SCC 裂纹大部分产生于钢铁表面的点蚀坑底部。为了了解和证实 MIC 与 SCC 在钢铁腐蚀过程中是否存在相关性和协同性,国内外一些腐蚀工作者正在进行这方面的研究工作。R. Javaherdashti 等人的研究表明:SRB 可加速碳钢在氯化物介质中的氢致 SCC 的扩展,因为 SRB 代谢产生的硫化物可减缓金属表面氢的重组反应:$H_{ads}+H_{ads} \longrightarrow H_2$,促进氢原子向碳钢内部扩散进而引发氢脆,而氢脆是钢在 SSCC 中的主要破坏形式。A. Eslami 发现剥离涂层下 X65 管线钢在近中性 pH 环境中的 SCC 微裂纹产生于管线钢表面的点蚀坑底部。2004 年 4 月,伊朗北部的 X52 钢管线发生原油泄漏,调查发现腐蚀开裂是由 SCC 和 SRB 联合作用造成的,原因是腐蚀处的管线外涂层发生开口和脱落,导致埋地管线暴露在潮湿的碳酸盐-碳酸氢盐的土壤浓缩液中而引起的。M. Victoria Biezma 概述了氢在钢铁的 MIC 现象和 SCC 现象中的作用,认为 SCC 中的拉伸应力和 MIC 中的微生物的活动是使钢铁产生氢脆分布的原因,两个现象之间存在协同作用。目前,MIC 和 SCC 已成为威胁埋地管线长周期安全运行的两大主要因素。而以含有微生物的土壤作为腐蚀环境,在应力的作用下,埋地管线的开裂已成为一种值得关注的新的应力腐蚀问题。

综上所述,对于高钢级管线钢的应力腐蚀、微生物腐蚀及应力腐蚀与微生物腐蚀之间的协同作用的研究,不仅可以为高钢级管线钢的腐蚀控制提供理论依据,而且具有重要的工程指导意义。

1.6 土壤环境性质与土壤腐蚀影响因素

土壤是由土粒、水溶液、气体、有机物、带电胶粒和黏液胶体等多种组分构成的极为复杂的不均匀多项体系。土壤胶体带有电荷,并吸附一定数量的阴离子,当土壤中存在少量水分时,土壤即成为一个腐蚀性的多相电解质,土壤中金属的腐蚀过程主要是电化学过程。金属材料在土壤中腐蚀受多种因素的影响,这些因素主要包括土壤的类型、电阻率、不均匀性、含盐量、可溶性离子含量、pH 值、含水量、电场、有机质、微生物等,这些因素的综合作用导致土壤中金属设施的腐蚀。土壤环境中的材料腐蚀问题已成为地下工程应用所急需解决的一个实际问题。埋地钢质管道由于长期与各种不同类型的土壤相接触而遭受着不同程度的腐蚀,目前,土壤腐蚀已成为威胁管道安全运行的重要潜在因素,也是导致管道腐蚀穿孔的基本原因。

1.6.1 土壤环境性质

我国各地的土壤性质变化范围极大，土壤含水率从3%至饱和(35%~40%)，其中大庆、张掖及舟山等地下水位很高，由于试件埋层都在1m以下，因此试件基本上埋在地下水中；敦煌站地下水位在埋件深度上下升降，土壤含水率在25%~35%之间变动；而鄯善等站含水率只有3.7%。绝大多数站点的土壤含水率在15%~30%之间，埋件深度处均未见地下水。

土壤pH范围包括了酸性、中性及碱性(4.6~10.3)，pH值最低的是鹰潭与百色的红壤，分别为4.6和4.7，最高的是大庆的苏打盐土，达到10.3，而大多数土壤的pH值在6.5~8.5之间。电阻率从0.28~1000Ω·m以上，电阻率最低的大港滨海盐土只有0.28Ω·m，最高的是鹰潭红壤及一些干旱荒漠土，电阻率都在1000Ω·m以上。但大多数站点都在100Ω·m以下，只有深圳、广州、华南等站的红壤及玉门东站等荒漠土壤电阻率在100Ω·m以上。

对金属材料腐蚀影响较大的Cl^-、SO_4^{2-}含量及可溶盐总量的差别也很大，Cl^-含量为0.001%~1.56%，其中滨海盐土及各类荒漠盐土，如大港与新疆、敦煌、玉门等站，Cl^-含量都在0.1%以上，大港最高达到1.56%，而酸性红、黄壤大多在0.001%~0.002%以下，其他土壤也都在0.01%以下。土壤中SO_4^{2-}含量为0.01%~1.38%，其中各类荒漠土壤为最高，敦煌站的SO_4^{2-}高达1.38%，红黄壤地区SO_4^{2-}在0.01%以下，其他大多在0.01%~0.05%之间。全盐含量为0.011%~2.803%，其中滨海盐土及各类荒漠盐土为最高，红、黄壤最低，其他土类则居中。

1.6.2 土壤腐蚀电池与电极过程

在非水饱和区，气体在土壤颗粒间形成连续气相，非水饱和区金属表面环境条件与水饱和区有明显的不同，同时由于土壤的扰动，使得在埋地结构表面附近形成独特的外部环境。均匀腐蚀和局部腐蚀(包括环境开裂)都需要水在金属表面来充当电解质溶液，土壤为电化学腐蚀过程提供了反应的场所，也为微生物的生命活动提供了必要条件，土壤结构影响了氧等反应组分向金属表面的扩散，同时也影响了金属表面附近液相的化学成分。

土壤腐蚀的形式有很多，S. Srikanth等将埋地管线钢的腐蚀形式主要归结为：① 由于材料不均匀性导致的局部腐蚀；② 氯化物和硫化物导致的应力腐蚀开裂；③ 由邻近管线不同区域氧浓度不同而造成的浓差电池；④ 在缺氧环境下由硫酸盐还原菌(SRB)和酸细菌(APB)导致的微生物腐蚀；⑤ 腐蚀产物在管线内部的结瘤；⑥ 土壤中杂散电流导致的腐蚀等。

土壤腐蚀和其他介质中的电化学腐蚀过程一样，都是因金属和介质间电化学反应所形成的腐蚀原电池作用所致，这是腐蚀发生的根本原因。与其他介质环境相比土壤的腐蚀过程是最复杂的，其受气象因素、土壤类型、土壤结构等多种因素的影响。在材料腐蚀过程中，诸多因素既互相促进又互相制约。

根据组成电池的电极大小，可把土壤腐蚀电池分成两类：一类为微观腐蚀电池，它是指阴、阳极过程发生在同一地点，电极尺寸小，常造成均匀腐蚀，由于微阳极和微阴极相距非常近，这时土壤腐蚀性一般不依赖于土壤电阻率，而是依赖于阴、阳极极化性质，较小尺寸构件的腐蚀可以认为是微观电池的作用，微观池腐蚀对地下管线的危害性较小；另一类是宏观腐蚀电池，它是指金属材料不同部位存在着电位差，阴、阳极不在同一地点，电极尺寸比较大的一类腐蚀，一般不导致均匀腐蚀，其多是由氧浓差引起的。一般情况下，供氧不足、低pH值、高湿度区域为阳极区，而供氧充足、低含盐量、高pH值和中等含水量区域为阴极区。由于阳极区和阴极区相距较远，土壤介质的电阻在腐蚀电池回路总电阻中占有相当大的比例，因此宏电池腐蚀速度不仅与阳极和阴极电极过程有关，还与土壤电阻率密切相关，增大电阻率，能降低宏电池腐蚀速率。

金属在土壤中的电极电位取决于下面两个因素：一是金属的种类及表面性质，二是土壤介质的物理、化学性质。由于土壤是一种不均匀、相对固定的介质，因此土壤理化性质在不同部位往往是不相同的，这样在土壤中埋设的金属构件上，不同部位的电极电位也是不相等的。只要有两个不同电极电位的系统，在土壤介质中就会形成腐蚀电池，电位较正的是阴极，电位较负的是阳极，构成了土壤腐蚀的电化学过程。金名惠等研究了碳钢在我国大庆、大港、新疆和华南四种土壤中的腐蚀机理，发现其阳极过程为铁的溶解，经一系列变化最终形成褐铁矿，阴极为扩散控制的氧去极化过程。腐蚀受阴极扩散控制，扩散控制程度随温度升高和含水量增加而增大。这里需要强调的是参加阴极去极化过程的氧是土壤溶液中的溶解氧，而不是土壤空隙中扩散过来的游离氧。土壤空隙中的游离氧与土壤溶液中的溶解氧在金属腐蚀电化学过程中的作用完全不同土壤空隙中的游离氧不参加氧化-还原反应，没有电极过程，溶解氧在土壤腐蚀阴极电极过程中既有扩散过程又参加氧化-还原反应。氧向地下金属构件表面扩散，是一个非常缓慢的过程，与一般电解液腐蚀不同，氧扩散过程不仅受到紧靠着阴极表面的电解质的限制，而且还受到阴极周围土层的阻碍。氧的扩散速度不仅决定于金属材料的埋设深度、土壤结构、湿度、松紧程度（扰动土还是非扰动土），还和土壤中胶体离子含量等因素有关。

金属在中、碱性土壤中腐蚀时，阴极过程是氧的还原，在阴极区域生成OH^-离子：

$$2H_2O + O_2 + 4e^- \longrightarrow 4OH^- \tag{1-1}$$

阳极过程是金属溶解：

$$Fe - 2e^- \longrightarrow Fe^{2+} \qquad (1-2)$$

在稳定的中、碱性土壤中,由于 Fe^{2+} 和 OH^- 间的次生反应而生成 $Fe(OH)_2$:

$$Fe^{2+} + 2OH^- \longrightarrow Fe(OH)_2 \qquad (1-3)$$

在有氧存在时,$Fe(OH)_2$ 能氧化成为溶解度很小的 $Fe(OH)_3$:

$$4Fe(OH)_2 + O_2 + 2H_2O \longrightarrow 4Fe(OH)_3 \qquad (1-4)$$

$Fe(OH)_3$ 产物是很不稳定的,它能转变成更稳定的产物:

$$Fe(OH)_3 \longrightarrow FeOOH + H_2O \qquad (1-5)$$

$$2Fe(OH)_3 \longrightarrow Fe_2O_3 \cdot 3H_2O \longrightarrow Fe_2O_3 + 3H_2O \qquad (1-6)$$

当土壤中存在 HCO_3^-、CO_3^{2-} 和 S^{2-} 时,它们与阳极区附近的金属阳离子反应,生成不溶性的腐蚀产物 $FeCO_3$ 和 FeS。

一般情况下金属在酸性土壤中的腐蚀,阴极反应也是控制过程。当 pH>4 时,阴极过程受氧的扩散步骤控制,在我国酸性土壤中,绝大多数 pH>4,也就是阴极过程主要以氧扩散控制为主。随着土壤酸度的提高,氢去极化过程也参与到阴极反应中:

$$2H^+ + 2e^- \longrightarrow H_2 \qquad (1-7)$$

其阳极过程为金属溶解,在酸性较强的土壤中,铁的腐蚀产物以离子状态存在于土壤中,在厌氧条件下,如果硫酸盐还原菌存在,硫酸盐的还原也可作为土壤腐蚀的阴极反应:

$$SO_4^{2-} + 4H_2O + 8e^- \longrightarrow S^{2-} + 8OH^- \qquad (1-8)$$

此外当金属(M)由高价变成低价离子,也可以成为一种土壤腐蚀的阴极过程:

$$M^{3+} + e^- \longrightarrow M^{2+} \qquad (1-9)$$

在潮湿土壤中金属材料的阳极过程和溶液中相类似,其阳极过程没有明显的阻碍,其阴极过程主要是氧去极化,在强酸性土壤中氢去极化过程也能参与进行,在某些情况下,还有微生物参与的阴极还原过程。在干燥透气性良好的土壤中,阴极过程的进行方式接近于大气中的腐蚀行为,阳极过程因钝化现象及离子水化困难而有很大的极化。

1.6.3 土壤腐蚀的影响因素

土壤腐蚀的影响因素很多,比如土壤质地、透气性、松紧度、导电性、含水量、温度、电阻率、溶解离子的种类和数量、含盐量、pH 值、氧化还原电位、有机质以及微生物的影响等。

(1)温度对土壤腐蚀的影响

土壤的电阻率可以作为土壤腐蚀性的重要指标之一,土壤电阻率越小,金属腐蚀性越强,其中温度对土壤电阻率的影响很明显。土壤温度对土壤腐蚀性的影响是通过其他一些影响因素的作用而间接起作用。土壤温度的升高会加速阴极的扩散过程和电化学反应的离子化过程，另外它还会影响微生物的生机活动。温度每相差1℃，土壤电阻率约变化2%，温度降低，电阻率升高。所以一般而言，温度提高会加快金属的腐蚀速率。但是对于有氧去极化腐蚀参加的腐蚀过程，腐蚀速度与温度的关系要复杂一些，因为随着温度的升高，氧分子的扩散速度增大，但溶解度却下降。Kobayash 指出，随着温度的升高，管道所需的阴极保护电位更负，Morgan 认为这个值为 2mV/℃。Kim 等研究了在 25~95℃ 范围内，温度对埋地管线阴极保护电位的影响。随着温度的升高，腐蚀速率增大，阴极保护电位负移。在常温下的阴极保护电位已经不足以保护金属，所以在高温时，所需阴极保护电位更负。众所周知，影响土壤腐蚀的因素很多，影响过程也很复杂。在 80℃ 时金属腐蚀最严重，腐蚀速率最大，所需的阴极保护电位也最负，这是因为受氧溶解的影响。

温度不仅影响土壤腐蚀的速率，同时也影响其腐蚀形态和腐蚀产物。随着温度的升高，腐蚀形态由局部腐蚀向全面腐蚀过渡，当然这与土壤湿度密切相关。随着温度的升高，腐蚀程度增加。另外，温度对点蚀的影响很大，在临界点蚀温度以下，点蚀基本上不会发生，至少在过钝化腐蚀开始前不会发生，而在临界点蚀温度以上，即使在过钝化电位以下，点蚀也能发生。但是在临界点蚀温度以上，温度继续升高时，点蚀电位与温度的关系减弱。Park 等研究了铬镍合金在含 Cl^- 的硫代硫酸盐溶液中的腐蚀，结果表明点蚀胚形成的时间 $t_{pit,form}$ 与溶液温度有关，温度越高，$t_{pit,form}$ 越短，但在更高温度下，温度对孔胚的形成速率的影响降低，这是因为，在更高温度下，点蚀胚形成所必需的活化位，即氧化膜中的晶格缺陷增加的缘故。此外，不同温度对土壤腐蚀阶段的影响不相同。武俊伟等研究发现，16℃ 下腐蚀速率随时间增加变化不大；在 32℃ 时和 45℃ 时，80 天后的腐蚀速率远大于 32 天的腐蚀速率。在室温下，20#钢腐蚀速率随时间变化不大，点蚀深度有所增加，而在 32℃ 时，点蚀深度和腐蚀速率在 80 天后比 32 天后有大幅度增加，这是由于受到温度和微生物协同作用的影响。使用交流阻抗技术得出，随着埋片时间的延长，阻抗值增加，说明随着腐蚀的进行，试样表面产生的氧化膜阻碍了腐蚀的进一步发生。

不同温度时，在不同腐蚀阶段，金属的腐蚀产物不同。武俊伟等研究 X70 钢在库尔勒土壤中的腐蚀行为，发现不同温度、不同腐蚀时间的腐蚀产物不同，见表 1-7。

表 1-7　X70 钢在不同温度库尔勒土壤中的腐蚀产物

温度/℃	腐蚀产物(32 天)	腐蚀产物(64 天)
16	Fe_3O_4, Fe_2O_3	FeO, $FeFe_2O_3$
32	Fe_2O, $FeOOH$	FeO, Fe_2O_3, $FeOOH$, γ-Fe_2O_3
45	FeO, $FeOOH$, Fe_9S_{11}	FeS_2, Fe_2O_3, Fe_3O_4

随着温度是升高和腐蚀时间的延长,腐蚀产物中有部分铁的硫化物出现,说明硫酸盐还原菌参与了反应。

(2) 湿度对土壤腐蚀的影响

湿度是决定金属土壤腐蚀行为的重要因素之一,关于它对土壤腐蚀影响的研究已经很多。湿度主要从两个方面来影响土壤腐蚀,一方面,水分使土壤成为电解质,这是造成电化学腐蚀的先决条件;另一方面,湿度的变化显著影响土壤的理化性质,进而影响金属的土壤腐蚀行为。不同的土壤腐蚀体系得出的土壤湿度与土壤腐蚀速率的关系曲线也不尽相同,但总体趋势是一致的,中间存在一最大值:当土壤湿度较低时,金属的腐蚀速率随着湿度的增加而增大,达到某一湿度时,金属的腐蚀速率达到最大值,再增加湿度,其腐蚀速率反而下降。这个最大腐蚀速率的湿度与土壤的盐含量、pH值、土壤结构等有关。

土壤湿度还影响金属的腐蚀形态,在较高湿度土壤中金属发生均匀腐蚀,而中、低湿度土壤中金属发生局部腐蚀。这是因为在较高湿度条件下,金属表面能够形成较厚的液相膜使表面各处氧的浓度基本相同,所以金属/土壤界面的电化学差异性小,试样发生均匀腐蚀;而在中、低湿度条件下,金属表面难以形成连续的、厚度均匀的液相膜,因此易形成氧浓差电池而导致试样表面发生局部腐蚀。

湿度对金属土壤腐蚀反应的控制特征也有很大的影响,在高湿度条件下,阴极反应物质 O_2 的传输阻力较大,同时阳极反应的产物及其次生成物对阳极反应的阻碍作用亦较强,故而腐蚀反应由阴、阳极混合控制;在中等湿度土壤中,阳极反应集中在局部腐蚀区内,保持着较高的反应活性,而 O_2 的供给因腐蚀速度较大而成为腐蚀反应的控制步骤,使腐蚀反应受阴极过程控制;在低湿度条件下,土壤的透气性良好,O_2 含量高且传输阻力小,腐蚀反应的阻力主要是由阳极反应的水化离子因水分不足而难以形成所产生的,腐蚀反应受阳极过程控制。

土壤含水量对碳钢的电极电位、土壤导电性和极化电阻有一定影响。土壤中水、气两者是对抗关系,含水量的变化引起土壤通气状况的变化,这对阴极极化将产生影响。含水量还明显影响金属的氧化还原电位、土壤溶液离子的数量和活度以及微生物的活动状况等。另外,土壤中水分状况的变化会引起土壤含氧量和含盐量的变化,这将促进氧浓差电池、盐浓差电池的形成。土壤湿度的变化也会影响土壤中微生物的腐蚀作用。何斌等人研究了在不同湿度,同一种土壤中,硫酸盐还原菌对碳钢腐蚀的影响规律。结果表明,土壤湿度对菌类生长的影响是显著的,硫酸盐还原菌随着湿度的提高呈递增趋势。

(3) 腐蚀产物对腐蚀的影响

碳钢表面铁的氧化物或者氢氧化物等腐蚀产物的形成在埋地管线腐蚀中起着重要的作用。腐蚀产物的存在形式与环境有密切的关系,并随着腐蚀时间的延长而变化。电化学腐蚀的过程中，首先发生的是阴极吸氧和阳极铁溶解反应，生成OH^-和Fe^{2+}，两者结合生成不溶性产物$Fe(OH)_2$并逐渐转化为$Fe(OH)_3$，此产物在潮湿环境中易还原成Fe_3O_4；在干燥土壤中$Fe(OH)_3$极不稳定，转变为较稳定的产物Fe_2O_3或$FeO(OH)$。腐蚀产物锈层有很好的电化学活性，如果电极电位正与腐蚀电位时，形成的是Fe^{3+}，比如$FeO(OH)$，而在较负的电位下，有Fe^{2+}形成，如Fe_3O_4。

金名惠等研究了在我国四种土壤(大庆苏打盐土、大港滨海盐渍土、新疆沙漠戈壁土、华南酸性土)中碳钢的腐蚀机理。在埋设1~2周后，四种土中碳钢的腐蚀产物都有$FeO(OH)$和$FeO(OH) \cdot nH_2O$。但在一个月后，华南土中发现了$Fe(OH)_2$和Fe_3O_4等腐蚀产物，在腐蚀初期，形成的是$\gamma\text{-}FeO(OH)$等腐蚀产物，但其在酸性条件下极不稳定，与H^+作用形成磁性腐蚀产物Fe_3O_4。其他三种土壤中的腐蚀产物为$FeO_x(OH)_{3-2x}$，并有个转变过程。5个月后，大港大庆土中碳钢的腐蚀产物中含有大量的非晶态的$FeO_x(OH)_{3-2x}$以及少量的晶态物质$\alpha\text{-}FeO(OH)$和$Fe_2O_3 \cdot nH_2O$，而新疆土中则有$FeO(OH) \cdot nH_2O$或$FeO(OH)$或者Fe_2O_3，这三种腐蚀产物主要是因为新疆土中发生的氧去极化引起的。

腐蚀产物的存在形式反过来会影响金属腐蚀的速率及腐蚀机理。Onuchukwu等人研究发现，在埋地管线的土壤腐蚀中，金属表面铁锈下，缺氧的地方作为阳极，腐蚀产物是作为电解质的，这样金属本身就构成了一个回路。所以锈层的形成以及转变等的研究非常重要，对于确定腐蚀发生的机理，锈层转变的条件以及氧化物的保护性等有重要的意义。

Perdomo等研究了表面覆有$\gamma\text{-}FeO(OH)$、覆有Fe_3O_4以及裸露的三种碳钢的腐蚀电位、极化发生的速率等变化的区别。首先是腐蚀产物的转变过程，表面覆有$\gamma\text{-}FeO(OH)$的碳钢在腐蚀一段时间后就逐渐转变为Fe_3O_4，最后几乎全部转化为Fe_3O_4；而表面覆有Fe_3O_4的碳钢继续腐蚀，腐蚀产物并没有变化。裸金属腐蚀的腐蚀产物转化，与上面结论也是吻合的，首先生成的是褐色的$\gamma\text{-}FeO(OH)$腐蚀产物，随着腐蚀的继续发生，黑色腐蚀产物Fe_3O_4逐渐取代了$\gamma\text{-}FeO(OH)$。$\gamma\text{-}FeO(OH)$的还原与电极电位、Fe^{2+}浓度以及环境的pH值等有关。在酸性条件下，$\gamma\text{-}FeO(OH)$更容易还原成Fe_3O_4，这一转变反过来会使体系的pH值增加。

其次，腐蚀产物对腐蚀进一步发生的难易程度以及腐蚀速率等存在影响。首先是自腐蚀电位，裸碳钢的自腐蚀电位比表面覆有$\gamma\text{-}FeO(OH)$的碳钢的自腐蚀电位更负，自腐蚀电位的下降速度也比裸金属的慢，约为它的一半。表面覆有Fe_3O_4的碳钢的自腐蚀电位的下降速度介于两者之间：比表面覆有$\gamma\text{-}FeO(OH)$腐蚀产物的碳钢的快，而比裸碳钢慢。再次，通过研究其三种金属极化发生的快慢来研究其腐蚀发生的快慢，表面覆有$\gamma\text{-}FeO(OH)$的碳钢极化发生的速度明显慢于裸金属的,一方面因为表面氧化物降低了物质传输和扩散的速度,这个原因也使表面覆有腐蚀产物的碳钢的电位受化学反应影响小于裸碳钢的;另一方面是 γ-FeO(OH)转化为 Fe_3O_4。覆有腐蚀产物的碳钢极化发生的速率慢与表面氧化物的孔隙率有关。

(4)含盐量和 pH 值对钢铁材料腐蚀的影响

土壤是一种有固、液、气三相组成的一个非均质、多相、多孔的复杂体系。在固体颗粒构成的骨架内有着各种盐矿物,如钠、镁、钾的氧化物及硫酸盐等。土壤中的主要离子成分有 K^+、Ca^{2+}、Na^+、Mg^{2+}、Cl^-、NO_3^-、SO_4^{2-}、CO_3^{2-} 等,其中 SO_4^{2-}、CO_3^{2-}、Cl^- 的存在都不同程度地增加了金属的腐蚀性。阴离子是碳钢产生局部腐蚀的主要环境因素,其中 Cl^- 是影响土壤腐蚀性的主要因素。单独改变氯离子的含量,碳钢的腐蚀趋势基本相同,只是氯离子的浓度越大,碳钢的失重率越高,腐蚀速率越大。硫酸根离子对金属的腐蚀作用分三种情况:一是硫酸根离子作为催化剂参与了铁的氧化,其次是微生物如硫酸盐还原细菌(SRB 菌)等引起的腐蚀。这两种作用都有助于碳钢的氧化,使碳钢的腐蚀速率增大。刘晓敏等人提出了第三种观点,认为硫酸根离子和氯离子同时存在时,硫酸根离子将取代氯离子的位置,引起钝化膜的破裂,电位升高,从而对金属的腐蚀起到了缓蚀作用。

钢铁材料的土壤腐蚀类型主要分为均匀腐蚀和局部腐蚀两类,局部腐蚀对地下钢铁的损坏影响很大。局部腐蚀产生的主要原因是土壤的不均匀性和土壤微生物以及杂散电流等的作用。地下钢材产生局部腐蚀,一般是由土壤理化性质不同而产生的宏电池作用的结果。郭稚弧等人研究得,在含水量相同的实验土壤中,Cl^- 含量较高的土壤中,一般钢片的点蚀深度和局部腐蚀面积百分数都较大,而且在实验土壤中随着含水量的增大,局部腐蚀面积也随之增大。这表明 Cl^- 是影响点蚀的主要因素,在一定含盐量的土壤中,含水量的增大不仅会增大腐蚀速度,而且也会增大局部腐蚀面积。

此外,土壤中的盐含量也会影响体系中氧的溶解和扩散。盐含量很高时,土壤中电解质的浓度很大,影响氧在此土壤中的溶解和扩散,从而影响土壤腐蚀。

pH 值是反映土壤酸碱性的指标,pH 值的不同对金属和金属氧化物的溶解腐蚀具有明显的影响。pH 偏离 7 越大,腐蚀性越强,酸性土壤的腐蚀性较强。pH 值对微生物的活动也有影响。我国大部分土壤属中性,pH 值在 6~8 之间,随着pH 值的降低腐蚀速率将增加。

(5)阴极保护对钢铁材料腐蚀的影响

作为最有效的腐蚀防护方法,阴极保护技术已经得到世界范围的认可。土壤环境下,阴极保护被广泛地用作钢铁构筑物的腐蚀防护技术,因此,埋在土壤中的地下管线通常联合采用防护涂层和阴极保护来防止其腐蚀。要达到基本的保护，-850 mV(CSE)的保护电位是必须的。但是，大量的管线腐蚀研究表明，大多数管道外表面都存在微生物腐蚀。

关于微生物影响的地下(土壤)腐蚀，人们已进行了广泛的研究。微生物诸如铁细菌(IB)、硫酸盐还原菌(SRB)、铁氧化细菌(IOB)、硫氧化细菌(SOB)在土壤腐蚀过程中起着关键的作用。Kajiyama等研究了含有铁氧化细菌的砂质土壤和含SRB的黏泥状土壤中埋地管线阴极保护的可靠性。Kim JungGu等讨论了涂覆绝缘保护层的埋地管线的阴极保护标准，研究了温度对阴极保护电位的影响。侯保荣、西方笃等使用交流阻抗技术研究了最佳防蚀电位。Guezennec等应用阴极极化电位下的交流阻抗技术研究了在海洋沉积物下阴极保护电位和SRB腐蚀的关系，Gaberrt等使用EIS研究了埋地管线的阴极保护行为。

按照新近的研究，极化似乎能够控制碳钢构筑物上的好氧细菌的生长，然而却不能抑制厌氧生物膜下SRB的生长。在阴极极化作用下，碳钢仍可能遭受细菌的腐蚀。Pikas的报告曾提及剥离的煤焦油瓷漆及沥青防腐层下的腐蚀，在条形蚀坑中发现了硫化物和硫，经过分析，腐蚀为厌氧硫酸盐还原菌造成。Li S等人在阴极保护电位比-850 mV负得多的阴极保护下，在韩国的天然气管线剥离的热收缩聚乙烯套下，发现管线表面覆盖一层厚厚的黑色硫化物，缝隙内介质pH值为6~8，最大点蚀深度达7mm，由硫酸盐还原菌造成了严重的微生物腐蚀。国外在阴极保护与土壤中微生物腐蚀的相互影响方面也进行了一些研究。Kajiyama的试验表明在含有微生物的黏土中，当阴极保护电位为-1100mV时，硫酸盐还原菌仍能存活。Grobe等人发现，在富含硫酸盐还原菌的土壤中对St 37钢实施阴极保护时，需要的阴极保护电流比灭菌土壤中显著增大。

这些因素既交替促进，又相互制约，共同影响土壤的腐蚀行为。

1.7 土壤腐蚀实验研究方法

根据工业发达国家的经验，基础设施建设中材料的选用要以材料(制品)在该地区典型环境中的腐蚀与老化数据作为重要依据。西部大开发及国家重大工程建设如西气东输、青藏铁路等急需材料(制品)的腐蚀数据。根据国家需求，在对我国西部地区典型环境下材料腐蚀状况调研的基础上，开展金属材料土壤腐蚀实验方法的研究，特别是简便、快速、有效、规范的新实验方法的研究，可以为我国西部开发，特别是重大工程建设与安全运行提供材料土壤腐蚀(性)数据及土壤腐蚀快速评价方法。

土壤腐蚀的实验方法主要包括室外现场实验和室内模拟实验两类，其中室内模拟实验又包括模拟现场和加速腐蚀实验。实验方法围绕影响土壤腐蚀的主要因素展开，各主要因素的作用效果及其相互间的交互作用是土壤腐蚀研究的重点，也是对各类土壤腐蚀性的评价、分类和预测的基础。选用多因子进行土壤腐蚀性研究的方法已被人们广泛接受。美国和德国的一些学者分别综合多项腐蚀因素进行评分、判别，并在标准和规范中分别采用多因子综合评价法来评判土壤腐蚀性的轻重等级。我国土壤腐蚀网站还制定了有关材料土壤腐蚀实验方法，考虑的因素多达20种以上。

1.7.1 室外现场实验

土壤室外埋设实验是指在选取的典型土壤环境中，埋设按规定制备的标准试件，然后按一定埋设周期进行挖掘，经过清洗、除锈、干燥、称重等处理，确定试件的腐蚀失重率和腐蚀速度。同时还需定期测取土壤的物理、化学参数，记录气候数据，以及相应的电化学测量结果，以便建立材料、环境因素和腐蚀速度之间的相互关系，为开展土壤腐蚀性快速评价方法的研究提供基础数据。该方法所测数据符合实际，较为准确，现在仍在广泛使用。埋片失重法是较传统的研究方法，它可以提供各种土壤对钢铁及其他金属材料腐蚀性的可靠数据，但试验周期长，需要大量的试片，费时费力，重现性差且很难了解试件埋入土壤后各阶段的腐蚀变化。

(1) 由土壤的理化性质研究土壤腐蚀方法

土壤的理化性质包括含水量、含盐量、电阻率、pH值、总酸度等，这些因素或单独起作用，或几种因素结合起来共同影响金属材料在土壤中的腐蚀行为。目前常用的评价指标较多，根据指标的多少可分为单项指标法和多项指标综合法。单项指标包括土壤电阻率、含水量、含盐量、交换性酸总量和pH值、氧化还原电位等，多项指标综合法主要有德国的Baeckman法(DVGW)和美国的ANSI A21.5法等。

① 单项指标评价法

a. 土壤电阻率法

土壤电阻率是一个综合性的因素，是土壤导电能力的反映，也是目前土壤腐蚀研究最多的一个因素。一般土壤电阻率越小，土壤腐蚀性越强，因此有人根据土壤电阻率的高低来评价土壤腐蚀性的强弱。但是不同的国家采用的标准不同(表1-8)。我国不少油田和生产部门一直采用土壤电阻率作为评价土壤腐蚀性的指标，这种评价方法十分方便，在某些场合也较为可靠，但是由于土壤的含水量和含盐量在一定程度上决定着土壤电阻率的高低，它们并不呈线性关系，而且不同的土壤其含水量和含盐量差别较大，因此单纯地采用电阻率作为评价指标常常出现误判。

表 1-8 不同国家土壤的电阻率与腐蚀性的关系

腐蚀性	土壤电阻率 /Ω·m					
	中国	美国	苏联	日本	法国	英国
极低	>50	>100	>100	>60	>30	>100
低				45~60		50~100
中度	20~50	20~100	20~100	20~45	15~30	23~50
较高		10~20	10~20			
高	<20	5~10	5~10	<20	5~15	9~23
极高		<5	<5		<5	<9

b. 含水量法

土壤含水量是决定金属土壤腐蚀行为的重要因素之一，而且对金属土壤腐蚀行为的影响是十分复杂的。一方面，水分使土壤成为电解质，为腐蚀电池的形成提供条件；另一方面，含水量的变化显著影响土壤的理化性质，进而影响金属的土壤腐蚀行为。测定土壤含水量有多种方法，常用的方法为烘干法、红外线法、乙醇燃烧法。除土壤电阻率外，土壤含水量是土壤腐蚀研究的一个主要热门课题。研究发现，土壤含水量与其腐蚀性有密切的关系（表 1-9）。

由于土壤腐蚀性随着含水量的变化呈现出较为复杂的关系，随着土类的不同，上述这种对应关系也有所变化，而且含水量的变化还会影响到其他一些因素的改变，所以这种评价方法有时并不可靠。

表 1-9 土壤腐蚀性与含水量及含盐量之间的关系

腐蚀性	含水量 /%（质量分数）	含盐量 /%（质量分数）	
极低	<3	<0.05	<0.01
低	3~7 或 >40	0.05~0.2	0.01~0.05
中度	7~10 或 30~40	0.2~0.5	0.05~0.1
高	10~12 或 25~30	0.5~1.2	0.1~0.75
极高	12~25	>1.2	>0.75

c. 含盐量

土壤的含盐量与土壤腐蚀性强弱有一定的对应关系，也有人根据含盐量的多少来评价土壤的腐蚀性（表 1-9）。然而，土壤中的盐分不仅种类多，而且变化范围大。从电化学的角度看，土壤盐分除了对土壤腐蚀介质的导电过程起作用外，有时还参与电化学反应，从而对土壤腐蚀发生影响。含盐量越高，电阻率越小，宏腐蚀的腐蚀速度越大，含盐量还能影响到土壤中氧的溶解度以及土壤中金属的电极电位，不同的盐分对土壤腐蚀的贡献也不一样。因此，简单地按含盐量的多少来评价土壤腐蚀性的方法并不准确。

此外，还有根据土壤中交换性酸总量和 pH 值、氧化还原电位、钢铁对地电位等理化性质判断土壤的腐蚀性。然而单项指标虽然在有些情况下较为成功，但过于简单，经常会出现误判现象。实际上，没有一个土壤因素可单独的决定土壤的腐蚀性，必须考虑多种因素的交互作用。

② 多项指标综合评价法

由于单项指标评价的结果并不令人满意，目前国内外越来越倾向于用多项指标综合评价土壤的腐蚀性。

a. Baeckman 法

该法综合了与土壤腐蚀有关的多项物理化学指标，包括土质、土壤电阻率、含水量、pH 值、酸碱度、硫化物、中性盐（Cl^-、SO_4^{2-}、盐酸提取物等）、埋设试样处地下水的情况、氧化还原电位等，评价方法是先把土壤有关因素分析作出评价，并给出评价指数，然后将这些评价指数累计起来，再给出腐蚀性评价等级。这种方法具有一定的实用价值，得到国内外许多腐蚀工作者的肯定。

b. 美国 ANSI A21.5 土壤腐蚀评价法

该方法也是先对土壤理化指标打分，然后进行腐蚀性等级评价。考虑的指标有：电阻率（基于管道深处的单电极或水饱和土壤盒测试结果）、pH 值、氧化还原电位、湿度等。但是这种方法没有区分微观腐蚀和宏观腐蚀，而且只针对铸铁管在土壤中使用时是否需用聚乙烯保护膜。在其他情况下未必可行。

(2) 金属试件的腐蚀分析

腐蚀产物的分析与研究，可以判断腐蚀过程与类型、基体中哪些元素及金属相优先腐蚀、影响腐蚀的环境因素、腐蚀产物的保护性等。金属试件的腐蚀分析包括腐蚀试件及自然环境的描述、试件宏观检查、腐蚀产物收集与分析、试件表面清理与腐蚀程度测定。

实际失重率是一种最简单的，也是最可靠的确定土壤中金属腐蚀速度的方法，是土壤腐蚀实验中的基本方法。在试件清理表面腐蚀产物后，通过实际失重率的测量可以知道试件的腐蚀速率。但其应用范围主要针对均匀腐蚀类型，对于点蚀、晶间腐蚀等，还需要测定点蚀深度、蚀孔间距等参数，以对腐蚀状况作出全面的分析。

(3) 土壤腐蚀实验中的原位测量技术

土壤腐蚀的原位实时测量可以在不中断实验的情况下获得试件的腐蚀信息、土壤参数的变化情况，环境因素及腐蚀数据的连续记录有利于土壤腐蚀行为机理的研究。随着测试技术的进步，国内外均开展了土壤腐蚀原位测试探头的研制。

M. J. Wilmott 等研制了一种检测土壤参数的 Nova 电极，在电极头部布有多个传感器，可以原位测量土壤电阻率、氧化还原电位、温度、管地电位。他们还在前期工作基础上,根据建立的土壤腐蚀模型,结合所测参数可以对土壤腐蚀性进行评价,并可以预测腐蚀状况。

1.7.2 室内实验

在实验室内有目的地将专门制备的小型金属试样在人工配制的(有时取自天然环境)、受控制的介质条件下进行腐蚀试验,称为实验室实验。实验室实验一般又可分为模拟实验和加速实验两类。实验室模拟实验是一种不加速的长期实验,即在实验室的小型模拟装置中,尽可能精确地模拟自然界或工业生产中所遇到的介质及环境条件,或在专门规定的介质条件下进行试验。其优点是:① 不会引起工艺过程和生产操作方面的紊乱,也不会沾污产品;② 实验条件容易控制、观察和保持;③ 实验结果可靠,数据稳定性和重现性较高。但是,要在实验室完全再现现场的环境条件是困难的。此外,模拟实验的周期长,费用也较大。为了克服模拟实验长周期的局限性,需要开展土壤腐蚀室内加速实验方法及相关性的研究,以便快速、准确的评价土壤的腐蚀性,目前的方法主要有电解失重法、电偶加速法、强化介质法等。

(1) 土壤腐蚀的电化学测量

尽管土壤现场埋设实验可以提供土壤腐蚀性的数据,但这种实验不仅耗时,而且为了测得腐蚀失重速率必须将试样从土壤中取出,无法进行连续测量,电化学方法是研究土壤腐蚀的一种快速简洁的方法,并得到广泛的应用。可用于土壤腐蚀实验的电化学方法主要有:电化学极化、交流阻抗谱、动电位扫描和电化学噪声等。

采用电化学极化方法可以获得大量有关腐蚀速率的数据,而且可以进行长期实验。常用极化方法有极化阻力技术和极化拐点法。

土壤是一个高阻抗的多相介质体系,阻抗谱技术对土壤腐蚀体系的扰动很小,且测量不受土壤介质 IR 降的影响,能够得到较丰富的土壤腐蚀信息,是研究土壤腐蚀的有效工具。通过电化学阻抗谱解析数据可以有效地判断腐蚀反应的控制特征。

(2) 土壤腐蚀加速实验方法的研究

随着新材料的研制开发、各地区土壤环境变化,室外埋片实验有其周期长、埋设范围窄的局限性,需要开展土壤腐蚀室内加速实验方法及相关性的研究,以便能够快速、准确地评价出土壤腐蚀性,为工程建设的选材、施工、维护提供科学保障。

目前土壤腐蚀加速实验方法主要有强化介质法、电偶加速法、电解失重法、间断极化法和干湿交替法。

强化介质的土壤腐蚀加速实验方法是通过改变土壤介质的理化性质(如加入

Cl^-、SO_4^{2-}、Fe^{2+}、CO_2、空气等)来改变土壤腐蚀性,加速金属材料在土壤中的腐蚀。这种方法的优点是无外加电场影响,土壤溶液中的离子浓度基本可控,离子浓度的增大降低了土壤的电阻率,从而增强了土壤腐蚀性。但此方法的局限性在于离子浓度的提高改变了土壤的理化性质,增大腐蚀速率的同时其腐蚀机理、腐蚀产物等也会产生变化。

电偶加速法是利用碳-铁或铜-铁电偶对在土壤中的短接,组成电偶腐蚀电池,加大钢铁试片在土壤介质中的腐蚀速度。此方法的加速比可达数十倍至上百倍。室内电偶腐蚀实验方法是在不改变土壤理化性质条件下加速腐蚀的有效方法,其优点是加速实验简便、易操作,加速比大,但由于引入了电偶电流的作用,对其土壤腐蚀行为有较大影响。

电解失重法即控制外加电流或电压,阴、阳极面积比,阴、阳极距离等条件使金属材料在土壤中电解,此方法可以获得金属材料在不同土壤中腐蚀速度的极值。在应用上,Corfield 提出了一种较为简单的套管实验方法,即把一段铁管埋在装有水分饱和的土壤的金属锡中,在铁管和金属锡之间用蓄电池加 6V 的电压,铁管为此电解池的阳极。根据 24h 后铁管失重来表示土壤的腐蚀性。这种方法适用于多数土壤,但不能用于酸性土壤,因为此时阴极反应不仅决定于土壤中的氧扩散,而且也决定于析氢过程,而在这样高的电压作用下,酸性土壤中的析氢反应已是完全可能的了。

间断极化法是通过间歇式的外加电流极化,缩短腐蚀诱导期,使金属迅速进入活化区后停止极化,从而使腐蚀速度增大的一种方法。日本的 Kasahara 等用反向方波,对试样进行间断性极化,研究了 40 种土壤中,试件的极化阻力、极化电容、腐蚀电位等,并将实验结果与腐蚀失重、点蚀深度等基础腐蚀数据进行相关性研究。结果表明,金属/土壤界面间电化学回路的时间常数与点蚀因子之间有很好的相关性(其中:点蚀因子=最大点蚀深度/平均腐蚀深度)。

上面几种方法是可以在短时间内得到较大加速比的土壤腐蚀实验方法,但除强化介质法外,它们都是通过外加电流来加速腐蚀的,腐蚀条件和形貌与实际情况差异较大,具有一定的强制性,实验主要考虑了宏电池的作用,忽略了腐蚀微电池的作用,因而预测时只能作半定量研究。

值得一提的是,华中科技大学的金名惠等采用环境加速法,通过研制的土壤加速腐蚀实验箱,利用实际土壤,不引入其他离子,采用控制实验土壤的含水量、温度变化,适当通入空气,进行冷热交替和干湿交替来加速碳钢在土壤中的腐蚀速度。该方法没有改变土壤的性质,也不是在外力强制作用下进行,模拟了自然环境条件下季节的温度变化和昼夜更迭,同时还包括了土壤干裂后或强对流天气引起的空气扩散速度加快的作用。结果表明实验的加速比主要在

8~12之间，与现场埋片的相关系数为0.73。这一方法的确定使土壤腐蚀加速实验方法的研究上了一个新台阶，是一个不需通过外加电流来达到加速腐蚀目的的方法。

随着科技的进步和国家建设的发展，开展快速、简便、可靠、规范化的室内土壤腐蚀加速实验方法的研究是今后土壤腐蚀实验研究的重点方向之一，实验研究将朝着同时提高加速比和相关系数的方向而努力。

2 油气管线的微生物腐蚀

微生物腐蚀(microbiologically influenced corrosion，MIC)是指附着在材料(包括金属及非金属)表面的生物膜中微生物的生命活动导致或促进材料腐蚀破坏的一种现象。微生物腐蚀和电化学腐蚀是同时发生的，它是一种电化学过程，在能源、碳源、电子供体、电子受体和水的联合作用下完成。人们很久之前就对MIC开展了研究。Garrett在1891年首次提出了关于细菌代谢产物的铅电缆微生物腐蚀的例子，后又提出铁、硫细菌在水管腐蚀中作为参与者的证据。但是，MIC是在Wolyogen kunr等人在1934年提出硫酸盐还原菌(SRB)参与金属腐蚀阴极去极化理论之后才真正引起人们的重视。微生物腐蚀领域Butlin和Vernon在1949年提出了一些经典的概念。近年来，金属材料尤其是钢铁材料的微生物腐蚀已引起了国内外科学家的广泛关注，微生物腐蚀慢慢成为金属腐蚀领域中的一个研究热点。

微生物腐蚀作用几乎能使所有现用的材料都受到严重影响，使材料的结构及性能发生很大的变化。微生物能造成金属局部腐蚀，如孔蚀、缝隙腐蚀、沉积层下腐蚀，脱合金腐蚀，还能增强电偶腐蚀、环境敏感断裂和腐蚀及磨蚀。微生物腐蚀危害范围广，渗透于石油、化工、建筑、道路桥梁、矿山及舰船等工业部门，已造成巨大的经济损失。微生物腐蚀以局部腐蚀(点蚀)为主，腐蚀的发生、发展在时间和空间上具有不可预见性，由此引起的安全、环境以及经济损失等问题越来越突出。

我国腐蚀损失统计表明，2014年腐蚀损失达2.1万亿元人民币，约占国内生产总值的3.34%。据美国腐蚀工程师协会NACE最近的调查结果显示，2013年美国的腐蚀成本已经达到2.5万亿美元，超过GDP的3.4%。损失巨大，其中石油天然气工业是受腐蚀危害最严重的部门之一，尤以油气管线腐蚀事故最为触目惊心。而其中微生物对金属材料的腐蚀约占总金属材料腐蚀的20%，在石油、天然气输送管道行业，输气干线和集气管线的泄漏事故中，有74%是腐蚀造成的，其中管线腐蚀的15%~30%与MIC相关，加拿大2000km以上管线腐蚀调查表明，MIC约占地下管线总腐蚀发生量的60%以上。

据统计，地埋管线50%的故障来自微生物腐蚀。早在1954年，澳大利亚埋地管道中微生物腐蚀造成的损失便达到每年(5~20)亿美元，由于微生物腐蚀使输油管线的使用寿命从设计的20年减少到不足3年。在中国，每年因微生物腐蚀造成的损失高达500亿元人民币。据相关调查，美国81%的严重腐蚀与微生物相关，埋地金属腐蚀至少有 50% 是由微生物腐蚀参与的。在石油天然气领域，美国油井 77% 以上的腐蚀与微生物有关。微生物腐蚀造成的经济损失巨大，人们对微生物腐蚀的认识由来已久。而微生物腐蚀尤其是硫酸盐还原菌（Sulfate Reducing Bacteria，SRB）所导致的管线腐蚀问题日益突出，是目前集输管线的主要腐蚀形态之一。因此，为减少腐蚀造成的损失与危害，对油气管线的微生物腐蚀研究刻不容缓。

2.1 油气管线的微生物腐蚀案例

近年来，国内外报道了大量的微生物腐蚀导致的管线失效案例，微生物腐蚀已经成为石油、天然气和水处理等工业领域中非常棘手的难题。微生物腐蚀会造成石油管道的泄漏和注水井的堵塞，从而导致石油在生产、运输过程中的潜在安全风险发生。

1910 年，Gains 认为微生物腐蚀是美国 Castgill 水渠中腐蚀产物含硫较高的原因。1923 年，Stumper 的报告里就开始对微生物腐蚀进行过详细的报道。在 1931 年发现氢化酶后大约 3 年时间里，查明了地下管道第一个微生物腐蚀失效事故的案例。然而，长期以来由于缺乏对微生物腐蚀机理的深入了解，人们甚至认为微生物腐蚀是腐蚀领域中的一个"谜"。

微生物腐蚀导致的管线失效案例最早是 1934 年由 Von Wolzogen Kuhr 等发现的。在 1940 年，Starkey 与 Wight 指出氧化-还原电位是发生微生物腐蚀与否的最可靠指标。此后，研究人员针对细菌对管线钢腐蚀的影响展开了大量研究。

2000 年，韩国石油天然气公司 1 条 X65 级长输管道因微生物腐蚀导致全面停工勘查。现场调查显示，在失效管线表面覆盖着一层易于剥离的黑色沉淀物，滴加盐酸后散发出臭鸡蛋气味，表明腐蚀产物中含有硫化物。随后，研究人员经过现场取样和实验室研究，从腐蚀产物分析、腐蚀坑的形貌特点和土壤中高的细菌数量以及可利用的能源和碳源，证实埋地管线剥离涂层下发生了硫酸盐还原菌（SRB）和产酸菌（APB）的腐蚀。硫酸盐还原菌（SRB）是一种广泛存在于土壤、海水、地下管道以及油气井等环境的厌氧细菌。大量研究表明 SRB 的存在加速了钢的腐蚀。当时埋地管线遭受微生物腐蚀的现场照片、腐蚀产物形貌及坑腐蚀形貌见图 2-1。类似的案例同样发生在德国，Enning 等报道了 1 条埋在沼泽地下的输气管道发生了剥离涂层下的 SRB 腐蚀见图 2-2。图中可见剥离涂层下管道外壁出现多处毗邻的坑状腐蚀，造成管壁的大幅减薄，给管道运输带来极大的安全隐患。

2003 年，新疆一条 X52 钢输油管道发生爆管泄漏事件。该管道曾多次发生

图 2-1　管线钢剥离涂层下发生的微生物腐蚀形貌

图 2-2　沼泽地下输气管道发生硫酸盐还原菌腐蚀的形貌

内腐蚀穿孔泄漏事故，但令人不解的是均发生在管道沿线起伏管段。原来罪魁祸首就是"微生物"！事故最终调查结果认为该管段起伏较大，原油流量较低，管道低洼处有微量游离水或积水聚积，从而为微生物生长提供了环境，使得硫酸盐还原菌(SRB)大量繁殖导致管道局部腐蚀失效。

2004年，伊朗北部的 1 条 X52 级埋地管道发生腐蚀开裂，并导致原油泄漏，造成巨大损失。管线深埋地下约 1 m，开裂发生在一个树木茂盛的小山丘顶部，此前该处发生过山体滑坡，导致管线外部涂层发生剥离。现场调研表明，裂纹起源于管线外表面，并向内表面扩展，许多大小不一的低浅点蚀坑分布在开裂区域，而且裂纹扩展路径和裂纹终止处分布大量点蚀坑。随后的研究表明，管线表面的聚乙烯涂层的起泡和剥离为 SRB 创造了适宜的生存环境，使得剥离涂层下的管线钢发生点蚀，加之季节性降雨和滑坡引起的外加应力为管线钢应力腐蚀开裂提供了适合条件。

2006 年，美国阿拉斯加隶属于英国石油公司（BP）的 Prudhoe Bay 油田的 1 条 863km 原油管道发生泄漏，这是该油田 30 多年开发历史中最大的一次泄漏事故。这条线路担负着运输全美国每年用油量的 20%，Prudhoe Bay 油田突然停止原油供应，造成环境的严重污染和国际油价的大幅度上升。事后，经过权威部门调查研究，微生物腐蚀被认为是造成这次事故的主要原因。

2011 年，Bhat 等报道了微生物腐蚀导致直径为 196mm、壁厚 6.4 mm 的 X46 级石油和产出水运输管道在服役 8 个月后失效，导致大量石油泄漏，造成附近农田的大面积污染。同样在 2011 年，AlJaroudi 等报道了 1 条直径 686mm、长 25.5km、材质为 C1018 钢的原油埋地管道在服役 3 年后有 8 处泄漏，研究人员通过现场调研、实验室分析、原油以及水样的检测等研究，最终认定原油中的 SRB 是导致管道失效的罪魁祸首。

2013 年，中国新疆 1 条 X52 级输油管道发生爆管泄漏事件。在这之前，该条管道沿线起伏管段曾多次发生内腐蚀穿孔泄漏事故。对事故的最终调查认为，该管段起伏较大，原油流量较低，难以将微量游离水或积水带走而聚集在低洼处，使得 SRB 大量繁殖导致局部腐蚀失效。

2014 年，牛涛等报道了 1 条 X60 级输气管线钢管在埋地 1 年后，7.1 mm 厚的管身出现腐蚀孔漏气现象，通过现场调研及取样分析表明，腐蚀孔附近的腐蚀产物表面含有大量 S 和 Cl，明确了蚀孔产生的原因为 SRB 造成的微生物腐蚀。

2016 年，Xiao 等报道了 1 条 X52 级从中国甘肃运往宁夏的原油管道因遭受 SRB 和氧腐蚀共同作用导致管线早期失效。

除此之外，Jack 等在聚氯乙烯和聚烯烃涂层下观察到了管线钢的微生物腐蚀。Pikas 调查了美国得克萨斯州和新泽西州的 4 段管道失效原因，结果表明，沥青/煤焦油瓷漆涂层下的管线钢发生了微生物腐蚀。加拿大横加公司调查表明，每 6 起管道外部腐蚀失效事故中，大约有 3 起是由于微生物腐蚀引起的。

2.2 油气管线的微生物腐蚀研究进展

微生物的生命活动改变了基体材料的表面状况，形成生物膜，并在膜内形成 pH 值、SO_4^{2-}、O_2 和 Cl^- 等浓度梯度，常导致点蚀、缝隙腐蚀、选择性溶解、应力腐蚀或垢下腐蚀等。石油工业由于金属结构的微生物腐蚀（microbial influenced corrosion，MIC）而遭受大量损失，这常常与硫酸盐还原菌（Sulfate-Reducing Bacteria，SRB）、腐生菌（Total Growth Bactericide，TGB）和铁细菌（Iron Bacteria，IB）有关，而 SRB 是引起 MIC 最严重的菌种，其中一项主要原因就是还原性的环境促进了 SRB 产生硫化氢（H_2S）气体，这种气体是电化学腐蚀的开端，将会快速侵蚀钢铁。

SRB 是一种以有机物为营养物质的厌氧菌，在厌氧条件下可以使硫酸盐还原为硫化物而使金属产生腐蚀。被还原的组分：硫酸盐、硫代硫酸盐、亚硫酸盐、硫、连二亚硫酸盐。主要最终产物：H_2S 气体。生活环境：水、污泥、河水、油井、土壤、沉积物、混凝土。SRB 在自然界中以两种类型存在：一种是无芽孢的去磺弧菌属(*Desulfovibrio*)，另一种是有芽孢的斑去磺弧菌属(*Desulfotomaculum*)。在石油化工工业中，最常见的严重影响腐蚀的 SRB 是去磺弧菌。SRB 是诱发或加速管线钢腐蚀的典型细菌，它造成的微生物腐蚀分布广泛且影响最大。因此，研究人员对管线钢的微生物腐蚀研究多集中于 SRB 菌种。

Kuang 等研究了 SRB 的生长过程对碳钢腐蚀的影响情况。结果表明，碳钢的腐蚀速率在 SRB 的繁殖阶段最大，而且与 SRB 的代谢产物积聚息息相关。Alabbas 等研究了有/无 SRB 参与的情况下 X80 管线钢的腐蚀行为。结果表明，在含有 SRB 条件下 X80 管线钢的腐蚀速率是不含 SRB 条件下的 6 倍之多，可见 SRB 对管线钢腐蚀影响的严重性。研究人员分别在中性土壤浸出液和酸性土壤浸出液环境下，研究了有/无 SRB 对管线钢腐蚀性能的影响。结果表明，实验初期 SRB 的生理活动减缓了腐蚀速率，实验后期 SRB 又加速了腐蚀速率。

大多数管道外表面的剥离涂层下都存在微生物腐蚀。Pikas 曾提及剥离的煤焦油瓷漆及沥青防腐层下的腐蚀。在条形腐蚀坑中发现了硫化物和硫，经过分析，腐蚀为厌氧 SRB 造成。事故后对于煤焦瓷漆防腐的管道位置进行了密间隔电位测量，结果表明管地电位在 -1.10V 以上。Chen 等研究认为，SRB 的存在会降低 X70 管线钢的开路电位，而且相比无菌条件，含有 SRB 条件下的腐蚀电流密度会变大。同时还认为在没有 SRB 存在情况下，施加 -775mV（SCE）阴极电位保护可以完全避免 X70 管线钢剥离涂层下的缝隙腐蚀，然而 SRB 的存在使其阴极保护失去作用。LiS 等人在阴极保护比 -0.85V 负得多的阴极保护下，在韩国的天然气管道剥离的热收缩聚乙烯套下，发现管线表面覆盖一层厚厚的黑色硫化物，缝隙内介质 pH 值为 6~8，最大点蚀深度达 7mm，现场测试说明阴极保护电流没有进入剥离聚乙烯下面，由 SRB 造成了严重的微生物腐蚀。

Jack 等人的报告也提到在合理的阴极保护下，剥离的沥青瓷漆、煤焦油瓷漆、聚乙烯和聚烯烃胶带等微生物腐蚀的发生。聚氯乙烯和聚烯烃胶带同样是高绝缘性材料，剥离防腐层同样对阴极保护产生屏蔽。已经证实细菌能够分解胶带的粘胶和底层材料成分。它们甚至能够利用 PVC 胶带的增塑剂作为营养，消耗这种低分子量的材料使之变脆，管道防腐层之间形成空隙，空隙中充满了水就会在剥离防腐层下产生腐蚀电池。Jack 认为剥离涂层下腐蚀机理是在 SRB 存在的情况下，微生物产生的硫化物和钢铁基体形成电偶腐蚀；由于这些有机物可以把腐蚀过程中产生的电子从硫化物表面除去，从而使腐蚀过程得以持续进行。细菌得到电子用于将地下水中的硫酸盐还原为硫化物，该过程为有机物提供了新陈代谢能量，同时也生成了更多的硫化物。

Mara 和 Williams（1972）研究了碳钢中的碳含量对 SRB 腐蚀行为的影响。结果表明，随着钢中碳含量的增加，微生物腐蚀速率增大，但相关原因并没有阐明。另一项研究表明，大肠杆菌（*Escherichia coli*）的参与会加速不同碳含量的 Fe-C 合金腐蚀，但其腐蚀速率与碳含量并没有直接关系。Javed 等认为微生物腐蚀速率与细菌在钢表面上附着的数量有很大关系，为此在不同强度级别和不同组织形态下对低碳钢的细菌初始附着数量进行了原位统计。结果表明，在与细菌共培养的 1 h 内，随着钢中碳含量的增加，珠光体含量增加，钢的强度相应增高，大肠杆菌在其表面的附着数量减少。另外，研究者还认为，碳钢的晶粒尺寸越小，其附着的细菌数量越多，表明微生物腐蚀速率随晶粒尺寸减小而增大。

2.3 生物膜及其对腐蚀的影响

2.3.1 生物附着与生物膜形成

微生物膜是由微生物及其代谢产生的胞外多聚物（EPS）包围而形成，EPS 是糖蛋白、高聚糖、蛋白质和一些代谢产物的化合物，具有一定的黏度、强度和较强的形成能力，有研究显示放在海水中数小时后即可在金属板表面形成一层黏滑的生物膜。微生物膜体积的 5%~25% 为微生物本身，剩余为生物膜基体，其中 95%~99% 为水分。在通常情况下，它们以薄和分散膜，或者以分离的生物沉积形式附着在几乎所有材料的表面上，微生物包藏于其中。材料表面在最初浸泡的 2~4 h 内开始形成生物膜，但通常在数周之后才完全形成。这些膜通常是不连续无规则的，但最终它们将布满金属表面的很大一部分。据估计，有 90% 以上微生物的活性是发生在生物膜内。在材料腐蚀过程中，生物膜中的微生物比溶液中自由运动的微生物更具重要性。

微生物膜形成过程是高度自发的、动态的。在自然条件下，细菌一般存在于生物膜内，从液体中浮游生物细胞到材料表面生物膜形成是一个非常复杂的过程，生物膜的特征随时间的变化而变化，一般把微生物膜的形成过程分为以下五个阶段：

第一阶段是条件膜。这个阶段中一些溶解态的有机物和无机物被吸附到金属材料表面，从而改变金属材料表面的电性、憎水性等，导致细菌在金属材料表面吸附，这个过程是不可逆和大量发生的。

第二阶段是可逆吸附。在该阶段微生物以可逆的传输机理（运动、对流、重力和化学趋向性）和金属材料表面接触。由于微生物与金属材料表面存在静电作用和范得华力，微生物被留在了材料表面，生物膜最初是由浮游细菌借助微弱的范得华力和静电作用接触金属表面。但微生物的布朗运动特性又会促使其容易被水冲走。该阶段可持续几分钟到数小时。

第三阶段是不可逆吸附。微生物紧紧吸附在金属材料表面，这种作用是物理/化学性质的（静电作用，氢键，偶极作用和疏水作用），或是通过细胞器如菌毛（像胶一样具有黏性）将细胞核膜连起来，或者是以共价键形式将细胞外分泌物和细胞结合。

第四阶段是生物膜的形成。这些有黏性的微生物生长繁殖形成了一种多重的膜，介质中的细胞可以进入这种多重膜中，细胞被埋在大量的胞外分泌物黏液中，这些黏液对其经过的颗粒和微生物起富集器的作用，从而使生物膜变厚。在此过程中，如有好氧菌的存在会使膜内出现缺氧区，促使厌氧型细菌如硫酸盐还原菌等开始繁殖，它们的代谢产物造成对材料的腐蚀破坏。引起微生物腐蚀的主要原因就是这些细胞外高聚物综合性及其所带电荷。

第五段，部分微生物膜的脱落现象。当生物膜连续增长到一个极限时，在剪切力作用下，片状的生物膜会脱落被冲走，脱落的膜会在合适的环境下附着，重新生长，从而扩大了生物膜的范围。因此生物膜是处于不断变化中，即使在主体溶液物理性质不变的情况下，生物膜也具有不稳定性。

工业系统中，直接或间接的生物矿化过程会对生物膜垢的形成与矿物质沉积产生影响。黏土颗粒和其他碎屑被包裹于细胞外黏液中，增加生物膜的厚度和不均匀性。矿物沉积和离子交换作用通常会使生物膜中的铁、锰、硅含量升高。在水系统中发现好氧的铁氧化菌情况下，金属氧化物是生物膜的重要成分。钢铁材料在厌氧条件下应用时，钢表面通过腐蚀作用释放出的亚铁离子与生物膜中的细菌（如硫酸盐还原菌等）产生的硫化物发生沉积反应形成铁的硫化物。

金属表面上的生物附着可以改变金属的电化学特征。由于在生物活动区所形成的生物菌落附近存在氧的贫析，导致形成的生物膜引起阴极去极化，另外，生物膜还可以增加生物菌落周围的酸度。在任何表面上的生物膜群落的化学成分都是异质的。而化学成分则反映了局部环境，营养条件和压力的改变。生物附着对腐蚀的产生及金属表面的钝化是至关重要的。只有了解了生物附着过程和生物膜特征，才能更好地了解腐蚀的产生与控制。

2.3.2 生物膜对微生物腐蚀的影响

生物膜是目前公认的导致发生微生物腐蚀的主要因素之一，即微生物附着于材料表面并形成生物膜,是材料腐蚀过程中的重要步骤。当金属处于微生物环境中时,金属表面因微生物的附着而生成一层生物膜。从生态学的角度,微生物通过生物膜腐蚀金属,是为了更好地适应环境。微生物与腐蚀表面结合紧密,从而影响现场腐蚀的发生和腐蚀速率。生物膜的形成是生物污损和微生物腐蚀的初级阶段,研究其特征、生长机制和控制方法是防治生物污损和微生物腐蚀最有效的方法。

生物膜内是富含不溶性硫化物、低分子有机酸、高分子胞聚糖所组成的复杂混合物,因此生物膜可与金属表面发生复杂的电化学反应。它可以通过以下相互作用和协同作用来影响材料的腐蚀过程:① 直接影响电化学腐蚀中的阳极或阴极反应过程,分泌能够促进阴极还原的酶;② 通过微生物代谢产生的侵蚀物质和胞外聚合物改变金属表面膜的电阻系数;③ 改变了腐蚀反应类型,由均匀腐蚀可能转变为局部腐蚀;④ 微生物新陈代谢产生促进或抑制金属腐蚀的化合物;⑤ 生成生物膜结构,创造了生物膜内的腐蚀环境,改变金属表面状态;⑥ 通过产生低的氧浓度条件和酸化的微环境来促进腐蚀;⑦ 由微生物生长和繁殖所建立的屏障导致了浓差电池影响腐蚀。生物膜可以在一个比较宽的温度、湿度、含盐量、酸碱度和大气压力条件范围下存在。

生物电化学领域的研究表明,附着在金属表面的生物膜内的细菌,可通过直接电子转移(细胞膜上的电子转运蛋白)或间接电子转移(自身分泌的生物小分子电子转移载体)从金属获得电子,从而导致金属发生微生物腐蚀。因此,如果生物膜被抑制或破坏,微生物腐蚀发生的概率将大大减小。因此,控制微生物腐蚀的有效途径之一就是控制生物膜在材料表面的形成和生长。

点蚀是常见的微生物腐蚀,往往出现在有致密生物膜覆盖的区域而不是邻近分散的微生物附着的地方。生物膜的主要组成成分胞外多糖 EPS 在腐蚀过程中作用复杂,与其浓度、pH 以及温度都有关系。有研究表明低浓度的 EPS(比如 10 ng/cm^2)可以在碳钢表面吸附成膜抑制阴极反应过程,进而抑制碳钢的腐蚀;而高浓度的 EPS 对 Fe^{2+} 具有很强的络合作用(EPS 中的化学物质含有大量负电荷基团如糖醛酸、氨基酸和核苷酸可以结合多价阳离子,导致金属离子的沉淀、螯合、吸附和络合,以及局部环境的 pH 变化),能够促进基体材料的阳极溶解,进而促进碳钢的腐蚀。

Castaneda 与 Benetton 研究了 SRB 腐蚀不锈钢后所形成膜层的表面形态和电化学特征,发现金属受到 SRB 腐蚀后表面膜层由腐蚀产物膜和含有大量 EPS 的生物膜构成。Dong 等用原子力显微镜(Atomic force microscopy,AFM)和扫描电子显微镜(Scanning electron microscope,SEM)观察了金属被 SRB 腐蚀后的表面形貌,发现金属外覆盖着一层多相不均匀膜层。该膜层由较松散的外膜和紧密的内膜组成,生物膜中内嵌导电的铁的硫化物,使微孔具有良好的导电性,从而使生物膜表现出良好的电容特性。同时，生物膜的厚度也影响电容的大小，使生物膜的导电性随着 SRB 的生长代谢而不断变化。

许多学者分析了生物膜的化学成分。刘彬等分析了浸泡在天然海水中 14 天后的不锈钢表面的生物膜成分，发现 C、O、S、Si、Mn 等元素含量明显增加，表明生物膜主要由微生物胞内物质及其有机代谢产物构成。段冶等用傅里叶变换红外光谱分析仪(Fourier Transform Infrared Spectrometer，FTIR Spectrometer)分析了 Q235 钢在假单胞细菌和铁细菌混合作用下的表面生物膜成分，发现主要的吸收峰都是由聚酯糖类、脂蛋白类、细菌表面蛋白及其他细胞外聚合物官能团等引起。他们还根据能谱分析在混合体系中浸泡 21 天后 Q235 钢的表面腐蚀产物，能谱图上只显示出明显的 Fe 峰，表明此时的腐蚀产物主要是铁的化合物。Moradi 等分析了 *Pseudoalteromonas sp.* 腐蚀双相不锈钢后表面生物膜的化学成分，发现 K、Cl 和 Na 大量富集在生物膜上，而 K、Cl 和 Na 是构成生物膜中酶的活性元素。

生物膜的结构和形态是由周围环境因素和微生物的特性决定的。Flemming 等认为，生物膜是异相不均匀的，溶液通过生物膜的多孔结构进入生物膜底部与金属直接接触。Dong 等研究了多电极在 SRB 下的腐蚀行为，发现金属电极表面的电流分布是不均匀的，这进一步验证了 Flemming 的观点。Xu 等研究了 Q235 钢在涂层保护下的微生物腐蚀行为，结果也表明生物膜是异相不均匀的，且内层的腐蚀产物层有很多裂纹。生物膜的这种异相不均匀性导致金属表面存在浓度梯度，且其浓度梯度随着生物膜的形成、发展、成熟、死亡和脱落而变化。许多学者研究都发现，位于生物膜下的金属与位于无菌环境中的金属相比，更易形成点蚀和缝隙腐蚀。其原因是，生物膜的多相异性使金属表面所处的环境各不相同，造成金属阳极曲线的不一致，从而发生"自催化效应"，发生小孔腐蚀。但是 Little 等却认为，生物膜具有催化效应，能增大阴极电流密度，从而促进金属表面自钝化。Lai 与 Bergel 认为，生物膜中的酶能催化葡萄糖转化为葡萄糖酸和 H_2O_2。Washizu 等的研究结果表明，H_2O_2 能增大阴极电流密度，提高金属的自钝化能力。这些结果与上文提到的生物膜会加速金属点蚀的观点相矛盾。前一种理论基于生物膜物理结构及其对扩散影响方面进行考虑的，而后一种理论考虑了生物膜对阴极的催化性能。这也进一步反映了生物膜对 MIC 影响的复杂性。

微生物往往在金属表面形成不均匀的附着。好氧微生物附着时，会形成氧浓差电池。菌层厚(耗氧更多，氧浓度更低)的区域会作为阳极，而附着的菌少且薄(耗氧少，氧浓度更高)的区域会作为阴极，由此加速金属的腐蚀。同时生物膜的异相不均匀性会导致金属表面产生氧气的浓度梯度，使金属表面所处的环境不同，造成金属阳极曲线的不一致，从而发生"自催化效应"，造成小孔腐蚀。然而，从另一方面来说，细菌分泌的生物膜基质其实是腐蚀中的传递屏障，阻止了能造成腐蚀的代谢产物与金属的接触，从而减少腐蚀的发生，此外，生物膜具有催化效应，能增大阴极电流密度，从而促进金属表面自钝化。在特定环境下（如恰当的pH值），原本对金属有腐蚀作用的细菌如SRB会产生对金属具有保护作用的生物膜，而原本没有腐蚀作用的细菌会产生具有腐蚀作用的生物膜。在油田实际工况条件下，生物膜形成过程中会引起腐蚀电位和腐蚀电流的不均匀性，呈先增加后减小的变化趋势。另外，在完整的生物膜下，腐蚀减弱，当生物膜局部脱落后，基体材料的腐蚀倾向加剧。

2.4 微生物腐蚀机理

腐蚀是一种电化学过程，目前对于微生物腐蚀的研究都是从宏观层面上分析和解释，通过分析微生物所产生的生物膜以及代谢产物，腐蚀后金属表面成分及结构性能的变化，得到金属表面图像以及电化学数据，从而推测微生物腐蚀机理。随着微生物腐蚀（MIC）领域的研究不断深入，研究人员对微生物腐蚀机理有了进一步的认识，发现微生物腐蚀过程中往往是几种机理以不同的方式在腐蚀过程中共同起作用。由于不同的微生物在不同环境中生长代谢不同，以及环境中多种微生物相互作用的复杂性，导致即使是同一种微生物也会出现对于同种金属不同的腐蚀行为。因此根据腐蚀现象想要弄清楚微生物的腐蚀机理非常困难。我们仅能根据实际情况的不同，判断是哪种机理在起主要作用。迄今为止关于SRB的厌氧腐蚀机理已提出了许多，主要有阴极去极化机理、磷化合物去极化理论、代谢产物腐蚀机理、局部腐蚀电池机理、沉积物下的酸腐蚀机理、浓差电池机理、阳极区固定机理等。

2.4.1 去极化理论

最经典的微生物腐蚀机理是1934年由Kuhr和Vluglt提出来的"阴极去极化理论"，得到了众多学者的支持。氢化酶的阴极去极化理论认为一方面SRB对腐蚀的阴极过程起促进作用，在潮湿的缺氧土壤中金属腐蚀的阴极反应是氢离子的还原，但氢活化电位过高，阴极表面只是被一部分氢原子覆盖，SRB产生的阴极去极化作用使SO_4^{2-}离子氧化被吸附的氢，即消耗掉氢原子，从而使去极化反应得以顺利进行，促使析氢腐蚀反应加快；另一方面，SRB活动提供硫化物，由于硫化物的作用加速了管线钢腐蚀，即随着硫化物和介质中碳酸等作用生成H_2S，而H_2S又与Fe生成FeS，可见细菌为腐蚀提供活性硫化物，而活性硫化物可以加速管线钢的腐蚀，具体过程见图2-3。反应如下：

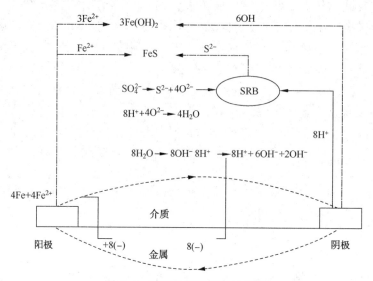

图 2-3 硫酸盐还原菌腐蚀图解

阳极： $4Fe \longrightarrow 4Fe^{2+} + 8e^-$

阴极： $8H^+ + 8e^- \longrightarrow 8H$

SRB 引起的阴极去极化作用：

$$SO_4^{2-} + 8H(吸附) \longrightarrow S^{2-} + 4H_2O$$

水的电离： $8H_2O \longrightarrow 8H^+ + 8OH^-$

腐蚀产物： $Fe^{2+} + S^{2-} \longrightarrow FeS$

$$3Fe^{2+} + 6OH^- \longrightarrow 3Fe(OH)_2$$

总反应： $4Fe + SO_4^{2-} + 4H_2O \longrightarrow FeS + 3Fe(OH)_2 + 2OH^-$

总反应式： $4Fe^{2+} + SO_4^{2-} + 4H_2O \longrightarrow FeS + 3Fe(OH)_2 + 2OH^-$

因此可以造成金属材料的局部腐蚀损坏，同时有黑色硫化物产生。加之金属基体与 SRB 代谢腐蚀产物作用，从而加速了金属的腐蚀过程。

Keresztes 等研究发现，黏附在金属材料表面的 SRB 在有可溶性介质分子存在的情况下极易发生阴极反应，金属电极的腐蚀电位与 SRB 中氢化酶的氧化还原电位一致，微生物能直接消耗金属表面的阴极氢。还有学者认为，金属表面的电子可以直接转移到氢化酶表面，同时形成活性氢，氢化酶还能直接从金属表面摄取电子。这种直接摄取氢造成金属腐蚀的现象常见于脱硫弧菌属（*Desulfovibrio*）。

IversonW P 提出了磷化合物去极化理论，他认为 MIC 是由于代谢产物磷化物作用的结果。在厌氧条件下，SRB 活动产生具有较高活性及挥发性的磷化物并与基体管线钢反应生成磷化铁。另外由 SRB 产生的 H_2S 与无机磷化物、磷酸盐、亚磷酸盐、次磷酸盐作用也可产生磷化物，在有基体管线钢存在时硫化氢与次磷酸盐作用也可产生磷化铁(Fe_2P),这些作用加剧了基体管线钢的腐蚀。

早期人们多采用电化学方法研究 MIC,但单纯从电化学角度研究微生物腐蚀金属可能得到一些片面的结论,这些结论并不能客观完整地反映微生物腐蚀金属的真实过程。直到20世纪末期,随着表面分析技术的发展,人们对 MIC 的相界面过程有了更深的了解,随着对这一领域研究的不断深入,人们认识到必须结合生物能量学以及生物电化学方面的知识,以更好地理解微生物影响金属腐蚀的进程,并逐渐意识到生物膜在 MIC 过程中扮演的重要作用。

顾停月和徐大可从生物能量学角度出发,提出了生物催化阴极硫酸盐还原机理(Biocatalytic cathodic sulfate reduction mechanism,BCSR)。该理论认为,金属的微生物腐蚀本质上是一个生物电化学过程,在微生物与金属共存的环境中,当周围环境中有充足的碳源(如乳酸)时,SRB 优先利用有机物质作为电子供体,获取能量,同时 SRB 的生物膜分泌出细胞外多聚物(Extracellular polymeric substances,EPS),其主要成分是蛋白质、DNA、脂质和多糖等。由于受到扩散和顶层生物膜对碳源消耗的限制,碳源很难到达贴近金属表面的 SRB 生物膜,造成 MIC 受到扩散限制,此时微生物用金属代替碳源获取电子,易被腐蚀的金属(例如 Fe)成为唯一电子供体,所以金属 Fe 完全可以充当 SRB 的电子供体,并且由 MIC 而产生的能量足够维持 SRB 的生命代谢活动,直接导致金属发生微生物腐蚀。

2.4.2 代谢产物腐蚀机理

(1)H_2S 腐蚀机理

SRB 的代谢产物 H_2S 可以以较高的速率与金属铁反应形成 FeS 产物,因此可以作为有效的阴极或阳极反应物,加速腐蚀的发生。H_2S 微溶于水,形成氢硫酸(HS^-)。研究发现,H_2S 溶于水的比例与金属的腐蚀速率密切相关。在以金属材料作为唯一的电子供体时,SRB 的代谢产物 H_2S 是导致金属腐蚀加速的原因;同时 H_2S 溶于水之后会产生 H_2,H_2 也会造成金属的氢渗透和裂纹腐蚀,称之为"氢脆"。

(2)FeS 腐蚀机理

SRB 腐蚀金属过程中,由电极过程产生的亚铁离子(Fe^{2+})能够与细菌代谢的硫化物反应,形成铁硫化物(FeS_x)的复合物,在硫化物膜刚形成时,或者周围硫化物浓度很高时,该层膜结构紧密,会对金属起到很好的保护作用,但是当硫化物浓度从很低变为很高时,随之会形成较为疏松的结构,FeS 可以传递金属表面的电子,并作为电化学阴极加速金属腐蚀(图2-4);

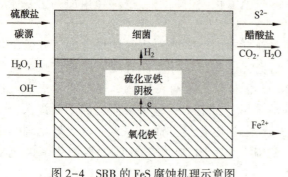

图 2-4 SRB 的 FeS 腐蚀机理示意图

硫化物膜的生长也会导致金属表面的开裂，因而硫化物膜也可能是 SRB 腐蚀最主要的原因。

（3）酸腐蚀机理

SRB 和其他异养的腐蚀微生物能利用有机化合物如乙醇、乳酸、丙酮酸等生成 CO_2 或者乙酸。乙酸和 CO_2 均会对金属造成严重的腐蚀。尤其当这些产物酸在菌落或者沉积物下聚集时，会变得极具侵蚀性；如 SRB 和硫氧化细菌（Sulfur-oxidizing bacteria，SOB）协同作用生成 H_2SO_4，造成混凝土腐蚀；产酸细菌如硝酸盐及亚硝酸盐氧化菌、硫杆菌属、醋酸杆菌能够代谢产生乙酸、甲酸、H_2NO_3 和 H_2SO_4 等。这些酸使周围环境 pH 值下降，并能有效侵蚀金属，使金属溶解，造成严重的孔蚀和孔隙渗漏。

2.4.3 浓差电池机理

微生物可以通过生长代谢建立起几种浓差电池，从而造成局部腐蚀。主要包括氧浓差电池、金属离子浓差电池以及活化钝化电池。氧浓差电池是引起局部腐蚀最为主要的因素之一。由于金属表面的微生物膜结构分布不均匀导致氧的扩散不均匀，产生的腐蚀产物局部堆积引起氧扩散到金属表面的量减少，或是不同位置的好氧细菌如 IOB 和 SOB 呼吸对氧气的消耗有差异，在金属表面不同区域形成氧气差从而形成了氧浓差电池，进而产生电位差。富氧区电极电位较正，为金属阴极；而贫氧区电极电位较负，为金属阳极，电位差造成了电子从阴极到阳极的流动，因而引起严重的孔蚀和缝隙腐蚀。

2.4.4 直接与间接电子传递

目前许多学者从生物能量学和生物电子传递方面着手，发现微生物能利用电子、通过氧化还原中间体传递电子或者通过导电纳米线（Pili）吸收电子进行代谢活动，从而腐蚀金属，维持自己的生命活动。最新的研究结果表明，金属的微生物腐蚀在本质上是一个生物电化学过程。在微生物与金属并存的环境中，当电子供体（如碳源）不存在或消耗掉之后，微生物用金属代替碳源获取电子，导致金属发生微生物腐蚀。另外一种腐蚀机理是，微生物的代谢产物（比如有机酸）导致金属腐蚀。腐蚀是一个能量释放的反应过程，微生物通过腐蚀金属得到维持其生命所必需的能量。

　　Aulenta 和 Usher 等通过对微生物燃料电池(Microbial fuel cell,MFC)中细胞内电子的导出机制的研究发现,直接电子传递是微生物电子传导的重要途径。Torres 等指出,MFC 中细胞外电子传递(Extracellular electron transfer,EET)的主要途径有：① 直接电子传递；② 基于可溶性介体的电子穿梭；③ 细菌纳米导线。其中①和③属于直接电子转移(Direct electron transfer,DET),②属于中介电子转移(Mediated electron transfer,MET)。

　　最近的研究表明,即使 SRB 造成了金属的阴极去极化,消耗了金属表面的 H 也不能显著地提高金属的腐蚀速率。相反,微生物能直接从金属表面获取电子,加速金属的溶解。Dinh 等通过富集培养的方法,利用金属离子作为唯一的电子供体,从海洋中分离到了一株能直接利用金属获得电子还原硫酸盐的 SRB,它们似乎直接跳过了利用化学形成的 H_2 作为电子供体,而选择直接利用金属表面的电子生存。因此,经典的阴极去极化理论明显不能解释这类细菌的腐蚀行为。据此,Enning 等 2012 年提出了化学微生物腐蚀(Chemical microbially influenced corrosion,CMIC)和电微生物腐蚀(Electrical microbially influenced corrosion,EMIC)的概念。

　　电微生物腐蚀认为细菌与金属之间存在相应的电子传递机制,细菌利用金属表面的电子生长代谢,从而造成了金属腐蚀。微生物获取腐蚀金属释放的电子主要是通过细胞膜表面的细胞色素 C 蛋白以及生物纳米导线(Pili)进行传递。Reguera 等在 2005 年首次提出纳米导线(Pili)的概念,通过导电原子力显微镜发现硫还原地杆菌 *Geobacter sulfurreducens* 的"菌毛蛋白"(Geopili),在细菌与金属的电子传递中起到重要的作用。这种具有导电性的细丝把电子传递给金属氧化物,将与内膜、周质或者外膜相关的蛋白电子导出到胞外空间,通过这种渠道多血红素细胞色素能够将电子传递到菌毛上。但是,电子流入/流出的相关机制还不是很清楚。

　　Gorby 等发现,细胞外膜色素(如十亚铁血红素细胞色素(Mtr C)和细胞外膜蛋白质色素 A(Omc A)被敲除后 pili 就失去导电能力。因此可认为,pili 是由菌毛蛋白和细胞色素 c 的结构部分组装而成。Pili 的潜在功能有：① 作为高级细胞传递信号系统的一部分；② 促进胞间或中间的电子转移；③ 与细胞的生物能量学有关。上述三种 EET 传递方式并不是单一存在的,它们有很好的互补与协调作用。至于哪种传递方式发挥主导作用,要视具体微生物环境来定。人们对胞外电子如何导入细胞的机制知之甚少,但是可从微生物导出电子的途径中得到启示,据此推断电子导入细胞的主要方式亦是通过上述三种方式。

　　相比于需要微生物功能蛋白与电极接触才能发生的直接电子传递,间接电子传递可通过具有可逆氧化还原活性的电子中介体(Electron transfermediators, ETMs)实现电子的传递,从而有效提高微生物胞外电子传递效率。在间接电子转移过程中,ETMs 起着中间电子受体和中间电子供体的作用,即被还原后可将电子传递给最终电子受体并被重新还原。微生物的内生 ETMs 主要包括 *Pseudomonas* 属菌的吩嗪类物质和 *Shewanell* 属菌分泌的黄素类物质。Hernandez 等发现从根际分离的 *P. chlororaphis* 能合成 1-甲酰胺吩嗪(Phenazine-1-carboxamide, PCN),实现晶体氧化铁的还原。缺失 PCN 合成能力时,晶体氧化铁的还原能力随之减弱,并且发现少量的 PCN 就能够还原大量的金属氧化物。Zhang 等发现在培养基中加入没有腐蚀性的黄素类电子载体会增强 SRB 的电子传递并加速金属试片的失重及点蚀。

2.4.5 微生物群落协同与抑制腐蚀

自然环境中的材料表面经常附着具有腐蚀能力的微生物并形成生物膜结构。腐蚀生物膜往往由各种各样的微生物组成,包括细菌、真菌、古生菌和真核生物。不同微生物拥有不同的代谢能力,在自然环境中微生物群落能释放多种信号分子以相互"沟通",形成协同或竞争代谢,导致腐蚀微生物群落能发挥出单一菌群无法发挥的功能。例如,研究者发现来自不同循环水通路(地表水或地下水)的铁管道中,在不同采样点、不同腐蚀阶段、不同流入水源的条件下,腐蚀微生物的种类数量以及腐蚀产物的类和量各不相同。Valencia-Cantero 等将来自温泉的细菌分离混合物进行培养,并与来自纯培养生长的相同菌株的腐蚀速率相比,前者对碳钢的腐蚀速率更高。

Wang 等探讨了再生水配水系统中铁腐蚀过程的不同时间段内腐蚀产物形态结构及腐蚀微生物群落组成。腐蚀初期(56 天以前),存在铁氧化细菌 IOB *Sediminibacterium sp.*、铁还原细菌 IRB *Shewanella sp.*、硫氧化细菌 SOB *Limnobacterthioxidans* 以及其他异养细菌,其中 IOB 的生物量大于 IRB。菌群中 SOB 能将腐蚀产物 FeS 氧化成 H_2SO_4,从而释放出 Fe^{2+},并被 IOB 所利用。因此腐蚀初期,通过 SRB/SOB 与 IRB/IOB 的生长代谢、细菌与代谢产物、生物与非生物腐蚀之间的相互协同作用,促进金属的腐蚀;而腐蚀后期(76 天之后),随着钝化膜的形成,生物质以及细菌多样性随之减少,此时厌氧的 IRB 成为主要功能菌。IRB 代谢生成 Fe^{2+},阻止了氧气的扩散,通过与 IOB 的协同作用,抑制了腐蚀的进一步发生。宗月等认为脱氮硫杆菌、硫化细菌、光和细菌、短芽孢杆菌以及假单胞菌等与 SRB 存在或共生或拮抗或竞争的关系,阻碍其对金属材料的腐蚀。许萍等综述了微生物防腐蚀的研究,认为利用某些微生物所产的生物膜能够抑制腐蚀、保护金属的现象可以开发环境友好的可再生防腐技术。

许多学者从生物能量学和生物电子传递方面着手，发现微生物能利用电子、通过氧化还原中间体传递电子或者通过纳米导线（Pili）吸收电子进行代谢活动，从而腐蚀金属，维持自己的生命活动。而这种电子传递也可以在不同物种之间进行。Kato 等发现硫还原地杆菌与脱氮硫杆菌可以通过导电磁纳米颗粒作为中间体实现菌间的电子传递，完成醋酸盐氧化耦合硝酸盐还原的过程。氢、硫酸盐、甲酸盐以及一些不溶的物质如磁铁矿等也可以作为电子穿梭介体实现菌种之间的电子传递。因此，材料的微生物腐蚀往往是微生物群落的综合作用。

3 油气管线的应力腐蚀

石油和天然气占全球一次能源的57%，我国陆上70%石油和99%天然气依靠管道输送，油气管道是国民经济的生命线。油气管网是国家重要的基础设施和民生工程，是油气上下游衔接协调发展的关键环节，是现代能源体系和现代综合交通运输体系的重要组成部分。应力腐蚀是油气管道的一种严重失效形式。油气管道外保护涂层由于损伤和老化等原因出现局部损伤，管道外壁与土壤/地下水接触，因此经常会产生在不同介质下的应力腐蚀。自20世纪50年代以来，在世界范围内输油、气管道的应力腐蚀破坏事故屡见不鲜，因而引起了人们的充分注意与重视，并开展了多方面的研究。

应力腐蚀开裂(stress corrosion cracking，SCC)是金属材料在应力和腐蚀介质的联合作用下，产生的一种低应力脆断现象。SCC因其无预兆性、破坏性严重等原因，问题尤为严重。油气管道所处的腐蚀环境主要为：内部为输送油气中含有的二氧化碳、氯离子、硫化氢等腐蚀介质，主要导致硫化物应力腐蚀开裂(sulfide stress corrosion cracking，SSCC)；外部主要是潮湿土壤中的硝酸根离子、氢氧根离子、碳酸氢根离子、碳酸根离子等腐蚀介质，主要引起穿晶应力腐蚀开裂(transgranular stress corrosion cracking，TGSCC)、沿晶应力腐蚀开裂(intergranular stress corrosion cracking，IGSCC)和二者的混合。经验表明，土壤介质引起的SCC是埋地管道发生突发性破裂事故的主要危险之一，在国外许多国家都曾发生过。因此，必须高度重视埋地管道的SCC问题。

1965年至1985年间，美国累计有250多条管线发生了应力腐蚀开裂，均起源于外表面；1995年在俄罗斯的西伯利亚和中北部地区相继发生了SCC失效事故，且裂纹多位于防腐层缺陷处的金属表面。从1976年起的10年间，加拿大管道共发生应力腐蚀开裂事件十余起。其中，1976年，由NOVA公司首次记录了管道轴向裂纹引起的应力腐蚀开裂，随后在1986年至1988年，TCPL公司共发生3起应力腐蚀开裂引起的管道破裂事故，因此，在1987年，TCPL公司首次赞助了一项应力腐蚀开裂研究项目，该项目也建立了第一个预测应力腐蚀发展的模型。1996~2006年间，在导致俄罗斯天然气输送管线失效的诸多因素中，应力腐蚀开裂尤为突出。同其他失效因素相比，应力腐蚀开裂所引起的失效比例不断上升，大约占到50%。1991~2002年间，我国对89条总长827.9km的天然气管道以及油田集输管道进行了腐蚀调查，共挖掘测试坑169个，未发现管道外壁有应力腐蚀开裂现象。对于高pH-SCC和近中性pH-SCC来说，国内油气管线土壤应力腐蚀开裂实例很少,对管线钢在土壤中的应力腐蚀所做的工作还不太多。

随着能源需求的迅猛发展,选用高钢级别管线钢已成为高压天然气输送的新趋势。工业发达国家已进行了大量研究和工程实践,但是钢的级别越高,对氢脆的敏感性越大,管线发生 SCC 的风险越大,高强度管线钢一旦发生 SCC 造成的损失更大。从我国实际情况来看,在未来的几十年中,X80 以上级别的管线钢(包括 X90、X100)以及 0.8 设计系数用钢管在我国工程中的应用具有广阔的前景。因此,系统研究高强度管线钢土壤环境应力腐蚀问题显得十分迫切和意义重大。

西气东输工程几乎途经我国全部地形、地貌和气象单元,沿线地质结构及岩土种类复杂、气候多变,并且穿越河流、湖泊、高山及地震、地质灾害多发区,这些因素对管线钢的长周期安全运行将带来巨大影响。因此,腐蚀失效问题便成为油气管线钢研制开发及应用过程中不可回避的一个重要问题,迫切需要对油气输送管道实施腐蚀控制,且重点控制外腐蚀,尤其应该开展高钢级管线钢在我国典型土壤环境下的服役安全性研究与腐蚀数据积累工作,这项成果将为国家管网建设、自然环境腐蚀科学发展和长输管线的长周期运行提供翔实的数据支撑和理论依据,具有重要的理论指导意义和工程应用价值。

3.1 油气管线应力腐蚀案例

目前已经确定的土壤环境 SCC 有两种,一种是高 pH-SCC(经典 SCC);另一种是近中性 pH-SCC(非经典 SCC)。土壤中有机物腐烂产生大量 CO_2,阴极保护情况下,闭塞区的强碱性环境易于吸收来自周围的 CO_2,形成促使管线钢发生 SCC 的微环境。温度较高时,溶液蒸发迅速,形成浓缩的 HCO_3^-/CO_3^{2-} 溶液,引发高 pH-SCC。若阴极保护电流没有到达剥离区,溶液 pH 值在中性左右,加之适当的土壤应力作用下易引发近中性 pH-SCC。它们的发生介质条件与实际土壤有关,国外采用了不同的模拟介质研究不同的土壤环境下的 SCC。目前,试验室普遍采用 HCO_3^-/CO_3^{2-} 溶液模拟高 pH-SCC 环境(pH 值为 8~10.5),主要发生晶间应力腐蚀开裂(IGSCC),该种类型的 SCC 最早发现于美国(1965 年);用 NS4 溶液模拟近中性 pH-SCC 环境(pH 约为 6~8),主要发生穿晶应力腐蚀开裂(TG-SCC),1985 年最早发现于加拿大。以上都是根据国外土壤环境制定的。近年来,我国对管线钢土壤环境下的 SCC 也进行了许多相关的研究,但这些工作的研究介质许多是照搬国外的高 pH 环境和近中性 pH 环境,目前尚未建立符合我国实际情况的土壤模拟研究体系。

3.1.1 硫化物应力腐蚀开裂

管线钢在输送含有 H_2S 的油、气资源时会发生严重的 H_2S 腐蚀开裂现象,导致恶性事故的发生，造成极大的经济损失。在我国四川省以及世界上其他地区的很多油气田中均含有 H_2S，在输送高含硫油气资源时，管线的腐蚀问题难以避免。早在 20 世纪 40 年代末，美国和法国在开发含 H_2S 酸性油气田时，发生了大量的硫化物应力腐蚀开裂事故。硫化物应力腐蚀是一种特殊的应力腐蚀，属于低应力破裂，所需的应力值通常远远低于管线钢的抗拉强度，多表现为没有任何预兆下的突发性破坏，裂纹萌生并迅速扩展。

截至 1993 年年底，四川石油管理局输气公司的输气干线共发生硫化物应力腐蚀开裂事故 78 起，其中川东公司的输气干线共发生硫化物应力腐蚀开裂事故 28 起，仅 1979 年 8 月~1987 年 3 月间就发生 12 起由硫化物应力腐蚀开裂导致的爆管事故。

2009 年 11 月 15 日，土库曼斯坦集气单元 DN500 管线钢管直焊缝发生泄漏，钢管钢级为 L360，输送介质为含硫化氢的高酸性气体。图 3-1 为裂纹的宏观形貌，裂纹位于焊缝位置，焊缝曾受到过补焊影响。图 3-2 为断口宏观形貌，观察结果表明断口表面为多裂纹源形貌。图 3-3 为裂纹尖端内物质的能谱分析，结果表明裂纹尖端内物质含有 S 元素。以上情况均为硫化物应力腐蚀开裂的典型特征，失效分析结果表明，L360 直缝埋弧焊钢管焊缝泄漏为硫化物应力腐蚀开裂，在高酸性环境介质、工作应力及焊接残余应力以及因焊缝形状和表面状态导致的应力集中等综合作用下，硫化物应力腐蚀裂纹优先在高应力及应力集中处、粗大柱状晶组织及马氏体和夹杂物（或夹渣）等处产生并相互连接、扩展，最后导致泄漏。

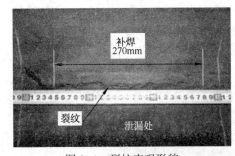

图 3-1　裂纹宏观形貌

图 3-2　断口宏观形貌

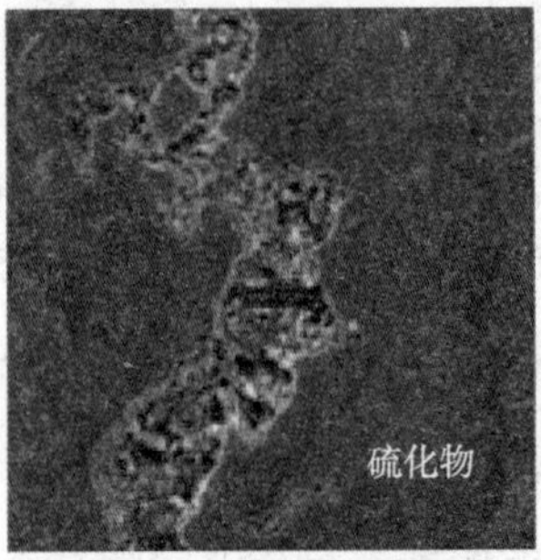

成分	质量分数/%
CK	7.46
OK	18.90
SK	7.73
Mn K	0.99
Fe K	64.92
合计	100.00

图 3-3　裂纹内物质能谱分析

3.1.2 高 pH 值应力腐蚀开裂

1965 年 3 月,美国发生了世界上第一起高 pH-SCC 事故。在此后的 20 年间,美国共有约 250 条管道发生 SCC 事故;在澳大利亚、加拿大、伊朗、苏联、巴基斯坦等国家都有相关的事故报道,失效的最短时间分别为 7 年(美国)和 6 年(伊朗)。

1993 年,巴基斯坦北部 Sui-Northern Gas Pipelines Limited (SNGPL)天然气管线发生泄漏起火。该管线直径 18 英寸(457mm),材质为 X60,工作压力 1200psi(8.3MPa)。事故引起附近高压线着火,导致 1 人死亡。图 3-4 为管线开裂现场情况及沿晶开裂形貌。

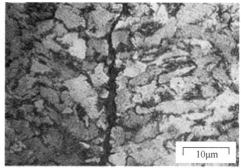

图 3-4 高 pH-SCC 案例

3.1.3 近中性 pH 值应力腐蚀开裂

1985 年,加拿大发生一起由近中性 SCC 引起的管线开裂,造成爆炸事故,损失很大。1977~1996 年,在加拿大发生了 22 起埋地管道的 SCC 破坏事故,其中 12 起断裂,10 起泄漏。进入 20 世纪 90 年代,在加拿大每年都有应力腐蚀引起的断裂事故发生。

2000 年,CEPA 调查发现,当时加拿大管道上存在 18000 处的近中性 pH 应力腐蚀缺陷,构成了严重的管道安全隐患。加拿大 CEPA 颁布了近中性土壤应力腐蚀开裂管理推荐作法(1998 年,2007 年)。

2010 年 7 月,加拿大 Enbridge 公司一条管径为 30in 的输油管线发生泄漏,17h 后才被发现,造成管线周围的湿地和河流严重污染。泄漏处位于管道直焊缝处,调查结果表明,焊缝处凸起导致涂层剥离,在钢管外表面产生大量裂纹,裂纹深度达到壁厚的 83.9%,最终发生近中性应力腐蚀开裂。

3.2 影响应力腐蚀开裂的因素

影响管线钢 SCC 的因素主要有三大类,即材料因素、环境因素和力学因素。

其中，材料因素包括管材种类、等级、杂质含量和表面条件等；环境因素包括涂层的种类、土壤、温度和阴极保护电流等；力学因素包括工作应力、残余应力和次生应力等。

3.2.1 力学因素

输气管道中的应力主要来源于管道次生应力(如周向 SCC 情况下的管线的局部弯曲或轴向拉伸)、运行的压力以及应力集中和残余应力等。SCC 的开裂、扩展方向垂直于管壁局部最大应力的方向。大部分情况下 SCC 主要受周向应力(通过内压产生)，在周向应力的作用下，裂纹沿管道轴向萌生和扩展，即产生轴向裂纹，大部分 SCC 的方向是沿管道轴向的；而在轴向 SCC 时，管线主要受轴向应力，裂纹沿周向扩展，即产生周向裂纹。

SCC 的严重性同时受应力水平和应力波动的影响。压力波动对 SCC 的影响随裂纹尺寸而变，压力波动造成的危害可以通过减小压力波动幅度来减轻，可使已经存在裂纹的扩展速率减少。假设在极端的静载情况下，裂纹将倾向于有效地停止。交变加载相比静载可在更低的应力下产生 SCC，交变应力能时裂纹扩展大大加速。低频应力和静载可以导致管道沿晶开裂，而高频引起管道穿晶和腐蚀疲劳。交变加载可以得到促进 SCC 发生的应变速率，能使应变得以维持在同样最大应力的静载以上，其效果是塑变的连续性降低，同时使应变、应力增加。在实验室测试中，通过使用最大载荷低于钢屈服强度的交变载荷，证实裂纹萌生和扩展的必要条件是应力波动。压力波动小对应低的裂纹扩展速率。当管线钢在接近它的屈服点的敏感环境情况下，在非常低的压力波动下裂纹可以扩展。

3.2.2 材料因素

Mansour 指出，随着超高强度管线钢 X100 中显微组织(贝氏体、铁素体、马氏体和 M-A 组元)种类的增加，其抗 SCC 能力下降。Mansour 等人的研究还表明，在 NACE A 溶液中管线钢表面的腐蚀坑是 X100 钢硫化物应力腐蚀开裂(SSCC)微裂纹的萌生源，并使更多的原子氢迁移到钢中，另外，X100 管线钢的多相显微组织起到了一个高密度氢陷阱的作用，促进了氢脆的发生，而氢脆是超高强度管线钢在 SSCC 中的主要破坏形式。C. F. Dong 等人研究了非金属夹杂物对 X100 管线钢氢致开裂性能的影响，结果表明，开裂首先发生在钢中富含铝、硅的夹杂物处。C. Zhang 等人研究了近中性 pH 溶液中 X100 管线钢在氢和应力的协同作用下的腐蚀行为。Mustapha 等人研究了热处理、显微组织与外加电位对 X100 钢在 75℃的 CO_3^{2-}/HCO_3^- 溶液中 SCC 敏感性的影响。

通过对近中性 pH-SCC 研究，发现 SCC 与材料化学成分、杂质特性(数量、面积、成分)之间没有很大的关系。对高 pH-SCC 研究发现，Cu、P、S 等杂质可以改变钢的 SCC 敏感性。有些学者认为相对增加管线钢中 Ti 的含量能明显增加抵抗高 pH-SCC 的能力，Mo、Cr、Ni 也有相同的作用。此外还有学者研究了冶金特性等与 X70 管线钢近中性 pH-SCC 的关系。大量结果表明，萌生的裂纹可分为两大类：点蚀裂纹和非点蚀裂纹，它们在裂纹萌生中的作用与夹杂在试样表面的非金属夹杂物的大小和数量有关。由于在保留管线钢原始外表面的试样上非金属夹杂物少，导致非点蚀裂纹萌生成为 SCC 萌生的主要机理；试样如果是从钢板中心厚度处取样加工，由于存在的非金属夹杂物多，点蚀开裂成为重要的裂纹萌生机理。

现有的研究表明管线钢的显微组织对 SCC 敏感性有很大的影响。一般认为马氏体比珠光体、奥氏体更敏感；均匀的组织比混合组织更抗 SCC，显微组织抗 SCC 能力按贝氏体铁素体（BF）、贝氏体（B）、铁素体+珠光体（F+P）依次减弱；随着高钢级管线钢中显微组织（贝氏体、铁素体、马氏体和 M-A 组元）种类的增加，其抗 SCC 能力下降。随着管线钢输送压力和强韧性的提高，其对应组织的演变为铁素体-珠光体型（X65 级）、针状铁素体型（X70、X80 级）和超低碳贝氏体-马氏体型（X100、X120 级）。一般而言，管线钢的强度越高，对氢脆及 SCC 的敏感性也越大。赵明纯等人的研究结果表明，针状铁素体的抗 SCC 能力最佳，超细铁素体的次之，铁素体+珠光体的最差。

在近中性 pH 环境中，材料显微组织硬度越高，相对应的 SCC 倾向越大；管道表面越粗糙，越易产生 SCC。在近中性 pH 环境中，均匀组织，如贝氏体铁素体（或贝氏体）的抗 SCC 的能力比铁素体+珠光体的机械混合组织的更强。对于铁素体+珠光体钢，$R(R=p_{min}/p_{max}，p$ 为管线压力）值较高时，SCC 敏感性相应增加；而对贝氏体铁素体显微组织，当 R 值较低时，SCC 敏感性反而增加。国外一些学者对近中性环境中 X70 钢的显微组织与 SCC 的关系进行了研究，结果表明：杂质和显微组织对 SCC 和腐蚀行为都有影响。退火组织有最好的耐 SCC 特性和耐蚀性，淬火组织有最高 SCC 敏感性和最大腐蚀速率。粗大晶粒的退火组织比细小晶粒的正火组织更抗 SCC，腐蚀速率减小导致 SCC 敏感性降低。

在高 pH 环境中，X65 钢和 X80 钢均匀组织的 SCC 抗力>混合组织；近中性 pH 环境，X70 钢不同显微组织的 SCC 敏感性：F+P（铁素体+珠光体）>B（贝氏体）>BF（贝氏铁素体）；F+P（铁素体+珠光体）钢，应力比 R 高，SCC 大；B+F（贝氏体+铁素体）钢，应力比 R 低，SCC 大；焊缝 SCC 敏感性>热影响区 SCC 敏感性。很多学者认为在高 pH 环境下的 SCC 对显微组织敏感。

管线钢表面存在氧化皮时，SCC 敏感性增加；经冷加工处理的材料，SCC 敏感性增加；涂层施工前，表面喷丸处理可提高管线的 SCC 抗力。

3.2.3 环境因素

温度、土壤、防腐层、温度和阴极保护电流的状况是促使近中性 pH-SCC 的主要环境因素。煤焦油瓷漆和石油沥青涂层的 SCC，在涂层脱落或破损处才可能发生；聚乙烯缠带包覆的管子在焊缝凸起处会有很多微小的空间，其中会存在很多的湿气，由于聚乙烯本身的绝缘性在管道表面接受不到阴极保护电流，进而会形成有利于近中性 pH-SCC 发生的条件。通常在聚乙烯带子缠绕的管子上发生 SCC 的可能性为石油沥青和煤焦油瓷漆涂层管子的 4 倍，而在挤压成型的聚乙烯包覆管子和环氧粉末熔结涂层中没有产生过 SCC 的情况。产生 SCC 环境的有利条件之一是还原性土壤，产生土壤应力的黏性土和岩石很容易造成涂层脱落和破损，让地下水与管道表面接触，最终形成 SCC。

同常见的 SCC 一样，近中性 pH 土壤中输气管道的 SCC 的发生也必须同时具备腐蚀环境、敏感的管材以及应力的存在三个必要条件，但这种腐蚀又有其不同于其他类型 SCC 的特点。20 世纪 70 年代早期，研究发现并证实了土壤和地下水中存在的碳酸盐、碳酸氢盐等是引起输气管道 SCC 失效的介质。如在防腐层剥落的部位发生腐蚀时，通常下面存在着 $Na_2CO_3/NaHCO_3$ 溶液或 $NaHCO_3$ 晶体，腐蚀通常会在近中性 pH 的碳酸盐环境中发生。此外，同高 pH 土壤环境中的 SCC 相比，近中性 pH 土壤中的 SCC 裂纹扩展属穿晶类型，裂纹的侧面发生腐蚀，且腐蚀范围更宽。二者间的差别还表现在周围的环境介质条件、裂纹出现位置、腐蚀电位及发生的环境温度等都不一致。在具有低浓度 CO_3^{2-}、HCO_3^-、Cl^-、SO_4^{2-} 及 NO_3^- 等化学物质的近中性土壤中，这类 SCC 均会发生。环境特性不同会导致产生 SCC 的部位也不相同。由于地下水与土壤中 CO_2 结合会形成碳酸，地下水温越低会导致 CO_2 溶解度越大，促使 pH 值降低，接近中性 pH 值为 5.5~7.5。在管道涂层剥离或破坏且阴极保护不足的情况下通常往往会形成这种环境。此外，土壤中 CO_2 含量、地形地貌及土壤的类型等多种因素都与此类环境的形成有关。

由于长输管线主要采用埋地方式铺设，而我国地域辽阔，丰富的土壤类型增加了高强钢土壤腐蚀问题的复杂性。研究表明，我国西北盐渍土壤、东南酸性土壤和海滨盐碱土壤，对金属材料具有很强的腐蚀性。在这些土壤环境下，高强钢面临的土壤腐蚀问题将会越来越突出。土壤 SCC 严重威胁高钢级管道长周期服役安全，近几年国内外的专家学者主要对高钢级管线钢在土壤模拟溶液等介质中的 SCC 做了探索性的研究。

我国的土壤环境复杂，约有 40 种土壤类型，其中具有较强腐蚀性的土壤有十几种，与国外发现的近中性 SCC 和高 pH-SCC 所处的土壤环境差别较大，在这些土壤环境下管线钢的 SCC 问题完全是未知的。因此，在我国的土壤环境下管线钢的 SCC 机理不能完全照搬国外的研究成果。目前国内已有一些学者尝试研究我国实际土壤中的 SCC 情况，并做了大量的调查和研究工作。在实地调查和事故统计中没有发现土壤环境 SCC（主要原因是我国现役管道的服役压力很低），因此不能提取 SCC 发生环境的涂层下滞留液成分，同时也没有提取任何典型土壤环境中涂层剥离下的滞留液成分，导致试验室研究无法获得管道表面真实的液相环境，从而不能像国外一样制定统一的模拟溶液。

然而，土壤环境中对SCC影响最大的是液相环境，其化学成分和电化学条件是管线钢发生SCC的外部环境。通过对土壤环境SCC发生条件和对SCC机理的研究表明，只有当土壤环境中的某些化学成分达到一定量时才能起关键作用，所以考虑土壤中主要的化学成分基本能够反映实际土壤液相环境的准确性。近年来，已有一些学者用土壤理化性质来配制模拟溶液研究土壤腐蚀，试验结果表明这种方法可以用于对管道钢土壤环境应力腐蚀开裂的研究。因此，可以从土壤的理化性质来判断土壤液相成分，并根据土壤环境SCC的特点确定相应的电化学条件，配制模拟溶液。

3.3 管线钢应力腐蚀研究进展

3.3.1 应力腐蚀机理

经过一个多世纪的研究，对于引起SCC的机理学术界仍然存在分歧。为了更好地了解SCC裂纹萌生与扩展机理，国内外学者对影响管线钢裂纹产生和扩展过程的主要因素：冶金、腐蚀环境、力学性能以及外加极化电位等进行了大量的研究工作。在SCC产生过程中至少有四个方面需要考虑：① 与冶金因素相关的微裂纹萌生的位置，例如非金属夹杂物、夹渣、晶粒边界、腐蚀坑和其他缺陷；② 外加载荷及应变的作用，包括应力水平(包括轴向与周向应力以及局部应力集中)、土壤应变、应变速率和延伸率的影响；③ 开裂产生的时间，包括起始裂纹的孕育期，裂纹尺寸随时间的变化，裂纹的休止期以及裂纹的扩展速率；④ 腐蚀环境的影响，包括土壤化学、微生物、涂层性质及失效方式、阴极保护屏蔽效应、温度等。

国内外许多学者对管线钢SCC机理进行了大量研究，美国气体研究所(GRI)在应力腐蚀开裂机理基础研究方面取得了初步结论。对于近中性pH值环境，研究结果表明：① 早先的侵蚀麻点和其他异常及特殊机械条件对裂纹的产生具有重要影响；② 短裂纹发育缓慢与应力无关，但对环境条件敏感；③ 减缓溶蚀速率的短裂纹发育机理还难以解释；④ 氢、硫化物与碳酸氢盐的关系有待进一步研究；高pH值环境中的应力腐蚀开裂研究结果表明，表面膜在裂纹的发育中具有非常重要的作用。从现有文献来看，对高pH值条件下管线钢的SCC进行了深入的研究，其保护膜破裂-裂尖阳极溶解机理已经成为共识；而对近中性pH值条件下管线钢SCC断裂机理认识得还不清楚，尚未达成共识，就其机理研究而言，主要有如下三种观点：膜破裂和阳极溶解；氢脆机理；阳极溶解和氢脆混合机理。

(1)阳极溶解（AD）机制

电化学反应产生了形成应力的腐蚀点，基于此，裂纹扩展一小段距离后电化学反应再次发生。裂纹扩展由溶解控制，开裂速度与金属溶解速率有关。

开裂速度
$$CV = i_a \times \frac{M}{ZFD} \tag{3-1}$$

式中 i_a——阳极电流密度；

M——金属原子量；

Z——容积的原子价；

F——法拉第常数。

(2)氢脆(HE)机制

一些合金在腐蚀条件下由于阴极析氢，氢原子进入了合金晶格，在拉应力下产生脆断，这种现象称之为氢致开裂。大量的研究表明，SCC 的脆性特点是因为 HIC 控制的机理。HIC 过程涉及氢的变化、吸收、扩散和脆化。氢可能来自水或者酸的还原反应。

$$H_2O + e^- =\!=\!= H + OH^- \tag{3-2}$$

(3)阳极溶解和氢脆的混合机制

裂纹可能起始于钢管表面的蚀坑处，此处产生的局部环境中 pH 足够低，而在蚀坑内产生了氢原子。地下水中 CO_2 的出现促进形成了近中性 pH 水平；某些电解原子氢进入钢的基体，使局部力学性能退化，以致裂纹可以在溶解和氢脆结合作用下起始和长大。在裂纹内的连续阳极溶解对于氢促进裂纹扩展是必要的，阳极溶解还通过使保护膜破裂，允许氢到达裸金属表面，并渗入到钢中促进裂纹扩展而作出贡献。

3.3.2 应力腐蚀敏感性评定参数

根据 GB/T 15970.7—2017《金属和合金的腐蚀 应力腐蚀试验 第 7 部分：慢应变速率试验》，试样拉断后可用断裂时间(t_f)、延伸率(δ)、断面收缩率(RA)等参数来判定不同介质中管线钢拉伸试样 SCC 的敏感性。材料在具有应力腐蚀敏感性介质中的断裂寿命 T_F、抗拉强度 σ、应变量 ε 值通常会低于其在空气中的值。

① 断裂时间比率 R_T 定义如下：

$$R_T = \frac{T_F}{T_A} \tag{3-3}$$

式中 T_F 和 T_A——试样在实验介质、空气中的断裂寿命。

一般情况下 R_T 值越小，该材料-介质体系的应力腐蚀敏感性越强。

② 断面收缩率 RA 的计算公式为

$$RA(\%) = \frac{A_I - A_F}{A_I} \times 100\% \tag{3-4}$$

式中 A_I, A_F——标距部分的初始、断裂部分的截面积。

试样的断面收缩比率 RAR 可以定义为

$$RAR(\%) = \frac{RA_E}{RA_A} \times 100\% \tag{3-5}$$

式中 RA_E, RA_A——试样在实验介质、空气中的断面收缩率。

一般情况下，RAR 越小，该材料-介质体系的应力腐蚀敏感性越强。

③ 抗拉强度敏感性指数 I_σ 定义如下：

$$I_\sigma = \frac{\sigma_A - \sigma_E}{\sigma_A} \tag{3-6}$$

式中 σ_E, σ_A——试样在实验介质、空气中的抗拉强度。

一般情况下，I_σ 越大，该材料-介质体系的应力腐蚀敏感性越强。

④ 应变敏感性指数 I_ε 定义如下：

$$I_\varepsilon = \frac{\varepsilon_A - \varepsilon_E}{\varepsilon_A} \tag{3-7}$$

式中 ε_E, ε_A——试样在实验介质、空气中的应变量。

I_ε 越大，该材料-介质体系的应力腐蚀敏感性越强。

⑤ 塑性损失。用实验介质、空气介质中的延伸率、断面收缩率的相对差值来度量应力腐蚀敏感性。可分别用 I_δ 和 I_ψ 表示，其定义分别为

$$I_\delta = (1 - \frac{\delta}{\delta_0}) \times 100\% \tag{3-8}$$

$$I_\psi = (1 - \frac{\psi}{\psi_0}) \times 100\% \tag{3-9}$$

式中 I_δ, I_ψ——以延伸率和断面收缩率表示的应力腐蚀敏感性系数；

δ, δ_0——试样在腐蚀介质中和在空气中的延伸率；

ψ, ψ_0——试样在腐蚀介质和在空气中的断面收缩率。

一般情况下，I_δ 和 I_ψ 越大，该材料-介质体系的应力腐蚀敏感性越强。

3.3.3 应力腐蚀开裂实验方法

目前应力腐蚀实验方法多种多样，都是根据具体的实验目的而设计。根据材料、应力状态、介质和实验目的的多样性，已形成了很多种的实验方法。按照环境性质、实验地点可将实验方法分为实验室加速实验、现场实验及实验室模拟实验三种；按照不同的加载方式，可分为断裂力学实验、恒载荷实验、恒变形实验和慢应变速率拉伸实验四种。

恒载荷和恒位移法是研究应力腐蚀的传统力学方法，可以得到裂纹扩展速率以及确定裂纹不扩展的临界力学参数，如应力腐蚀开裂门槛应力强度因子 K_{IH} 和

K_{ISCC}，区分应力腐蚀机理的重要方法之一就是应力腐蚀开裂门槛值和氢致开裂的对比研究。

慢应变速率实验(Slow Strain Rate Test，SSRT)方法是一个快速测定应力腐蚀破裂性能的实验方法，最初是由 Parkins 和 Henthorne 等人首先提出，在评价材料应力腐蚀敏感性方面具有重要的意义。SSRT 方法是一种相当苛刻的加速实验方法，它可以使在传统应力腐蚀实验不能迅速激发应力腐蚀的环境里能够确定延性材料的应力腐蚀敏感性，它能使任何试样在较短时间内发生断裂。实验过程中测定的应力-应变曲线能够反映许多应力腐蚀敏感性的参数。而且其实验环境是室内具有稳定性，可以在实验过程中同时研究其他因素对 SCC 过程的影响，如溶液 pH 值、温度和电极电位等。慢应变速率实验被列入 GB/T 15970.7—2017，目前该方法在研究 SCC 问题时被广泛应用。

根据 GB/T 15970.7—2017，试样拉断后可用断裂时间(t_f)、延伸率(δ)、断面收缩率(RA)等参数来判定不同介质中管线钢拉伸试样 SCC 的敏感性。与前两种方法相比，慢应变速率法具有较大的优越性。首先，慢应变速率法对应力腐蚀开裂有较高的灵敏性。其次，用慢应变速率法可以得到很多信息。

3.4 应力腐蚀与微生物的协同腐蚀研究现状

SRB 的活动可以极大地改变特定服役条件下金属表面的腐蚀环境特性，致使金属产生严重的点蚀。而 SCC 裂纹大部分产生于钢铁表面的点蚀坑底部。MIC 与 SCC 在钢铁腐蚀过程中是否存在相关性和协同性，国内外一些腐蚀工作者正在进行这方面的研究工作。目前，已有的一些腐蚀案例表明埋地管线的腐蚀开裂是由 SCC 和 SRB 联合作用造成的。Wu 等人先后研究了 X80 管线钢在有/无应力加载、不同阴极保护电位的情况下，SRB 对 X80 管线钢应力腐蚀开裂敏感性的影响。结果表明，SRB 诱导的点蚀是管线钢应力腐蚀开裂的直接原因；SRB 的生理活动和外加阴极电位共同提高了管线钢应力腐蚀敏感性，而这种敏感性的提高随着外加电位的降低而有所减弱。

R. Javaherdashti 等人的研究表明：SRB 可加速碳钢在氯化物介质中的氢致 SCC 的扩展，因为 SRB 代谢产生的硫化物可减缓金属表面氢的重组反应：$H_{ads}+H_{ads}\longrightarrow H_2$，促进氢原子向碳钢内部扩散进而引发氢脆，而氢脆是钢在 SSCC 中的主要破坏形式。A. Eslami 发现剥离涂层下 X65 管线钢在近中性 pH 环境中的 SCC 微裂纹产生于管线钢表面的点蚀坑底部。2004 年 4 月，伊朗北部的 X52 钢管线发生原油泄漏，调查发现腐蚀开裂是由 SCC 和 SRB 联合作用造成的，原因是腐蚀处的管线外涂层发生开口和脱落，导致埋地管线暴露在潮湿的碳酸盐-碳酸氢盐的土壤浓缩液中而引起的。M. Victoria Biezma 概述了氢在钢铁的

MIC 现象和 SCC 现象中的作用，认为 SCC 中的拉伸应力和 MIC 中的微生物的活动是使钢铁产生氢脆分布的原因，两个现象之间存在协同作用。曾锋等人的研究表明：SRB 使得 16Mn 钢的慢应变速率拉伸断裂延伸率变小，拉断所需时间缩短，拉断所需最大压力变小，拉伸曲线下的面积变小，氢渗透电流密度明显增大，SRB 能使 16Mn 钢的应力腐蚀开裂敏感性增加。

目前国外在超高强度管线钢的开发、工业性应用及耐蚀性方面的研究正在迅速发展，表明采用超高强度管线钢作为高压、大流量天然气输送管线管材，具有较高的经济效益，这对于推广应用超高强度管线钢具有指导意义，这也正是我国在高钢级管线钢研制开发过程中所面临和需要解决的重要课题。在耐蚀性研究方面，近几年国内外的专家学者主要对超高强度管线钢 X100 在模拟溶液中的 SCC 做了一些探索性的研究。而对于超高强度管线钢 SCC 发生、扩展过程中出现的一些问题还没弄清楚；对其 SCC 机理还没有统一的认识；对于其在实际土壤环境中的 SCC 和 MIC 问题，尤其在含 SRB 的土壤微生物环境下 X100 管线钢的 SCC 规律与机理研究方面，国内外相关研究报道很少，而土壤中 MIC 与 SCC 之间极有可能存在协同加速 X100 管线钢腐蚀的作用，这方面还需进一步研究证实。目前，MIC 和 SCC 已成为威胁埋地管线长周期安全运行的两大主要因素。因此，研究含有 SRB 的土壤微生物环境下埋地管线的应力腐蚀规律及机理尤为重要。

4 X100钢的理化性能

石油天然气的管道输送已经成为公认的最经济、最安全的运输方式。随着管道铺设长度的增加和输送压力的提高,对管道钢级的要求也越来越高。X100管线钢的使用可使长距离油气管线成本节约5%~12%,具有广大的经济效益,已引起人们的广泛关注。目前,美国、加拿大、日本等许多国家已相继开发出X100管线钢并已修建多条试验段,我国X100管线钢的研究起步较晚,目前,已有多家钢铁企业成功试制出X100管线钢并采用JCOE制管技术卷制成直缝埋弧焊管。管线钢管在"JCO"成型过程中,钢管外层受拉、内层受压,会产生少量的塑性变形;随后的"E"成型(扩径)中,钢管承受扩径变形,钢管内、外层均受拉,这就使得钢板的拉伸性能在JCOE成型前后表现出明显的差异。掌握钢板制成钢管后的强度变化规律,将对焊管成型工艺的合理制定和管道的安全设计提供依据。

4.1 X100钢的化学成分与力学性能

选用四种X100管线钢,其中X100-1、X100-2、X100-3为控轧、控冷态(TMCP)管线钢,板厚分别为14.3mm、14.3mm和20mm,分别由我国鞍山钢铁公司、日本NSC公司和日本SMI公司提供。作为对比,选用了一种调质态(QT)管线钢X100-4,板厚20mm,由美国海军研究所提供。

分别从各试验钢上取样进行化学成分分析,其中C、S元素用CS-444型分析仪测定,H元素用RH-2定氢仪测定,O元素用RO-316定氧仪测定,N元素用TN-114定氮仪测定,其余元素用Spectrovae-2000型直读光谱仪测定。四种X100管线钢的化学成分测试结果见表4-1。常规力学性能如表4-2所示。

表4-1 X100的化学成分   %

钢级	C	Si	Mn	P	S	Cr	Mo
X100-1	0.076	0.260	1.950	0.0110	0.0027	0.026	0.240
X100-2	0.05	0.25	2.00	0.012	0.0032	0.33	0.33
X100-3	0.064	0.10	1.78	0.0065	0.001	0.024	0.27
X100-4	0.04	0.27	0.86	0.004	0.002	0.57	0.60

钢级	Ni	Nb	V	Ti	Cu	B	Al
X100 1	0.360	0.048	0.005	0.016	0.200	0.0009	0.0080
X100 2	0.46	0.055	0.007	0.022	0.20	—	0.046
X100 3	0.52	0.027	0.006	0.012	0.26	—	0.06
X100 4	3.35	0.03	—	—	1.58	—	0.03

表 4-2 试验钢常规力学性能

钢级	$R_{t0.5}$/MPa	R_m/MPa	A/%	$R_{t0.5}/R_m$	CVN/J
X100-1	725	930	15.0	0.78	209
X100-2	730	805	20.5	0.91	191
X100-3	735	845	18.0	0.87	161
X100-4	717	839	25.0	0.85	206

分别采用 ϕ10mm×65mm 的拉伸试样和 10mm×10mm×55mm 的 Charpy 冲击试样进行力学性能的测试。拉伸试样和冲击试样均为横向试样，取于板厚中部(沿板厚方向两面对称加工)。拉伸试样的标距尺寸为 ϕ5mm×25mm。冲击试样沿板厚方向开制 V 形缺口。冲击实验温度为-20℃，系列冲击实验温度分别为-80℃、-60℃、-40℃、-20℃、0℃和20℃。拉伸实验在 MTS-880 型万能试验机上进行；冲击试验在 JBC-300 电子测力冲击试验机上进行；硬度实验在 HSV-20 型硬度计上进行，使用载荷为 10kg。

光学显微分析试样经机械抛光后以 2% 硝酸酒精溶液进行腐蚀，在 RECHART MEF3A 型光学显微镜上观察。电子扫描显微分析和断口分析在 TESLA-BS-300 型扫描电镜上进行。TEM 试样从厚度为 500μm 的试样上机械减薄至 50μm，然后在双喷电解装置上以 10%高氯酸+90%醋酸溶液双喷。透射电子显微分析在 JEM 200CX 上进行，操作电压为 200KV。

三种 TMCP 状态 X100 管线钢的光学金相如图 4-1 所示，相应的 SEM 电子显微组织如图 4-2 所示。可以看出，三种 X100 管线钢具有相近的金相组织，GF 和 BF 的板条清晰可见。目前，管道工程界把 X100 管线钢的这种组织亦称为粒状贝氏体，或称为退化上贝氏体。

TMCP 状态 X100 管线钢在 TEM 下的精细组织结构如图 4-3 所示，由不同位向的板条束组成，在板条之间分布着断续的块状或条状 M-A 组元。同时，还可以观察到板条内高密度的位错缠结以及细小、弥散分布的微合金碳、氮化合物的析出。

图 4-1 三种 TMCP 状态 X100 管线钢的光学显微组织

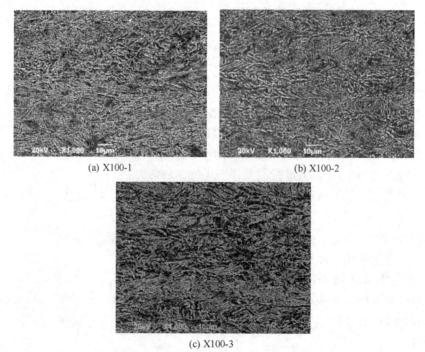

图 4-2 三种 TMCP 状态 X100 管线钢的 SEM 电子显微组织

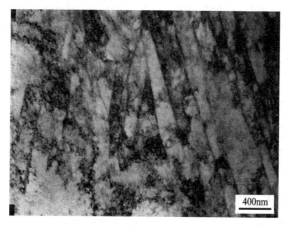

图4-3 TMCP状态X100管线钢在TEM下的精细组织结构

X100-4管线钢是一种超低碳QT管线钢。经900℃淬火、640℃回火后,其光学金相如图4-4所示,为一种典型的回火索氏体组织。TEM电子显微分析表明(图4-5),在以板条形态为主的基体中有高度弥散分布的ε-Cu、Nb(C、N)和Fe_3C,其典型尺寸为$0.02\sim0.15\mu m$。局部区域可观察到因高温恢复再结晶过程所形成的细小等轴晶。

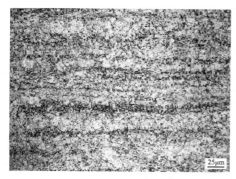

图4-4 X100-4管线钢的光学金相

图4-5 X100-4管线钢的TEM电子显微分析组织

4.2 JCOE成型对拉伸性能的影响

4.2.1 实验材料和方法

实验采用X100M热轧钢板和用此钢板卷制而成的直缝埋弧焊焊管,热轧钢板规格为2500mm×15.0mm,对应的采用JCOE成型工艺卷制的直缝埋弧焊管的

规格为 φ813mm×15.0mm，材料的化学成分如表 4-3 所示。在钢板壁厚二分之一处及钢管距焊缝 180°方向取直径为 6.25mm 的圆棒状横向拉伸试样，标距为 25mm。试样用机加工方法加工，制备过程中避免过热和加工硬化。加工好的试样在 MTS 810 型材料试验机上按 ASTM E 8/ E 8M 进行单轴载荷拉伸实验。

表 4-3　实验用 X100M 管线钢的化学成分　　　　　　　　　　%

元素	C	Si	Mn	P	S	Cr	Mo	Ni	Nb	V	Ti	Cu	B	Al
X100M	0.059	0.16	1.86	0.0088	0.0010	0.13	0.28	0.38	0.078	0.0056	0.012	0.22	<0.0001	0.028

4.2.2　JCOE 成型中的加工硬化与包申格效应

热轧钢板和直缝埋弧焊管的单轴载荷拉伸性能试验结果如表 4-4 所示。可以看出，钢管的屈服强度和抗拉强度均较钢板有较大的升高，而延伸率下降。其中，JCOE 成型后，X100M 钢管的屈服强度较板材提高了 9.71%，抗拉强度升高 13.84%，塑性下降 9%。

表 4-4　X100M 钢板与钢管拉伸性能

项目	抗拉强度/MPa		屈服强度/MPa		延伸率/%	
	钢板	钢管	钢板	钢管	钢板	钢管
测试结果	776, 769	880, 880	657, 660	722, 724	21.0, 23.5	19.5, 20.0
平均值	773	880	659	723	22.0	20.0

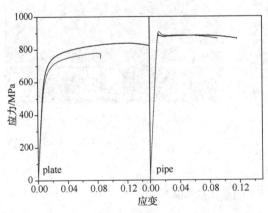

图 4-6　X100 钢板与钢管的应力-应变曲线

所研究的 X100M 钢板及 JCOE 成型后的直缝埋弧焊钢管的拉伸应力-应变曲线如图 4-6 所示。X100M 钢板的应力-应变曲线具有连续屈服特征，X100M 钢管试样在较小的应变条件下达到了屈服，而钢板试样屈服所对应的应变相对较大；此外，钢管拉伸试样表现出较高的屈服平台，应力先增高后降低，最后达到稳态，该过程中明显存在峰值应力；钢板试样应变曲线没有明显的峰值应力。该现象表明钢板在 JCOE 成型过程中发生了形变强化效应，在应力-应变曲线中表现出明显的加工硬化区间。

分析认为，钢管在服役过程中承受内压力，服役强度主要是横向(周向)拉伸屈服强度。JCO成型过程中，钢管内层圆周方向承受压缩变形，外层承受拉伸变形，在随后的扩径过程中，内、外层均承受拉伸变形。在JCO过程中，钢管内层由于承受压缩变形产生了包申格效应，导致钢管横向拉伸屈服强度降低，钢管外层由于承受拉伸变形产生了加工硬化，导致钢管横向拉伸屈服强度上升。在随后的扩径过程中，管体整个断面均由于承受拉伸变形产生了加工硬化，导致钢管横向拉伸屈服强度整体上升。管体总屈服强度相对于钢板的屈服强度视两者竞争的结果不同而升高或者降低。近年来的文献表明，钢板在JCO成型过程中，内层的包申格效应与外层的加工硬化作用对钢板屈服强度的影响基本相当，在"E"成型前，钢管的屈服强度与钢板的屈服强度无明显差异。因此，可以认为钢板与钢管屈服强度的变化主要取决于扩径产生的加工硬化，表现为钢管的屈服强度高于钢板。

4.2.3 形变微结构对拉伸性能的影响

金属材料的微观结构决定了其受力变形时位错滑移的本质特征，并直接反映到材料的宏观性能上。为了揭示形变过程对力学性能的变化，试验对本文所研究的X100M钢板的显微组织形貌进行了光学显微分析，结果如图4-7所示。X100M钢的板材和直缝埋弧焊管的组织主要为粒状贝氏体和M-A组元，在成型过程中没有明显的组织变化，微观组织显出稳定性。

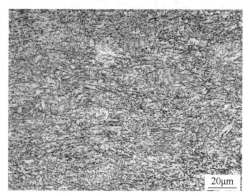
(a) X100钢板

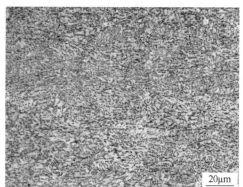
(b) X100钢管

图4-7 X100M管线钢的组织形貌

为了深入探讨形变过程中的微观结构的变化，试验采用高分辨TEM来观察形变后微观结构和位错组态，结果如图4-8所示。X100M钢板中的未形变时的微观结构和位错组态，可以发现X100M钢具有明显针状铁素体形态，铁素体中存在少量位错，分析认为是轧制过程中残留以及拉伸变形过程中铁素体之间的界面作用产生。对铁素体界面进行高分辨观察发现，钢板拉伸试样中的位错呈长程分布，少量位错相互纠缠。由于在制管变形过程中针状铁素体产生了形变，相互界面产生了切应力，使得大量位错在界面集中，位错在运动过程中形成了胞状结构，其过程如图4-9所示。上述观察结果表明，材料在制管过程中产生了胞状位错组态，宏观表现为形变强化现象。

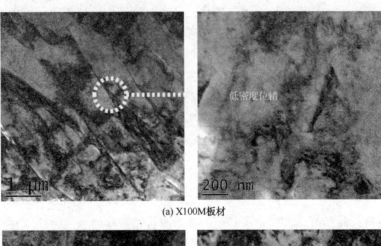

(a) X100M板材

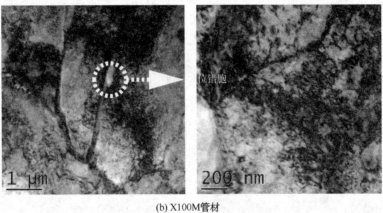

(b) X100M管材

图4-8　X100M管线钢的形变微观结构

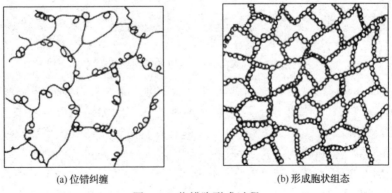

(a) 位错纠缠　　　　　　　　　(b) 形成胞状组态

图4-9　位错胞形成过程

经典位错理论认为,位错在形变过程中的强化规律可以用如下的方程来表示:

$$\sigma_0 = \sigma_i + \alpha Gb\rho^{-\frac{1}{2}}$$

式中　σ_0——屈服强度;
　　　σ_i——基体的屈服强度;
　　　α——常数为 0.3~0.6;
　　　G——弹性模量;
　　　b——柏氏矢量;
　　　ρ——位错密度。

结合经典位错理论分析认为,当制管的温度和应力一定时,位错在变形过程中形成了高密度的胞状组态,高的位错密度使得 ρ 增加,从而使得屈服强度增量变大,宏观表现为形变强化。

由以上分析可知,X100M 管线钢 JCOE 成型前后强度的变化主要取决于扩径产生的加工硬化,其本质是长程分布的位错在 JCOE 成型过程中形成了高密度胞状组态。

5 X100 钢的 CCT 曲线和连续冷却转变

为满足高压、大流量输气管线的需要，X100 管线钢的研究和开发正受到关注和重视。自 20 世纪 80 年代以来，虽然有关 X100 管线钢的研究已历经近 20 年的发展，然而，对 X100 管线钢的相变规律还知之不多。在公开发表的文献中，还少见有关 X100 管线钢的 CCT 曲线及连续冷却转变的报道。X100 管线钢是一种低碳、以 Mn-Mo-Nb 为合金化特点的微合金化钢，其组织特征与普通的管线钢和低合金钢不同。深入研究 X100 管线钢的 CCT 曲线及其在不同冷却条件下的相变规律，对认识 X100 管线钢的组织-性能的关系和推动 X100 管线钢的工业应用具有重要的理论意义和实用价值。

5.1 实验原理

采用热膨胀法获取管线钢的 CCT 曲线。

热膨胀法的基本原理是基于材料在发生相变时所发生的比容变化，根据试件在加热或冷却过程的膨胀曲线来确定相变点。其基本表达式为

$$\Delta L = \Delta L_V + \Delta L_T$$

式中 ΔL——试件加热或冷却时的尺寸变化量（全膨胀量）；

ΔL_V——相变体积效应引起的尺寸变化量；

ΔL_T——温度的热效应引起的尺寸变化量。

设钢的膨胀系数为 a，温度变化量为 ΔT，则 $\Delta L_T = a \cdot \Delta T$。

当不发生相变时，$\Delta L_V = 0$，则 $\Delta L = \Delta L_T = a \cdot \Delta T$，即全膨胀量随温度呈线性变化。

当有相变发生时，则 $\Delta L = \Delta L_V + \Delta L_T = \Delta L_V + a \cdot \Delta T$，即全膨胀量偏离线性变化，膨胀曲线上出现转折。根据曲线转折的切离点就可确定相变的开始温度。

当相变终止时，$\Delta L_V = 0$，因此，$\Delta L = \Delta L_T = a \cdot \Delta T$，膨胀曲线上又呈直线变化，从直线的开始点就可确定相变的终了温度。

5.2 实验材料和方法

试验材料选用 X100-2，由日本 NSC 公司提供，钢板厚为 14.3mm，化学成分见第 4 章的表 4-1。实验材料 X100-2 的 CCT 曲线和相变临界温度的测定在

Gleeble-1500 型热模拟试验机上进行。试样以 10℃/s 的速度加热到 950℃，保温时间为 10min，然后分别以 0.05~120℃/s 不同的冷却速度冷却到室温。为便于温度跟踪，实验采用两种形状不同的试样。试样的形状和尺寸如图 5-1 所示，其中试样 (a) 用于冷却速度小于 50℃/s 的测试，试样 (b) 用于冷却速度大于 50℃/s 的测试。

在热膨胀实验结果的基础上，结合金相分析方法和显微硬度法确定相变点。采用光学金相和电子显微分析方法分析相变组织特征。光学金相试样经机械抛光后以 3%硝酸酒精溶液进行腐蚀，在 RECHART MEF3A 光学显微镜下观察。TEM 试样从厚度为 300μm 的试样上机械减

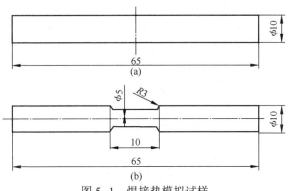

图 5-1　焊接热模拟试样

薄至 50μm，然后在双喷电解装置上以 10%高氯酸+90%醋酸溶液进行双喷，在 JEM 200CX 透射电子显微镜上观察。SEM 实验在 TESLA-BS-300 型扫描电子显微镜上进行。硬度实验在 HSV-20 型硬度计上进行，使用载荷为 10kg。

5.3　实验结果

5.3.1　临界点的确定

基于材料进行相变时在 ΔL-T 曲线上出现的拐点，可确定相变过程的临界温度。如冷却速度分别为 0.1℃/s 和 1℃/s 的 ΔL-T 曲线如图 5-2 和图 5-3 所示。

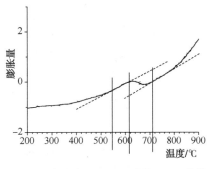

图 5-2　冷速为 0.1℃/s 时的 ΔL-T 曲线

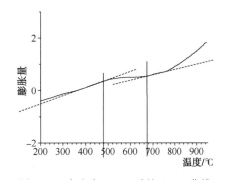

图 5-3　冷速为 1℃/s 时的 ΔL-T 曲线

由图 5-2 和图 5-3 可以确定冷却速度为 0.1℃/s 时相应的相变温度为 620~

550℃；冷却速度为1℃/s时相应的相变温度为680~480℃。采用此种方法，所确定的试验钢X100的临界相变温度如表5-1所示。

表5-1　X100管线钢不同冷却速度下的转变温度

冷却速度 /(℃/s)	相变温度/℃			
	铁素体F*	珠光体P*	贝氏体铁素体BF*	马氏体M*
120	540~520(GF*)		520~350	350以下
50	570~495(GF*)		495~350	350以下
30	590~480(GF+QF)		480~390	
20	600~470(GF+QF)		470~450	
10	625~465(GF+QF)			
5	645~470(GF+QF)			
3	660~475(GF+QF)			
1	680~480(GF+QF+PF*)			
0.5	690~505(GF+QF+PF)			
0.2	710~580(GF+QF+PF)	580~530		
0.1	720~620(QF+PF)	620~550		
0.05	730~650(QF+PF)	650~550		

注：*P—珠光体；F—铁素体；PF—多边形铁素体；QF—准多边形铁素体；GF—粒状铁素体；BF—贝氏体铁素体；M—马氏体。按照Y.E.Smith对针状铁素体的定义和管道工程界的工程术语，QF和GF亦可称为针状铁素体。

5.3.2　CCT曲线的建立

将所测定的不同的冷却速度下的相变温度(表5-1)标注在温度(T)和时间(t)坐标系中，分别将转变开始点和转变终了点连接起来，并以金相法和硬度法的实验结果加以校正，即获得试验钢X100的连续冷却转变图(CCT曲线)如图5-4所示。

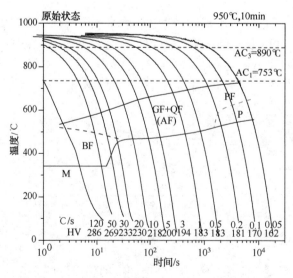

图5-4　X100管线钢的连续冷却转变图(CCT曲线)

5.3.3　组织与硬度

经测定和分析，试验钢X100在不同冷却条件下的显微组织和硬度如表5-2所示，硬度与 800~300℃ 的冷却时间 $t_{8/5}$ 的关系如图 5-5 所示。可以看出，随着冷却速度的增加，材料的硬度增加。

表 5-2 不同冷速下的 $t_{8/5}$、显微组织及硬度值

冷却速度/(℃/s)	$t_{8/5}$/s	显微组织	HV
120	2.5	GF+BF+M	286
50	6	GF+BF+M	269
30	10	QF+GF+BF	233
20	15	QF+GF+BF	230
10	30	QF+GF	218
5	60	QF+GF	200
3	100	PF+QF+GF	194
1	300	PF+QF+GF	183
0.5	600	PF+QF+GF	183
0.2	1500	PF+P+QF+GF	181
0.1	3000	PF+P+QF	170
0.05	6000	PF+P+QF	162

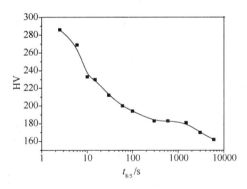

图 5-5 硬度与冷却速度的关系

观察分析表明，试验钢 X100 在 0.05~120℃/s 的冷却范围内，所形成的不同组织结构的基本特征如表 5-3 所示。

表 5-3 管线钢不同组织结构的基本特征

名称	符号	转变机理	组织形态	第二相	位错密度
多边形铁素体	PF	扩散型	等轴或规则的多边形，晶界光滑、清晰、平直	—	低的位错密度

77

续表

名称		符号	转变机理	组织形态	第二相	位错密度
魏氏铁素体		WF	形核为扩散；生长为切变	从晶界向晶内生长，呈侧板条(sideplate)	—	低的位错密度
针状铁素体 AF	准多边形铁素体	QF 或 MF	块状转变	晶界不规则，边界粗糙，凸凹不平，呈锯齿状或波浪状，犹如无特征的碎片	偶尔见 M-A	高的位错密度，存在位错型结构
	粒状铁素体	GF	扩散和切变混合型	条状(sheaf)（高温为等轴亚晶）	条间为块状 M-A	高位错密度
贝氏体铁素体		BF	扩散和切变混合型	板条状（plate，packets）	板条间为条状或薄膜状 M-A 或 A′	很高的位错密度
珠光体		P	扩散型	层片状 F 与 Fe_3C（若 Fe_3C 不连续，则称为退化 P）	—	—
上贝氏体		UB	扩散和切变混合型	板条状	板条之间为片状 Fe_3C	很高的位错密度
下贝氏体		LB	扩散和切变混合型	板条状	Fe_3C 在板条内沿板条轴线呈 60°分布	很高的位错密度
马氏体		M	切变型	板条状	板条间为薄膜状 A′，板条内有呈魏氏组态的碳化物	位错缠结，局部微孪晶

5.3.4 分析与讨论

试验钢 X100 在不同冷却条件下的显微组织如图 5-6 所示。当冷却速度低于 0.2℃/s 时，X100 的组织类型为以 PF 为主，并伴以少量的 QF 和 P 型组织，其光学金相如图 5-6(a)所示，其中 QF 的外形无规则，P 为灰色蚀刻区。在 SEM 下，PF+QF 的组织形态如图 5-7 所示。

通过 TEM 的观察分析(图 5-8)，可见在缓慢的近于平衡状态下形成的 PF 呈等轴状，晶界平直、清晰，PF 内有较小的位错密度。由于相变的温度较高，扩散充分，在 PF 内碳的含量低于铁素体内的固溶度。由于 PF 的形成，邻近 PF 的局部区域碳富聚，因而组织中可见富碳的奥氏体分解产物。在光学显微镜下，这种分解产物呈现灰色蚀刻区[图 5-6(a)]，在 TEM 下，可见其呈片状分布(图 5-9)，分析表明这类组织为 P 或退化珠光体 P′。

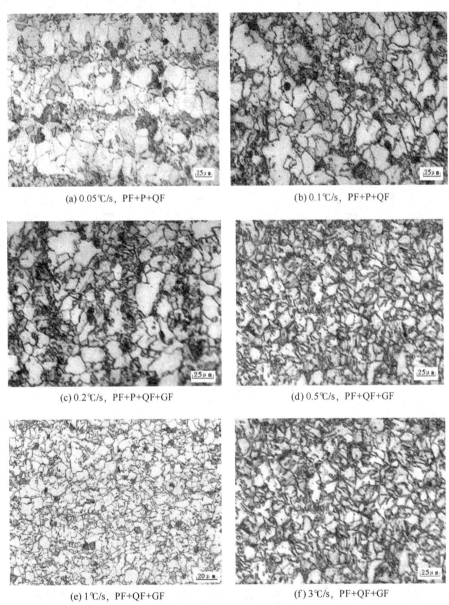

(a) 0.05℃/s, PF+P+QF

(b) 0.1℃/s, PF+P+QF

(c) 0.2℃/s, PF+P+QF+GF

(d) 0.5℃/s, PF+QF+GF

(e) 1℃/s, PF+QF+GF

(f) 3℃/s, PF+QF+GF

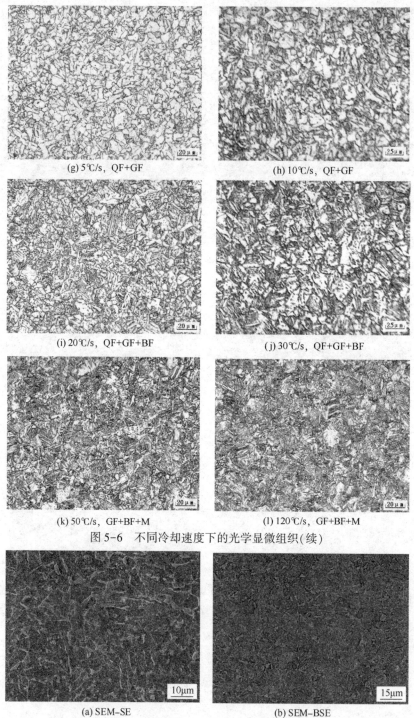

(g) 5℃/s，QF+GF

(h) 10℃/s，QF+GF

(i) 20℃/s，QF+GF+BF

(j) 30℃/s，QF+GF+BF

(k) 50℃/s，GF+BF+M

(l) 120℃/s，GF+BF+M

图 5-6 不同冷却速度下的光学显微组织(续)

(a) SEM-SE

(b) SEM-BSE

图 5-7 冷速为 0.05℃/s 的扫描电镜图像

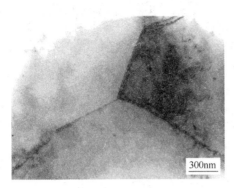 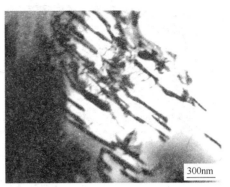

图5-8　等轴状的 PF 的透射电镜图像　　　　图5-9　P 的透射电镜图像

当进入中等冷却速度范围后(0.5~3℃/s)，试验钢 X100 的显微组织以 QF 为主，同时有部分 PF 和少量 GF。在光学显微镜下[图5-6(e)]，QF 呈现不规则外形，边界为锯齿状或波纹状，有时宛如无特征的碎片。由于呈波浪形 QF 穿越原奥氏体晶界生长，因而在 QF 组织中未发现清晰的原奥氏体晶界。在 TEM 下，这种 QF 有较高的位错密度(图5-10)，有时偶尔可发现 QF 间的 M-A 岛状组织(图5-11)，这种组织在光学显微镜下呈现灰色的微区[图5-6(e)]。在 SEM 下，这种 QF,GF 和 PF 共存的形态见图5-12。随着冷却速度的增加(5~10℃/s)，PF 终止生成，QF 减少，GF 体积分数增加，M-A 岛状组织被频繁地发现，其显微组织形态如图5-6(g)和图5-6(h)所示。GF 的基本特征是伸长的平行板条(sheaves)，板条间有块状的 M-A 组元，典型的 TEM 图像如图5-13所示。

由于 GF 板条间为低角度晶界，化学侵蚀难以揭示彼此的板条，因而在光学显微的尺度上，常见 M-A 岛分布在块状的基体上。分析表明，这种 M-A 岛既可存在于原奥氏体晶界，也可存在于板条束界之间和板条晶之间。图5-14中明、暗场及其衍射分析表明板条束和板条晶间存在的这种 M-A 组织。按照 Y.E.Smith 对针状铁素体的定义和管道工程界的工程术语，QF 和 GF 亦可称为针状铁素体。

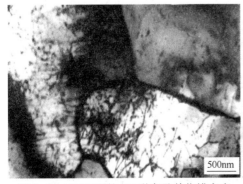 

图5-10　TEM 下的 QF 形态及其位错密度　　　图5-11　QF 间的 M-A 岛状组织

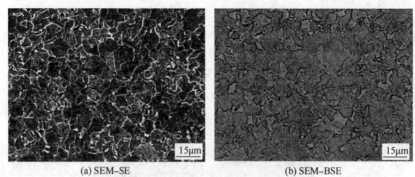

(a) SEM-SE (b) SEM-BSE

图 5-12 冷速为 1℃/s 的扫描电镜图像

图 5-13 冷速为 5℃/s 的透射电镜图像

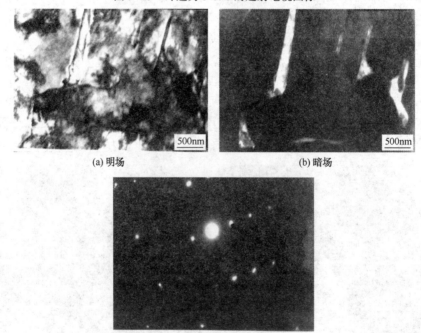

(a) 明场 (b) 暗场

(c) 衍射分布

图 5-14 板条束和板条晶间 M-A 组织的明、暗场及其衍射斑点

当冷却速度大于20℃/s,BF开始形成。BF的基本组织特征为平行的板条(plate,package),板条间为条状的M-A或是薄膜状A′,冷却速度愈高,板条愈细密,第二相愈细小。典型的光学照片如图5-6(k)所示,可见细小、致密、平行的板条形态。

在SEM下(图5-15),这种板条特征更为清晰,并可见清晰的原奥氏体晶界。

图5-15 冷速为50℃/s的扫描电镜图像

在TEM下,可发现不同的板条细节,在较高的转变温度下,板条间界模糊,板条间为不同尺寸的条状M-A组元[图5-16(a)];在较低转变温度下,板条间界清晰,此时板条间多为呈薄膜状的A′[图5-16(b)]。通过TEM观察,板条内有高密度的位错,局部区域还偶尔可见下贝氏体(图5-17)。当冷却速度大于50℃/s,可观察到低碳板条马氏体LM。LM形态与BF相似,但板条更为细密[图5-6(l)]。在TEM下,可观察到这种M板条的形态及板条内高的位错缠结(图5-18),并偶尔观察到局部微孪晶(图5-19)。电子衍射结果表明,低碳M的板条间存在呈薄膜状的残余奥氏体A′。同时还发现,虽然试验钢含碳量较低,但仍可偶尔发现局部区域呈魏氏状态分布的碳化物(图5-20)。

图5-16 不同形态的BF

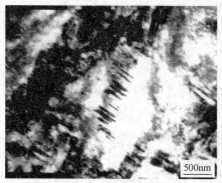

图 5-17　BF 中的 LB 形态

图 5-18　低碳板条 M 内的位错组态

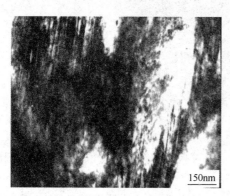

图 5-19　低碳板条 M 内的局部微孪晶

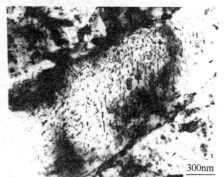

图 5-20　低碳板条 M 内的碳化物

5.4　本章小结

① 当冷却速度低于 0.2℃/s，试验钢 X100 组织类型以 PF 为主。PF 为多边形或等轴状，PF 内有较小的位错密度。

② 在 0.5~3℃/s 的冷却速度范围，试验钢 X100 的主体组织为 QF。QF 呈不规则的外形，QF 内有较高的位错密度，偶尔可见 QF 间的 M-A 块状组织。

③ 在 5~10℃/s 的冷却速度区间，试验钢 X100 中的 GF 体积分数增加。GF 基体的组织形态为平行生长的板条。板条内有高的位错密度，板条间为块状的 M-A 组元。

④ 当冷却速度大于 20℃/s，试验钢 X100 以 BF 为主。BF 的基本组织形态为细密、平行生长的板条，板条内有高的位错密度，板条间为条状的 M-A 组元或 A′薄膜。

⑤ 大于 50℃/s 的冷却速度，试验钢 X100 形成 LM。LM 呈细密的板条状，板条内有缠结的位错和呈魏氏组态分布的碳化物，局部区域可见微孪晶，板条间存在 A′薄膜。

6 连续加速冷却对 X100 钢组织-性能的影响

管线钢的一个近代发展是热轧后的控制冷却。管线钢热轧后控制冷却技术开始于 20 世纪 60 年代初。几十年来,这项技术得到国际冶金界的极大重视,并在管线钢的生产上取得了卓有成效的应用。1980 年一个先进的在线加速冷却工艺系统 OLAC(On-Line Accelerated Cooling)在日本的 NKK 公司首次建立。近年来,随着 X80、X100 和 X120 等高性能管线钢的开发,这种加速冷却技术得到快速发展。在日本,相继开发了 Super-OLAC、DQT(Direct Quench Temper)和 IDQ(Interrupted Direct Quench)等加速冷却技术。在欧洲相继开发了 HACC(Heavy Accelerated Cooling)和 DQST(Direct Quenching and Self-Tempering)等加速冷却技术。这些技术的核心是通过冷却速度的改变,使管线钢获得优良的强韧特性。为了了解冷却速度对 X100 组织-性能的影响,本章通过热模拟技术,研究了 X100 管线钢在不同冷却速度下的组织和性能特征及其变化规律,从而为 X100 管线钢加速冷却技术的开发和应用提供实验依据。

6.1 实验材料和方法

实验材料选用 X100-1 和 X100-2,分别由我国鞍山钢铁公司和日本 NSC 公司提供,钢板厚度 14.3mm,其化学成分见第 4 章的表 4-1。

采用热模拟方法获取试验钢 X100 在不同冷却速度下连续加速冷却的组织结构。试样以 20℃/s 的加热速度升温至 920℃奥氏体化,保温 10min 后分别以不同的冷却速度冷至室温。连续加速冷却的热模拟曲线如图 6-1 所示。

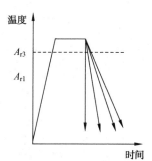

图 6-1 连续加速冷却的热模拟曲线示意图

6.2 实验结果与分析

6.2.1 强塑性

为测试试验钢 X100 经连续加速冷却后的强塑特性,进行了单向拉伸实验。

图 6-2 为试验钢 X100-1 和 X100-2 经过连续加速冷却后的应力-应变曲线。由图 6-2 可以看出，其应力-应变曲线为连续的拱形，没有明显的屈服平台。

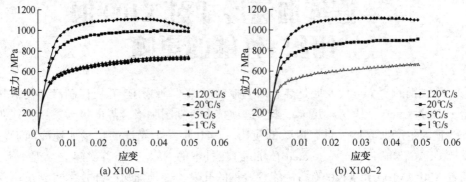

图 6-2　试验钢 X100-1 和 X100-2 经连续加速冷却后的应力-应变曲线

试验钢 X100-1 强塑性测试结果见表 6-1，强塑性与连续冷却速度的关系如图 6-3 所示。由图 6-3 可以看出，随着冷却速度增加，试验钢的强度指标呈现增加的趋势，塑性指标变化的幅度不大。在冷却速度达到 20℃/s 时，X100-1 的屈服强度和抗拉强度均超过母材的水平，屈强比低于母材的水平，说明冷却速度提高对增加 X100-1 的强塑性有利。

表 6-1　试验钢 X100-1 在不同冷却速度下的拉伸实验结果

冷速/(℃/s)	$R_{t0.5}$/MPa	R_m/MPa	A/%	Z/%	$R_{t0.5}/R_m$
1	535	745	18.0	73.5	0.72
5	547	770	22.5	74.5	0.71
20	730	1000	16.5	72.0	0.73
120	785	1120	15.0	73.0	0.70
母材	725	930	15.0	73.5	0.78

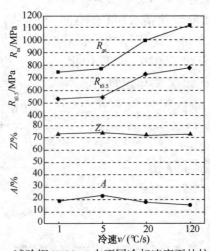

图 6-3　试验钢 X100-1 在不同冷却速度下的拉伸性能

试验钢 X100-2 的强塑性测试结果见表 6-2 和图 6-4。由表 6-2 和图 6-4 可以看出，试验钢 X100-2 的拉伸性能和 X100-1 有着相似的变化规律。即：强度指标均随着冷却速度的升高而增大，在冷却速度达到 20℃/s 时，试验钢 X100-2 的屈服强度和抗拉强度均接近或超过母材的水平。

表 6-2 X100-2 在不同冷却速度下的拉伸试验结果

冷速/(℃/s)	$R_{t0.5}$/MPa	R_m/MPa	A/%	Z/%	$R_{t0.5}/R_m$
1	475	685	27.0	71.5	0.69
5	530	727	19.0	71.0	0.73
20	625	872	18.0	73.0	0.72
120	825	1105	19.5	70.5	0.75
母材	730	805	20.5	70.0	0.91

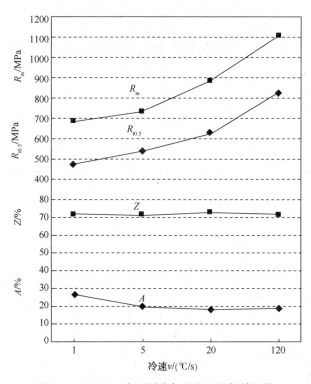

图 6-4 X100-2 在不同冷却速度下的拉伸性能

试验钢 X100 经连续加速冷却后的硬度测试结果如表 6-3 和图 6-5 所示。由图 6-5 可见，两种 X100 管线钢的硬度值具有相同的变化趋势，随着冷却速度的增加，材料的硬度增大。

表 6-3　两种 X100 管线钢在不同冷却速度下的硬度实验结果

冷速/(℃/s)	HV_{10}	
	X100-1	X100-2
1	237	233
5	276	247
20	297	265
120	368	390
母材	309	266

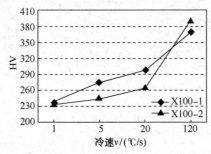

图 6-5　两种 X100 管线钢在不同冷却速度下的硬度值

6.2.2　冲击韧性

试验钢 X100-1 在连续加速冷却下的韧性测试结果如表 6-4 所示，其韧性变化规律见图 6-6。

表 6-4　X100-1 在不同冷却速度下的冲击试验结果

冷速/(℃/s)	CVN/J	SA/%
1	127	56.4
5	165	76.0
20	260	100
120	196	100
母材	209	100

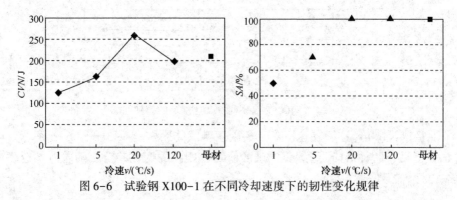

图 6-6　试验钢 X100-1 在不同冷却速度下的韧性变化规律

试验结果表明,在一定冷却速度范围内,随着冷却速度的升高,试验钢 X100-1 的韧性呈现增加的趋势。当冷却速度较低时,X100-1 材料的韧性水平不高。冷却速度较高时,可使 X100 材料获得较好的韧性。当冷却速度达到 20℃/s 时,X100-1 管线钢的韧性达到最佳值,已超过母材的韧性水平。继续提高冷却速度,材料的韧性降低。

在不同冷却速度下,管线钢 X100-2 的韧性测试结果见表 6-5,冷却速度与韧性的关系如图 6-7 所示。可以看出,试验钢 X100-2 和 X100-1 有着相同的变化趋势。在一定冷却速度范围内,当冷却速度增加时,材料的韧性也呈现出增加的趋势。当冷却速度为 20℃/s 时,韧性达到最佳,此时 X100-2 管线钢的韧性接近于母材的水平。

表 6-5　X100-2 在连续加速冷却下的冲击韧性实验结果

冷速/(℃/s)	CVN/J	SA/%
1	128	65.1
5	135	70.5
20	174	84.0
120	171	100
母材	191	100

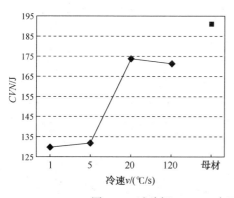
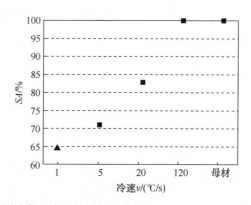

图 6-7　试验钢 X100-2 在不同冷却速度下的韧性变化规律

两种 X100 管线钢在连续加速冷却条件下的冲击韧性试验结果的对比如图 6-8 所示。比较图中两种 X100 管线钢在不同冷却速度下的冲击韧性变化规律,可以看出,两种管线钢的韧性随着冷却速度的增加,有着相同的变化规律,在冷却速度为 20℃/s 的时候韧性达到最佳,且 X100-1 的韧性优于 X100-2 的韧性。

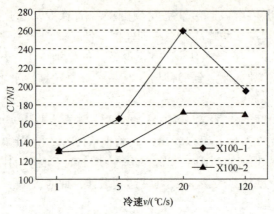

图 6-8 两种 X100 管线钢在不同冷却速度下的韧性变化规律

韧脆转变温度是管线钢低温韧性评定的重要指标。为了研究 X100 管线钢的韧脆转变能力,测试了在冷却速度为 20℃/s 条件下,两种 X100 试验钢在系列温度下的冲击韧性分布。实验结果分别如表 6-6、表 6-7 和图 6-9、图 6-10 所示。

上述实验结果表明,两种试验钢表现出不同的韧脆转变能力。由图 6-9 可以看出,试验钢 X100-1 在-80℃时的冲击韧性值在 250J 以上,表现出优良的低温韧性。

表 6-6 X100-1 在冷速为 20℃/s 的系列温度冲击实验结果

系列温度/℃	CVN/J	SA/%
-80	253	97.1
-60	258	99.1
-40	259	99.7
-20	260	100
0	260	100
20	260	100

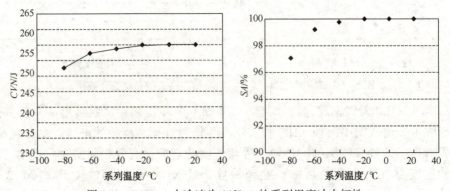

图 6-9 X100-1 在冷速为 20℃/s 的系列温度冲击韧性

表 6-7　X100-2 在冷速为 20℃/s 的系列温度冲击实验结果

系列温度/℃	CVN/J	SA/%
-80	48	15.4
-60	86	35.8
-40	136	63.0
-20	174	84.0
0	193	95.8
20	199	98.0

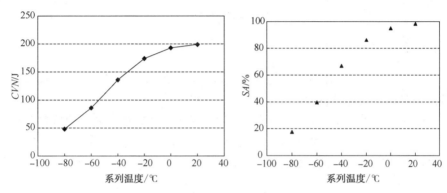

图 6-10　X100-2 在冷速为 20℃/s 的系列温度冲击韧性

图 6-11 和图 6-12 是试验钢 X100-1 和 X100-2 在连续加速冷却条件下的冲击断口形态。观察表明，在-20℃实验温度下，当冷却速度为 20℃/s 时，X100 为微孔聚集断裂的微观断口特征，表现了高的韧性水平；当冷却速度为 1℃/s 时，其微观断口呈现部分脆性断裂特征。

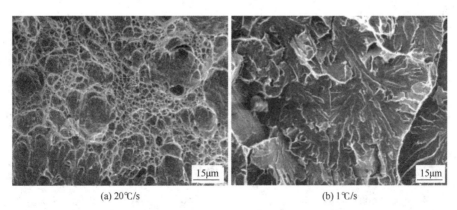

图 6-11　试验钢 X100-1 在不同冷却速度下的冲击断口形貌

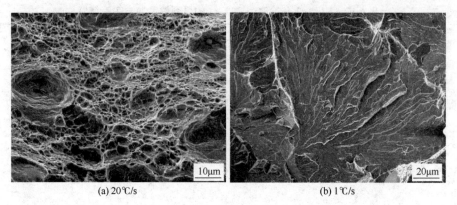

图 6-12　试验钢 X100-2 在不同冷却速度下的冲击断口形貌

6.2.3　分析与讨论

试验钢 X100 力学性能的变化规律，可以用材料在不同冷却速度条件下所获取的组织结构特征进行说明。

力学性能的测试结果表明，两种 X100 管线钢在 120℃/s 的加速冷却条件下，有较高的强度水平。此时 X100-1 和 X100-2 的屈服强度分别达 785MPa 和 825MPa，拉伸强度分别达 1120MPa 和 1105MPa，超过了 X100 管线钢的强度设计要求。

X100 在 120℃/s 加速冷却条件下的光学显微组织如图 6-13 所示，由 BF+M 组成。在 SEM 下（图 6-14），这种致密、平行的板条组织得到清晰的显示。TEM 观察表明，BF 和 M 虽然都呈平行的板条形态分布，然而其间仍有差别。图 4-15 为在 120℃/s 条件下获得的 M 和 B 的对比，可以看出，由于转变温度较低，M 板条更为细密，板条的平均尺寸为 0.25μm。B 板条的尺寸范围略大，约为 0.5μm。

图 6-13　X100 在 120℃/s 冷速下的光学显微组织

图 6-14　X100 在 120℃/s 冷速下的扫描电镜图像

(a) 马氏体板条　　　　　　　　　(b) 贝氏体板条

图 6-15　M 板条和 B 板条的对比

进一步观察可见，M 板条内有更丰富的位错缠结（图 6-16），偶尔可见在板条内分布有少量呈魏氏组态分布的自回火碳化物（图 6-17），这是低碳板条 M 的典型结构特征。正是由于板条 M 的过饱和固溶、高的位错密度和弥散碳化物的析出强化，使得实验 X100 具有高的强度水平。

 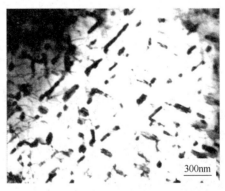

图 6-16　M 板条内的位错组态　　　图 6-17　M 板条内的碳化物

图 6-18　M 内的微孪晶

然而，从 X100 强韧性综合试验结果来看，经 120℃/s 加速冷却的 X100，其韧性并未达到最佳值，整体强韧性未得到最优化。这就说明，M 还不是理想的组织形态。在 M 的过饱和体心正方结构中，滑移面较少，局部地区可观察到微孪晶（图 6-18），这些组织因素有可能不利于韧性的提高。这一认识有待更多的实验结果证实。

当试验钢以 20℃/s 的冷却速度加速

冷却时，与120℃/s加速冷却相比，虽然强度水平有所降低（此时X100-1的屈服强度为730MPa，拉伸强度为1000MPa，仍高于X100管线钢的强度级别要求），但韧性升高至260J，综合强韧性水平较高。这种优良强韧性水平与试验钢在以20℃/s的冷却速度加速冷却时形成的AF+BF的组织结构相关。

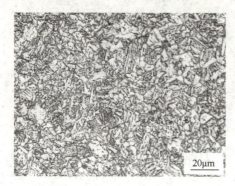

图6-19 X100在20℃/s加速冷却条件下的光学显微组织

试验钢在20℃/s加速冷却条件下的光学显微组织结构如图6-19所示，SEM电子显微组织形态如图6-20所示。此时的组织状态以BF为主，同时含有部分AF（即QF+GF）。通过TEM的明、暗场观察，可见BF板条宽度约为0.6μm，板条间为薄膜状残余奥氏体A′或条状M-A（图6-21）。同时观察表明，由于AF的预先形成，分割了原奥氏体，使得后续形成的BF更为短小，其组织形态呈多位向分布（图6-22）。因而组织的有效晶粒减少，有利于材料强韧性的提高。

(a) SEM-SE

(b) SEM-BSE

图6-20 X100在20℃/s加速冷却条件下的SEM显微组织

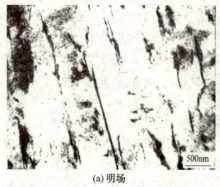

(a) 明场

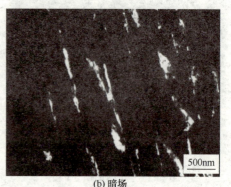

(b) 暗场

图6-21 BF的组织结构

图 6-22 BF 和 AF 的多位向分布形态

当冷却速度为 5℃/s 时，其组织形态如图 6-23 所示，主要为 GF+QF。由于组织中 BF 的消失、QF 呈准多边形和位错密度相对降低等组织结构特征（图 6-24），促使材料的强韧性明显降低（此时屈服强度为 547MPa，韧性为 165J）。

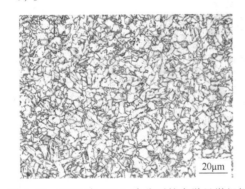

图 6-23 X100 在 5℃/s 冷速下的光学显微组织

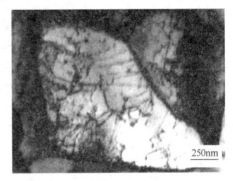

图 6-24 QF 形态及其位错组态

实验结果表明，低的冷却速度（1℃/s），使试验钢 X100 的强韧性处于最低值。此时的光学显微组织形态如图 6-25 所示，SEM 电子显微组织形态如图 6-26 所示。可见此时条状或针状组织减少，主体组织为 PF。TEM 观察表明，PF 如图 6-27 所示。由于多边形 F 为无序界面，断裂单元增大，裂纹扩展的平均自由路径减小，因而材料的强韧性降低。

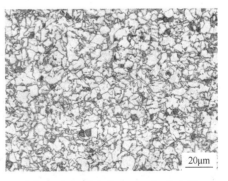

图 6-25 X100 在 1℃/s 加速冷却条件下的光学显微组织

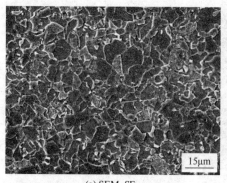 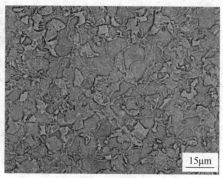

(a) SEM-SE　　　　　　　　　　　(b) SEM-BSE

图 6-26　X100 在 1℃/s 加速冷却条件下的 SEM 显微组织

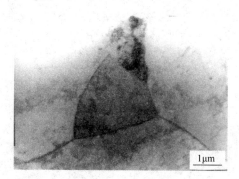

图 6-27　PF 形态

6.3　本章小结

① 试验钢 X100 在 120℃/s 加速冷却条件下可获得高的强度水平。在 20℃/s 加速条件下可获得最佳强韧综合水平。低于 5℃/s 的冷却条件使强韧性降低。

② 在 120℃/s 高的冷却条件下，试验钢 X100 可获得 M+BF 组织。低碳板条马氏体中的过饱和固溶、高密度位错组态和自回火碳化物析出等组织结构因素使得 X100 具有高的强度水平。

③ 以 20℃/s 加速冷却，试验钢 X100 可获得 BF+AF 组织。多位向分布的致密的贝氏体铁素体板条和细小的有效晶粒等组织结构赋予了 X100 优良的强韧特性。

④ 在低于 5℃/s 的冷却条件下，试验钢 X100 出现较多的 PF，使其强韧性降低。

7 临界区加速冷却对 X100 钢组织-性能的影响

近 20 年来，管线钢得到迅速的发展。目前，X80 管线钢已逐步成为一种适用于高压、大流量输送管道的成熟钢种。近年来，X100 和 X120 管线钢也在日本、美国、加拿大等国家相继研制成功。人们注意到，采用控轧、控冷技术制造的微合金化管线钢，其屈服强度的增幅明显大于抗拉强度的增幅，因而与传统的热轧态或淬火/回火态低合金高强度钢相比，现代高强度管线钢有较高的屈强比。据统计，在过去 10 年内，管线钢的屈强比已从 0.80 增至 0.9~0.93 或以上。实践表明，过高的屈强比限制了管线钢的极限塑性变形能力，从而对管道结构的安全服役造成影响。有鉴于此，以低屈强比、高形变强化指数为特征的双相大变形管线钢的研制，成为管线钢的一个重要发展方向。本章通过一种临界区加速冷却的方法，使 X100 钢形成双相组织，探讨了这种双相组织的性能特征及其与组织结构的关系。

7.1 实验材料和方法

实验材料为 X100-1 和 X100-2，分别由我国鞍山钢铁公司和日本 NSC 公司提供，钢板厚度 14.3mm，其化学成分见第 4 章的表 4-1。有关材料力学性能测试和显微组织分析的实验方法见第 2 章的说明。

采用热模拟实验方法获取试验钢 X100 从临界区 (A_{r3}-A_{r1}) 不同温度下开始加速冷却的组织结构。试样以 20℃/s 的加热速度升温至 920℃，保温 1min/mm 后以 5℃/s 的冷却速度冷却至临界区 (A_{r3}-A_{r1}) 不同温度后淬火加速冷却。初始加速冷却温度分别为 850℃、830℃、810℃和 790℃。临界区加速冷却的热模拟曲线如图 7-1 所示，热模拟实样尺寸分别为 ϕ10mm×65mm 和 10mm×10mm×55mm，热模拟实验在 Gleeble 1500 热模拟试验机上进行。

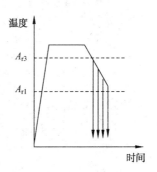

图 7-1 临界区加速冷却热模拟曲线示意图

7.2 实验结果与分析

7.2.1 显微组织特征

X100 母材典型的组织形态如图 7-2 所示,为一种低碳贝氏体组织。目前,管道工程界把 X100 管线钢的这种组织形态亦称为粒状贝氏体,或称为退化上贝氏体。

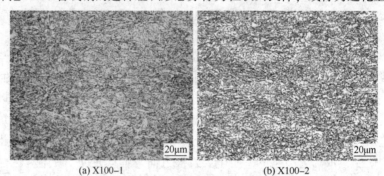

(a) X100-1　　　　　　　　　(b) X100-2

图 7-2　X100 管线钢母材光学显微组织

试验钢经临界区加速冷却后,其组织形态发生了较大的变化。X100-1 和

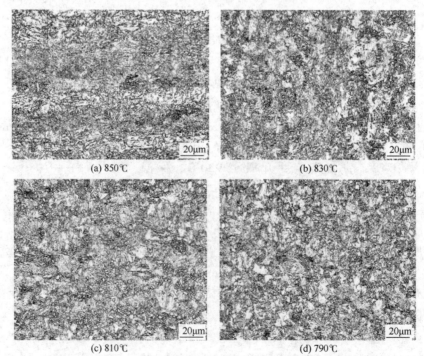

(a) 850℃　　　　　　　　　(b) 830℃

(c) 810℃　　　　　　　　　(d) 790℃

图 7-3　X100-1 在临界区不同温度加速冷却后的光学显微组织

X100-2 在临界区不同温度加速冷却后的显微组织如图 7-3 和图 7-4 所示。可以发现，在临界区加速冷却后的组织形态为贝氏体+铁素体。随着加速冷却初始温度的降低，铁素体的体积分数增加。经 SEM 更大放大倍数的观察（图 7-5），可见贝氏体呈细密的条状，铁素体可表现为条状和块状两种形态。

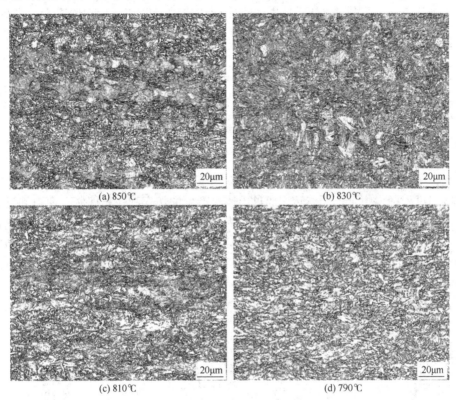

图 7-4　X100-2 在临界区不同温度加速冷却后的光学显微组织

图 7-5　X100 在 790℃加速冷却后的扫描电镜图像

7.2.2 力学性能特征

为测试X100双相组织的强塑性特性,进行了单向拉伸实验。

(1) 应力-应变曲线

图7-6是试验钢X100经临界区不同初始冷却温度加速冷却的应力-应变曲线,可以看出,这种双相组织的应力-应变曲线具有以下特征:

① 无明显物理屈服点和屈服伸长;

② 应力-应变曲线呈平滑的拱形(round house type),表现为连续屈服现象,表明材料有低的包申格效应;

③ 表现为高的应变硬化倾向,表明材料有高的形变强化能力;

④ 最大载荷附近有一个平坦区,覆盖了较高的应变范围,表明材料有大的均匀形变能力。

分析认为,这种连续的屈服现象与双相组织结构特征紧密相关。在临界区加速冷却过程中,由于奥氏体转变成贝氏体时产生的切变和体积膨胀,使得邻近贝氏体的铁素体产生高密度位错。同时认为,在临界区加速冷却过程中碳、氮化物来不及析出,在铁素体内存在无沉淀区,因而位错滑移障碍减少,位移可移动性增大。双相组织的这种位错组态使得材料在低应变下,可导致多个位错源同时起动而发生塑性流变,因而抑制了不连续屈服现象的发生。

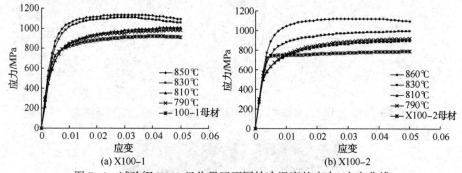

(a) X100-1 (b) X100-2

图7-6 试验钢X100经临界区不同始冷温度的应力-应变曲线

(2) 强塑性

试验钢X100-1和X100-2的强塑性和硬度测试结果如表7-1和表7-2所示。强塑性与临界区加速冷却初始温度的关系如图7-7和图7-8所示。

实验结果表明,两种X100试验钢强塑性有着相同的变化趋势。随临界区初始加速冷却温度的降低,由于双相组织中铁素体体积分数的增加,材料的屈服强度和抗拉强度降低,伸长率略有升高或变化不大。当初始加速冷却温度大于830℃时,两种材料的屈服强度均大于750MPa,伸长率大于0.16,屈强比小于0.80,具有优良的强塑配合。

表 7-1　X100-1 在临界区加速冷却条件下的拉伸试验结果

始冷温度/℃	$R_{t0.5}$/MPa	R_m/MPa	A/%	Z/%	$R_{t0.5}/R_m$	HV
850	865	1125	15.7	73.5	0.77	373
830	792	1105	16.7	71.5	0.72	367
810	652	955	15.7	74.5	0.68	333
790	657	960	17.7	73.0	0.68	312

表 7-2　X100-2 在临界区加速冷却条件下的拉伸试验结果

始冷温度/℃	$R_{t0.5}$/MPa	R_m/MPa	A/%	Z/%	$R_{t0.5}/R_m$	HV
850	885	1125	17.0	74	0.79	350
830	758	995	18.3	73.5	0.79	336
810	615	900	18.3	69.5	0.68	323
790	625	915	21.5	72	0.68	300

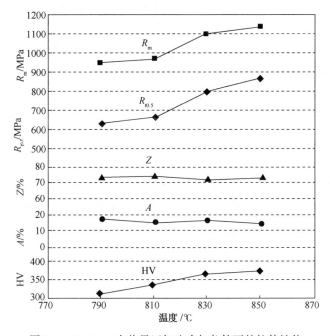

图 7-7　X100-1 在临界区加速冷却条件下的拉伸性能

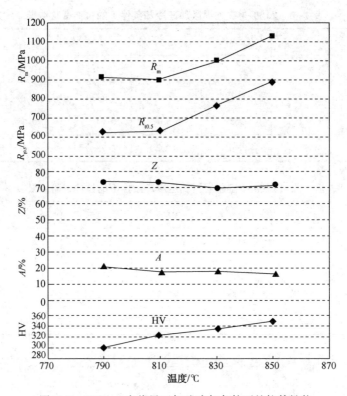

图 7-8 X100-2 在临界区加速冷却条件下的拉伸性能

为评价实验材料的形变强化能力,采用直线作图法确定了形变强化指数 n。其求解步骤为:在工程应力-应变曲线上确定一组条件应力 σ 和条件应变 ε;分别按 $S=(1+\varepsilon)\sigma$ 和 $e=\ln(1+\varepsilon)$ 求取真应力 S 和真应变 e;分别以 $\lg S$ 和 $\lg e$ 为纵坐标和横坐标作图,所获得的直线斜率即为材料的形变强化指数 n。

试验钢 X100-1 和 X100-2 经临界区不同初始温度冷却后的形变强化指数测定结果如表 7-3 所示,形变强化指数 n 与初始加速冷却温度的关系如图 7-9 所示,形变强化指数 n 与材料屈服强度间的关系如图 7-10 所示。

表 7-3 试验钢 X100 经临界区不同初始温度冷却后的形变强化指数测定结果

始冷温度/℃	X100-1	X100-2
850	0.17	0.16
830	0.21	0.18
810	0.24	0.23
790	0.25	0.25
母材	0.16	0.07

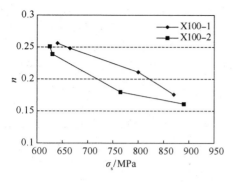

图 7-9 形变强化指数 n 与初始冷却温度的关系

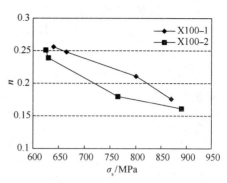

图 7-10 形变强化指数 n 和材料屈服强度间的关系

上述结果表明，X100 管线钢在临界区加速冷却后具有较高的形变强化指数。已经证明，双相钢在拉伸真应力-应变上的均匀形变阶段，应力-应变的关系符合 Hollomon 方程（$S = Ke^n$），此时形变强化指数 n 在数值上等于材料的真实伸长率 e_B（$n = e_B$）。这就表明，X100 在临界区加速冷却后有更大的应变均匀分配能力。

综合上述测试的应力-应变曲线可以发现，X100 在临界区加速冷却后，屈服后应力随应变上升快，具有大的加工硬化速率 $d\sigma/d\varepsilon$ 和较大的形变强化指数 n，因而试验钢在满足标准的屈服强度条件下，具有低的屈强比，符合大变形管线钢的设计要求。

（3）冲击韧性

试验钢 X100-1 在 -20℃ 实验温度下的冲击韧性试验结果如表 7-4 所示。冲击韧性与临界区初始加速冷却温度的关系如图 7-11 所示，系列温度的试验结果如图 7-12 所示。

表 7-4 X100-1 在临界区加速冷却条件下的冲击韧性实验结果

始冷温度/℃	CVN/J	SA/%
790	221	100
810	221	100
830	235	100
850	224	100

实验结果表明，X100 双相组织的冲击韧性随临界区初始温度不呈单调变化。当初始冷却温度为 830℃ 时，韧性值可达最佳水平。同时，这种高的韧性水平随实验温度下降的幅度较小，实验温度为 -80℃ 时的韧性值仍高达 232J。这一实验结果表明，一定量的铁素体可使材料获得较好的韧性水平。由于材料的韧性是材料强塑性的综合表征，这一实验结果也与前述的强塑性测试结果一致。

(4)综合力学性能比较

为评价临界区加速冷却双相化处理的效果,进行了单相 X100-1、双相 X100-1 和日本 JFE 公司一种(B+F)双相 X100 大变形管线钢综合力学性能的对比(表7-5)。表7-5 的试验结果表明,采用本试验初始冷却温度为830℃的加速冷却方法,所获得的双相 X100-1 管线钢具有优良的强、塑、韧性的配合。

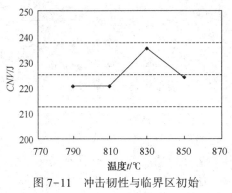

图7-11 冲击韧性与临界区初始冷却温度的关系

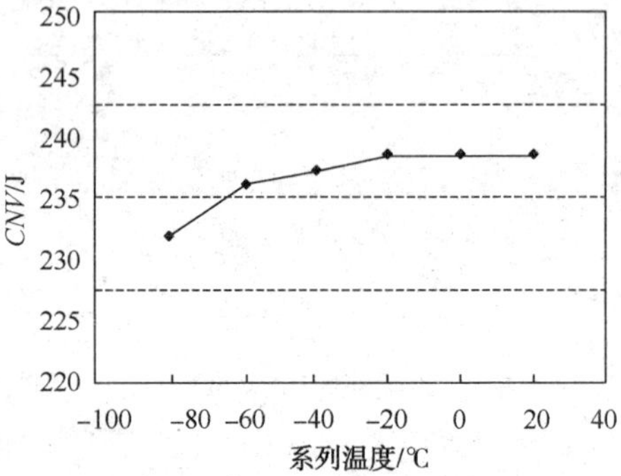

图7-12 试验钢在830℃冷却下的系列冲击韧性

表7-5 双相 X100-1、单相 X100-1 和日本 JFE 公司双相 X100 综合力学性能对比

材料	$R_{t0.5}$/MPa	R_m/MPa	A/%	$R_{t0.5}/R_m$	n	HV	CVN/J
X100-1(B+F)	792	1105	16.7	0.72	0.21	367	235(-20℃)
X100-1(B)	725	930	15.0	0.78	0.16	309	209(-20℃)
X100(B+F)	651	886	—	0.73	0.18		210(-10℃)

7.2.3 组织结构对性能的影响

图7-13 X100-1 在830℃加速冷却后显微组织形态

X100 管线钢双相组织的强韧性与贝氏体和铁素体两相组织的形态、分布及其精密组织结构有关。图7-13 为 X100-1 在830℃加速冷却后的显微组织形态,可见在贝氏体的基体上分布着细小块状和片状铁素体。Fe-C 合金相变理论指出,当在临界区的加速冷却初始温度较高时(如830℃),所形成的铁素体体积分数较小,铁素体多在原奥氏体的晶界和晶内局部区

域呈片状或细小块状析出(图7-14)。此时所形成的主体组织为贝氏体(图7-15)。

由于奥氏体向贝氏体转变的切变过程和体积膨胀，诱发邻近贝氏体周围的铁素体产生高密度的位错(图7-16)。观察还表明，由于预先析出铁素体对原奥氏体的分割作用，促使贝氏体条更加短小细密(图7-17)。这些组织结构特征赋予材料高的强韧特性。在临界区低温范围加速冷却(如790℃)，材料的相变特征则另有不同。根据Fe-C相图分析，此时形成的铁素体体积分数增多，并多为块状分布(图7-18)。由图7-18可见，由于形成贝氏体较少，使铁素体内的位错密度减小。观察还表明，由于铁素体先期形成，使得奥氏体中碳含量较高，因而可观察到随后形成的板条贝氏体内存在的局部微孪晶(图7-19)。这些组织结构特征促使材料的强韧性降低。

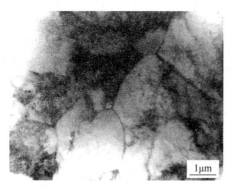

图7-14 在原奥氏体晶界和晶内局部区域形成的铁素体

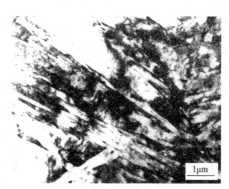

图7-15 贝氏体形态

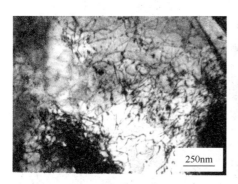

图7-16 铁素体的位错组态

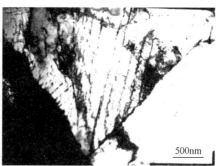

图7-17 铁素体附近的贝氏体条

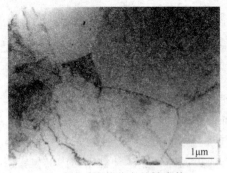
图 7-18 块状分布的铁素体

图 7-19 板条贝氏体中的局部微孪晶

7.2.4 组织含量对性能的影响

双相 X100 的显微组织主要由贝氏体和铁素体组成，其力学性能不仅与贝氏体和铁素体的形态和分布有关，还受到贝氏体和铁素体组分的影响。

X100 经临界区不同温度加速冷却后的显微组织如图 7-20 和图 7-21 所示，可见，随着初始冷却温度的降低，铁素体的体积分数增加。定量金相的测试结果如表 7-6 所示，铁素体体积分数与初始冷却温度的关系如图 7-22 所示。

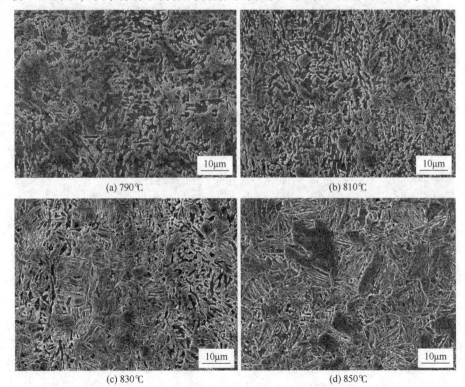

图 7-20 X100-1 在临界区不同温度加速冷却后的显微组织

表 7-6 不同始冷温度下铁素体的百分含量

始冷温度/℃	铁素体百分含量/%	
	X100-1	X100-2
850	45.4	49.6
830	52.4	51.8
810	53.6	54.3
790	60.6	57.7

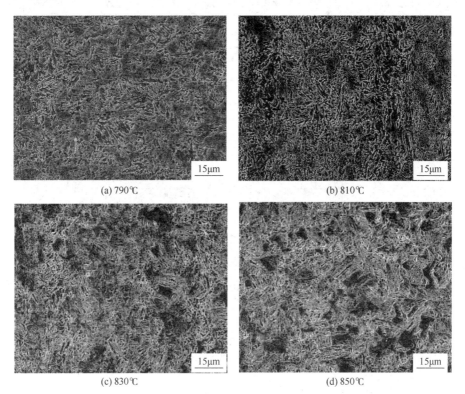

图 7-21 X100-2 在临界区不同温度加速冷却后的显微组织

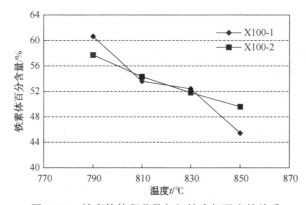

图 7-22 铁素体体积分数与初始冷却温度的关系

如前所述，当初始冷却温度降低时，不仅铁素体含量增加，而且铁素体的形态粗大，铁素体内的位错密度降低，致使材料的强韧性降低。X100-1 强塑性与铁素体的体积分量间的关系如图 7-23 和图 7-24 所示。表明随着初始冷却温度的降低，铁素体含量增加，材料的强度和塑性降低。

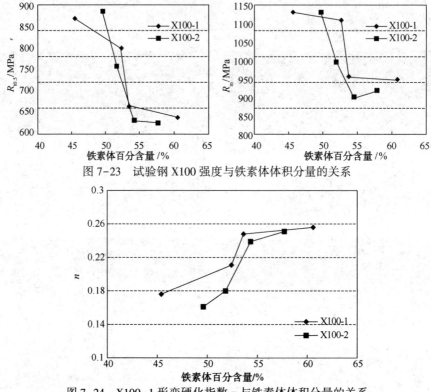

图 7-23　试验钢 X100 强度与铁素体体积分量的关系

图 7-24　X100-1 形变硬化指数 n 与铁素体体积分量的关系

7.3　本章小结

① 通过临界区的加速冷却方法，可使 X100 获得（B+F）双相组织。

② （B+F）双相 X100 管线钢在拉伸状态下具有连续的应力-应变曲线，表现为高的初始应变硬化倾向和大的均匀变形能力。

③ X100 通过初始冷却温度为 830~850℃ 的加速冷却，具有高的强度、塑性、形变强化指数、韧性和低的屈强比，表现了优良的强韧水平。

④ X100 通过初始冷却温度为 830~850℃ 的加速冷却，其显微组织以细小的贝氏体为主，辅以少量细小、高密度位错的铁素体，这种组织结构赋予材料高的强韧特性。

⑤ 随初始冷却温度降低，块状铁素体体积分数增加，引起材料强韧性的降低。

8 延迟加速冷却对 X100 钢组织-性能的影响

低碳微合金管线钢在 TMCP(Thermomechanical Control Procces)冷却过程中会出现多边形铁素体(PF)、准多边形铁素体(QF)、粒状铁素体(GF)和贝氏体铁素体(BF)等多种组织。由于不同相变产物的类型、形态、组分和尺寸等组织结构因素对材料的力学性能有重要影响，因此，通过组织的调整和控制可以改变材料的综合力学性能。近年来，在高性能管线钢的组织设计中，一种复相组织引起了人们的注意。研究结果表明，通过复相组织的获取，可以使管线钢得到优良的强韧配合。前几章的研究结果表明，通过在 A_{r3} 以上温度的连续加速冷却和在(A_{r3}-A_{r1})临界区的加速冷却两种方法，可以分别获得(AF+BF)复相组织和(F+BF)复相组织，从而使 X100 管线钢获得优良的强韧配合。本章通过一种称为延迟加速冷却的工艺方法，使 X100 管线钢获得(AF+BF)复相组织。通过对这种复相组织的组织转变规律和性能特征的研究，从而为复相 X100 的组织控制和性能优化提供了另一种技术原理和工艺方案。

8.1 实验材料和方法

实验材料为 X100-1，由我国鞍山钢铁公司提供，钢板厚度 14.3mm，其化学成分见第 4 章的表 4-1。

采用热模拟方法获取实验钢在 A_{r1} 温度以下不同温度的延迟加速冷却的组织结构。试样以 20℃/s 的加热速度升温至 920℃奥氏体化，保温 1min/mm 后以 1℃/s 的冷却速度冷却至 A_{r1} 以下，然后分别在不同初始加速冷却温度(620℃、590℃、560℃、530℃)下水冷至室温。延迟加速冷却的热模拟曲线如图 8-1 所示，热模拟试样尺寸分别为 φ10mm×65mm 和 10mm×10mm×55mm，热模拟试验在 Gleeble 1500 热模拟试验机上进行。

有关材料力学性能测试和显微组织分析的实验方法见第 4 章的说明。

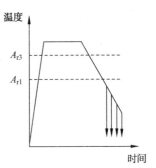

图 8-1 延迟加速冷却的热模拟曲线示意图

8.2 实验结果与分析

8.2.1 强塑性

图 8-2 为试验钢 X100 经过延迟加速冷却后的拉伸应力-应变曲线。可以看出，经不同温度的延迟加速冷却后，试验钢 X100 表现为连续的应力-应变行为，无明显的屈服平台。同时可以发现，随着延迟加速冷却初始温度的降低，材料的强度水平降低。

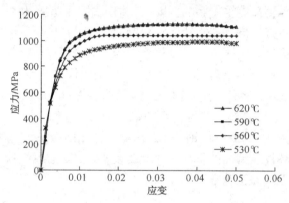

图 8-2 试验钢 X100 经过延迟加速
冷却后的应力-应变曲线

试验钢 X100 经过不同初始温度冷却后的拉伸和硬度实验结果如表 8-1 所示，强塑性与加速冷却初始温度的关系如图 8-3 所示。由图 8-3 可以看出，试验钢的强度指标和硬度随着初始加速冷却温度的增加呈现增加的趋势。试验钢 X100 经过不同初始冷却温度加速冷却后，屈服强度均在 700MPa 以上，满足 X100 管线钢的强度设计要求。当初始加速冷却温度为 620℃时，试验钢的屈服强度达到 850MPa，抗拉强度达到 1130MPa，屈强比为 0.75，具有较高的强塑水平。

表 8-1 试验钢 X100 经延迟加速冷却后的拉伸实验结果

始冷温度/℃	$R_{t0.5}$/MPa	R_m/MPa	A/%	Z/%	$R_{t0.5}/R_m$	HV
620	850	1130	14.0	71.0	0.75	372
590	810	1120	18.0	71.0	0.72	348
560	775	1040	18.5	70.0	0.74	327
530	725	995	16.5	70.0	0.73	323

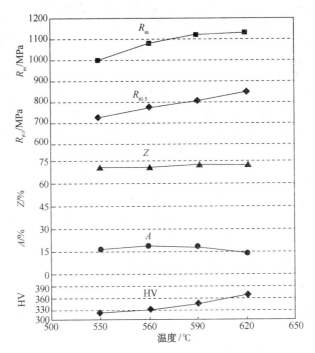

图 8-3 试验钢 X100 经延迟加速冷却后的拉伸性能

8.2.2 冲击韧性

试验钢 X100 在不同初始温度下延迟加速冷却后的冲击韧性实验结果如表 8-2 所示,冲击韧性与起始加速冷却温度的关系如图 8-4 所示。

表 8-2 X100 在延迟加速冷却下的冲击实验结果

始冷温度/℃	CVN/J	SA/%
620	218	100
590	184	100
560	177	86.1
530	171	84.2

实验结果表明,随着起始加速冷却温度的升高,试验钢 X100 的冲击韧性值逐渐提高。当起始温度为 530℃ 时,冲击功只有 171J,而当起始温度为 620℃ 时,其冲击功为 218J,达到最佳的韧性水平。

为了研究试验钢 X100 的韧脆转变能力,进行了初始加速冷却温度为 620℃ 时的系列冲击实验,试验结果如表 8-3 和图 8-5 所示。

由图 8-5 可以看出,试验钢 X100 在 -80℃ 的冲击韧性值在 200J 以上,表现

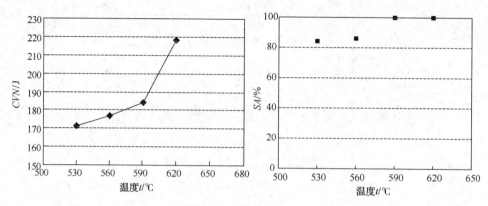

图 8-4　试验钢 X100 在延迟加速冷却下的韧性

出优良的低温韧性。同时可以看出，试验钢冲击功值随试验温度降低下降较缓慢，说明冲击韧性在此温度范围内对温度变化不太敏感，服役温度范围较宽。

表 8-3　试验钢 X100 在 620℃的系列冲击实验结果

系列温度/℃	CVN/J	SA/%
-80	212	97.1
-60	216	99.1
-40	217	99.7
-20	218	100
0	218	100
20	218	100

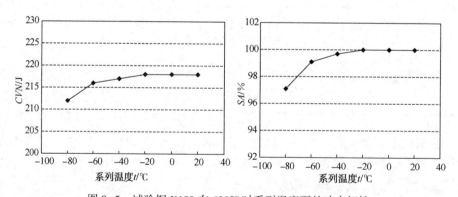

图 8-5　试验钢 X100 在 620℃时系列温度下的冲击韧性

经不同初始温度延迟冷却后，试验钢 X100 的冲击断口微观形貌见图 8-6。由图 8-6 可以看出，随着初始加速冷却温度的降低，试样断口形貌发生明显变化。初始冷却温度为620℃的断口呈现明显的韧窝,说明它的断裂属于韧性断裂,试样断裂之前产生较大的塑性变形,对应的冲击功较高。而初始冷却温度为530℃的微观断口局部区域表现为解理小平面,断面上韧窝数目及其所占面积明显减少,被河流状或扇形状的解理小平面所代替,断口形貌为明显的解理断裂,试样断裂之前塑性变形很小,相应的冲击功较低。由此可知,随着初始加速冷却温度的降低,该试验钢由韧窝韧性断裂转变为解理脆性断裂,冲击韧性减小。

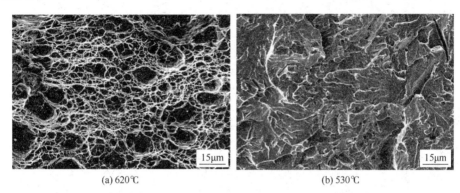

(a) 620℃　　　　　　　　　　(b) 530℃

图 8-6　试验钢 X100 经过延迟加速冷却后的断口形貌

8.2.3　分析与讨论

对试验钢在连续加速冷却过程中相变规律的研究中发现,试验钢 X100 在不同冷却速度的连续冷却过程中,可以形成不同的显微组织。几种典型冷却过程所获得的组织如图 8-7 所示。

由图 8-7 的观察结果可知,在 120℃/s 的加速冷却条件下,X100 的转变产物主要为(BF+M)。(BF+M)两种组织呈细小的板条状,相比较而言,M 板条比 BF 更为细密[图 8-7(a)]。当加速冷却速度为 20℃/s 时,组织形态以 BF 为主,同时可观察到少量(QF+GF)。一般认为,这种(QF+GF)组织可称为针状铁素体(AF)。力学性能测试表明,这种 BF+AF(QF+GF)组织具有优良的强韧配合。随着冷却速度降低为 5℃/s 时,其组织为(QF+GF)。当冷却速度继续降低至 1℃/s,其组织形态除(QF+GF)外,开始出现 PF。

通过热膨胀实验测得试验钢 X100 在 1℃/s 冷却条件下的热膨胀曲线如图 8-8 所示。结合该钢的 CCT 曲线,可知在 1℃/s 的冷却条件下,形成 AF(QF+GF)的温度区间为 680~480℃。以 1℃/s 的冷却速度冷却至(680~480℃)区间的不同温度后加速冷却,材料可获取不同的复相组织,从而具有不同的性能。

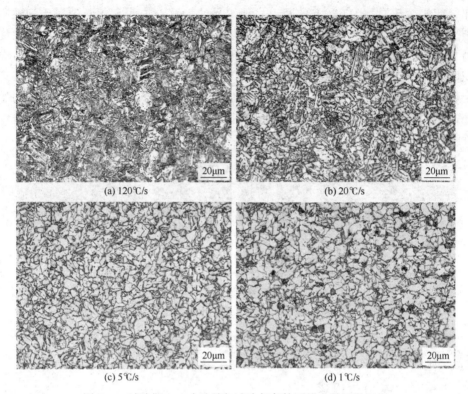

图 8-7 试验钢 X00 在连续加速冷却条件下的光学显微组织

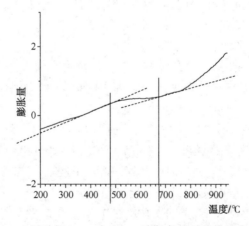

图 8-8 试验钢 X100 在 1℃/s 冷却条件下的热膨胀曲线

  试验钢 X100 奥氏体化后,以 1℃/s 的冷却速度延迟至不同温度加速冷却后的组织形态如图 8-9 所示。可以看出,经不同初始温度的延迟加速冷却,试验钢 X100 的转变产物有较大的差别。当加速冷却的初始温度为 620℃ 时,显微组织为 AF(GF+QF)+BF+M。显然,AF 是在初始冷却温度 620℃ 前形成,由于 AF 对奥氏体的分割，在随后加速冷却过程中形成的 BF+M 更为细密。随着加速冷却初始温度降低，PF 得到充分地生长，板条组织减少。至 530℃，BF 的体积分数仅为 36.3%，因而材料的性能降低。

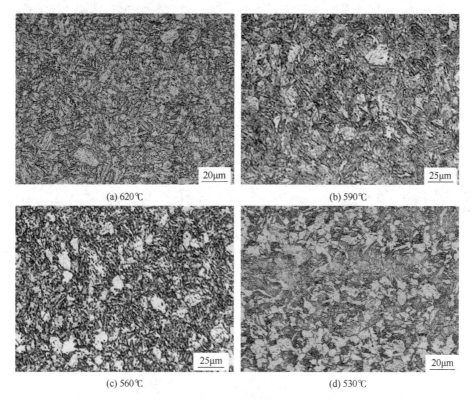

图 8-9 试验钢 X100 经过延迟加速冷却后的光学显微组织

通过 SEM 观察的延迟加速冷却的显微组织如图 8-10 所示。当加速冷却的初始温度较高时(620℃)，原奥氏体晶界清晰。AF 既可优先沿奥氏体晶界形核后向晶内生长，也可在晶内形核长大。由于 AF 对过冷奥氏体(A)的分割作用，随后生成的板条(B+M)呈多位向交错分布。此时材料的有效晶粒减小，因而赋予材料优良的强韧特性。

当起始温度降低 530℃时，由于过冷奥氏体在慢冷条件下(1℃/s)所经历的时间较长，因而低温转变产物 BF+M 减少，局部区域可见较多的 PF，致使材料的强韧性降低。

通过 TEM 进一步观察表明，在加速冷却的初始温度为 620℃形成的显微组织中，可形成不同的板条束。在 620℃前形成的 AF 的尺寸范围为 0.8 μm，在 620℃后加速冷却形成的 BF 的尺寸范围为 0.25 μm。相比较可见，BF 细小径直，条状清晰，有更高的位错密度。这种延迟加速冷却的典型 TEM 图像如图 8-11 所示。

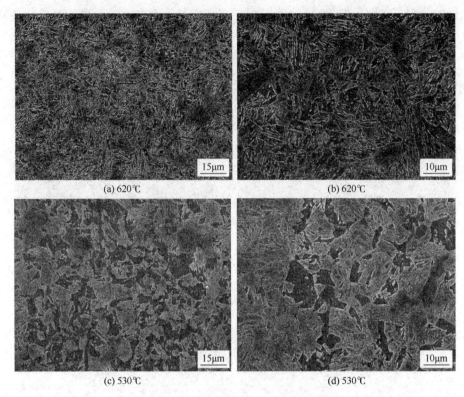

图 8-10 试验钢 X100 经过延迟加速冷却后的扫描电镜图像

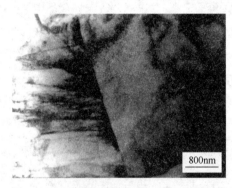

图 8-11 初始温度为 620℃时的 TEM 图像

为了评价延迟加速冷却的强韧化效果,进行了一组奥氏体化后直接连续加速冷却的实验。实验结果的对比如表 8-4 所示。表 8-4 的测试结果表明,与直接加速冷却相比,延迟加速冷却所获得的屈服强度和抗拉强度有明显的增加,冲击韧性也有提高,表现了较好的强韧配合。同时,1℃/s 相当于空冷的冷却速度,因而这种延迟加速冷却的工艺方法很容易在工程上得到应用。

表 8-4　延迟加速冷却与直接连续加速冷却的实验结果的对比

工　艺	$R_{t0.5}$/MPa	R_m/MPa	A/%	$R_{t0.5}/R_m$	CVN/J	HV
延迟加速冷却(620℃)	850	1130	14.0	0.75	218	372
直接加速冷却	785	1120	15.0	0.70	196	368

延迟加速冷却和直接加速冷却在性能上的这种差别是由于其组织结构的差异引起的。图 8-12 为延迟加速冷却和直接加速冷却两种工艺的光学金相组织，可见经延迟加速冷却所获得的 BF+AF 更为细密。同时，由于在以 BF 为主的基体中含有一定量的 AF，也有利于韧性的提高。

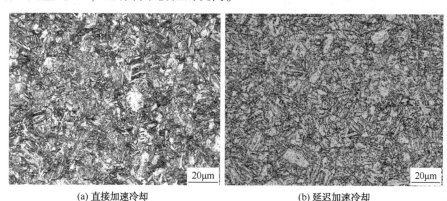

(a) 直接加速冷却　　　　　　　　(b) 延迟加速冷却

图 8-12　直接加速冷却和延迟加速冷却的光学显微组织

通过 TEM 进一步观察，可见延迟加速冷却和直接加速冷却两种组织的差异如图 8-13 所示。图 8-13(a) 为直接加速冷却所形成的 BF，其板条平直，板条尺寸较大。图 8-13(b) 表明通过延迟加速冷却，由于 AF 从奥氏体晶界和晶内优先生成，分割了尚未转变的过冷奥氏体基体，使得在随后加速冷却过程中形成的 BF 板条更为细小。不同位向的 AF 和 BF 交错分布，使有效晶粒减小，有利于材料强韧性的提高。

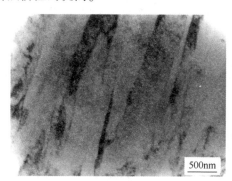 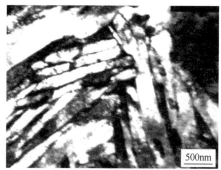

(a) 直接加速冷却　　　　　　　　(b) 延迟加速冷却

图 8-13　直接加速冷却和延迟加速冷却的 TEM 显微组织

8.3 本章小结

① 通过在 A_{r1} 以下温度的延迟加速冷却，可使试验钢 X100 获得（BF+AF）双相组织。

② 通过初始冷却温度为 620℃ 的延迟加速冷却，试验钢 X100 具有优良的强韧特性。

③ 通过初始冷却温度为 620℃ 的加速冷却，试验钢 X100 的显微组织为复相 BF+AF。细小的 BF+AF 板条呈多位向分布，使有效晶粒减少。这种组织结构赋予了 X100 高的强韧特性。

④ 在延迟加速冷却过程中，随初始冷却温度的降低，BF 体积分数减小，引起材料强韧性的降低。

9 焊接热输入对 X100 钢组织-性能的影响

油气长输管道工程是一项大规模的焊接成型和长距离的焊接安装工程。从一定意义上讲，管线钢的发展过程实际上是其焊接性的研究和发展过程。目前，随着冶金工业的技术进步，通过微合金化、超纯净冶炼和现代控轧、控冷技术，可以生产出具有优良强韧特性的 X100 管线钢。然而，对 X100 管线钢在焊接热过程中组织-性能的特征及其变化规律却知之不多。因此，研究 X100 管线钢在焊接热输入条件下的组织-性能的变化规律及其焊接脆化和软化的特征，对掌握 X100 管线钢焊接冶金的基本规律和推动 X100 管线钢的工业应用具有重要的意义。

9.1 实验材料和方法

实验材料为 X100-1 和 X100-2，分别由我国鞍山钢铁公司和日本 NSC 公司提供，钢板厚度 14.3mm，其化学成分见第 4 章的表 4-1。

采用热模拟实验获取 X100 管线钢在不同焊接热输入（E）条件下粗晶热影响区（CGHAZ）的组织结构。热模拟实验在 Gleeble 1500 型热模拟机上进行，热模拟曲线如图 9-1 所示，热模拟参数如表 9-1 所示，热模拟输入参数如附录 1。其中，热循环的几种 $t_{8/5}$（800~500℃的冷却时间）覆盖了石油、天然气输送钢管在制管焊接和野外施工焊接过程中所采用的不同焊接热输入下的冷却规范。

有关材料力学性能测试和显微组织分析的实验方法见第 4 章的 4.1 节。

表 9-1 X100 焊接热模拟参数

E /(kJ/cm)	加热速度 /(℃/s)	峰值温度 /℃	$t_{8/5}$ /s	高温停留时间/s	
				900/℃	1100/℃
10			5	3.62	2.95
15			10	5.43	3.60
20	130	1300	20	10.86	7.20
30			40	21.71	14.41
40			70	38.00	25.23
50			100	54.28	36.03

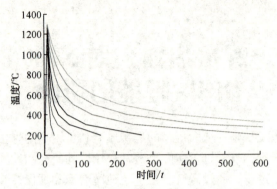

图 9-1　不同焊接线能量下的热循环曲线

9.2　实验结果与分析

9.2.1　力学性能特征

(1) 硬度

两种 X100 管线钢焊接粗晶热影响区(CGHAZ)的硬度试验结果如表 9-2 所示，焊接线能量对两种 X100 管线钢硬度值的影响如图 9-2 所示。

表 9-2　两种 X100 管线钢在不同线能量下的硬度值　　　　HV

$E/(kJ/cm)$	X100-1	X100-2
母材	309	266
10	347	337
15	311	317
20	303	289
30	286	263
40	269	259
50	264	245

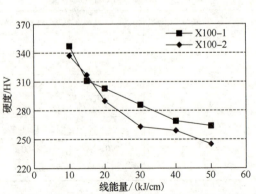

图 9-2　X100 管线钢硬度与线能量关系曲线

由图9-2可以看出，随着焊接线能量的增加，两种X100管线钢的硬度降低。除了当线能量为15kJ/cm时外，X100-1的硬度值均大于X100-2的硬度值。同时还可以发现，当焊接线能量大于20kJ/cm时，两种X100管线钢出现焊接局部软化现象。

(2) 应力-应变曲线

为测试两种X100管线钢在不同焊接热输入条件下焊接粗晶热影响区(CGHAZ)的应力-应变行为和强塑性特性，进行了单向静拉伸试验。所获得的X100-1和X100-2焊接粗晶热影响区(CGHAZ)的拉伸应力-应变曲线分别如图9-3和图9-4所示。可以看出，在不同焊接热输入条件下，X100管线钢具有连续的屈服行为，其应力-应变曲线为拱形，没有明显的屈服平台。

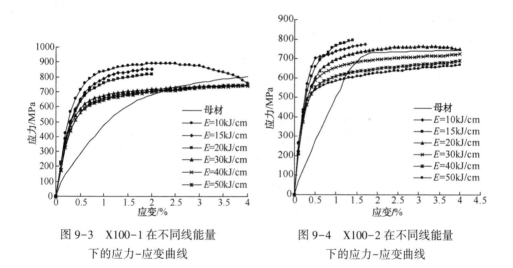

图9-3　X100-1在不同线能量下的应力-应变曲线

图9-4　X100-2在不同线能量下的应力-应变曲线

为比较两种X100管线钢应力-应变行为的差异，在同一焊接热输入条件下，两种X100管线钢的应力-应变曲线如图9-5所示。可以看出，在不同焊接热输入条件下，X100-1的应力-应变曲线略高于X100-2的应力-应变曲线。

(3) 强塑性

试验钢X100-1和X100-2焊接粗晶热影响区(CGHAZ)的强塑性实验结果见表9-3和表9-4，强塑性与焊接线能量的关系如图9-6和图9-7所示。从图中可以看出，在各个线能量下，X100-1和X100-2的屈服强度的变化规律大致相同，都随着线能量的增加而降低，在低的焊接热输入条件下可获得高的强度水平。同时可以发现，X100-1的强度水平比X100-2略高。

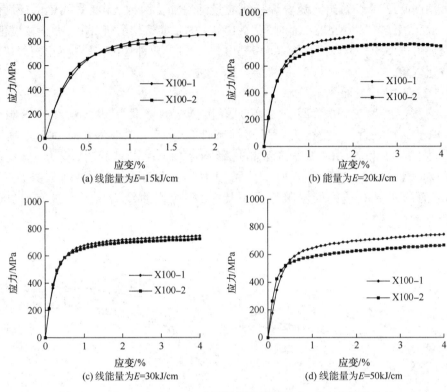

图 9-5 X100-1 与 X100-2 在不同线能量下应力-应变曲线的比较

表 9-3 试验钢 X100-1 在不同线能量下的拉伸实验结果

线能量 E /(kJ/cm)	R_m/MPa	$R_{t0.5}$/MPa	A/%	Z/%	$R_{t0.5}/R_m$
母材	930	725	15.0	73.5	0.78
10	915	700	26.0	73.5	0.77
15	865	650	18.5	71.0	0.75
20	825	630	16.0	71.0	0.76
30	750	590	23.0	76.0	0.79
40	745	565	22.5	74.0	0.76
50	740	535	21.5	73.5	0.72

表 9-4 试验钢 X100-2 在不同线能量下的拉伸实验结果

线能量 E /(kJ/cm)	R_m/MPa	$R_{t0.5}$/MPa	A/%	Z/%	$R_{t0.5}/R_m$
母材	805	730	20.5	70.0	0.91
10	780	690	21.0	72.0	0.88
15	800	660	20.0	67.5	0.83
20	775	615	21.0	70.5	0.79

续表

线能量 E /(kJ/cm)	R_m/MPa	$R_{t0.5}$/MPa	A/%	Z/%	$R_{t0.5}/R_m$
30	730	590	21.0	73.0	0.81
40	700	555	20.0	70.5	0.79
50	690	530	21.0	71.0	0.77

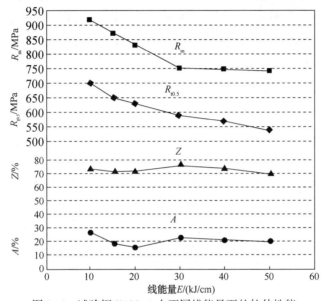

图 9-6 试验钢 X100-1 在不同线能量下的拉伸性能

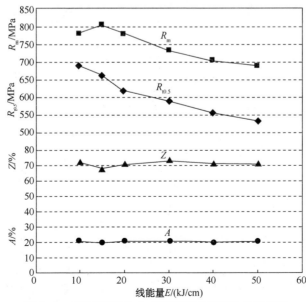

图 9-7 试验钢 X100-2 在不同线能量下的拉伸性能

(4) 冲击韧性

在不同焊接热输入条件下，两种 X100 试验钢焊接粗晶热影响区(CGHAZ)在实验温度-20℃时的夏比冲击韧性实验结果如表 9-5 和表 9-6 所示。在不同焊接规范下，两种 X100 试验钢焊接粗晶热影响区(CGHAZ)韧性及断口纤维面积的变化规律如图 9-8 和图 9-9 所示。上述实验结果表明，两种钢焊接粗晶热影响区(CGHAZ)的冲击韧性及断口纤维面积都随着线能量的增加而降低。当焊接线能量超过 20kJ/cm 时，两种钢的韧性明显降低，表现为焊接局部脆化。

表 9-5　试验钢 X100-1 在不同线能量下的冲击实验结果

$E/(kJ/cm)$	CVN/J	$SA/\%$
母材	209	100
10	239	100
15	156	54.6
20	128	43.1
30	25	11.9
40	17	4.0
50	16	2.1

表 9-6　试验钢 X100-2 在不同线能量下的冲击实验结果

$E/(kJ/cm)$	CVN/J	$SA/\%$
母材	191	100
10	195	93.7
15	186	73.8
20	113	36.0
30	60	16.1
40	25	4.0
50	17	5.8

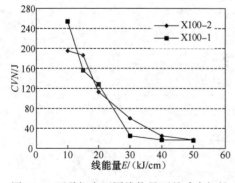 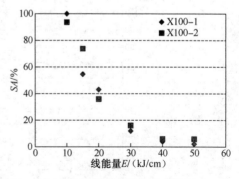

图 9-8　两种钢在不同线能量下的冲击韧性　　图 9-9　两种钢在不同线能量下的断口面积

为了研究 X100 管线钢的韧脆转变能力,测试了两种 X100 管线钢在焊接线能量为 10kJ/cm(对接焊推荐规范)和 20kJ/cm(制管焊推荐规范)工艺条件下在系列温度下的冲击韧性分布。实验结果如表 9-7、表 9-8 和图 9-10~图 9-13 所示。

表 9-7　X100-1 在系列温度下的冲击实验结果

系列温度/℃	CVN/J		SA/%	
	E = 10kJ/cm	E = 20kJ/cm	E = 10kJ/cm	E = 20kJ/cm
-80	248	37	97.1	5.46
-60	252	58	100	13.2
-40	253	90	100	26.4
-20	254	128	100	43.1
0	254	135	100	63.7
20	254	202	100	82.4

表 9-8　X100-2 在系列温度下的冲击实验结果

系列温度/℃	CVN/J		SA/%	
	E = 10kJ/cm	E = 20kJ/cm	E = 10kJ/cm	E = 20kJ/cm
80	114	31	50.4	1.9
-60	148	40	68.6	5.6
-40	179	64	85.1	15.5
-20	195	113	93.7	36.0
0	202	176	98.1	63.2
20	205	227	99.4	84.1

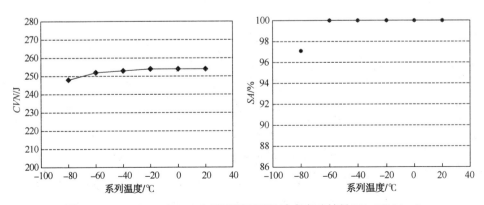

图 9-10　X100-1 CGHAZ 在系列温度下的冲击实验结果(E = 10kJ/cm)

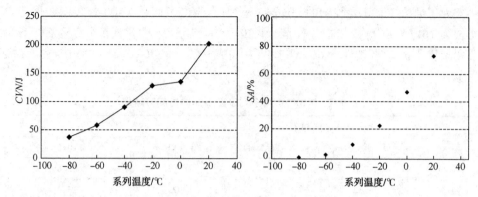

图 9-11　X100-1 CGHAZ 在系列温度下的冲击实验结果($E=20$kJ/cm)

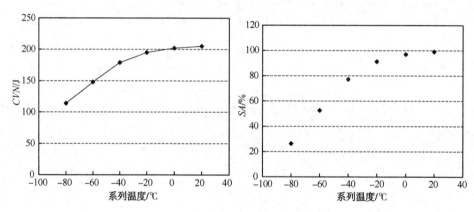

图 9-12　X100-2 CGHAZ 在系列温度下的冲击实验结果($E=10$kJ/cm)

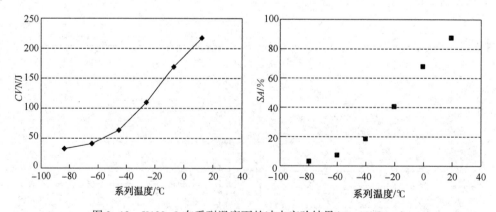

图 9-13　X100-2 在系列温度下的冲击实验结果($E=20$kJ/cm)

上述实验结果表明,两种 X100 管线钢焊接粗晶热影响区(CGHAZ)在系列冲击温度下有着相同的韧脆转变规律,在-40℃以下的实验温度下,两种钢粗晶热影响区的韧性都明显降低。

(5)断口形貌

图 9-14 为三种焊接线能量下 X100-1 焊接粗晶热影响区(CGHAZ)冲击断口的扫描电镜照片。由图可见，当焊接线能量为 10kJ/cm 和 20kJ/cm 时，断口形态为韧窝状或主要为韧窝状，属于韧性断裂；当焊接线能量为 50kJ/cm 时，断口主要呈解理台阶状，进入脆性断裂状态。

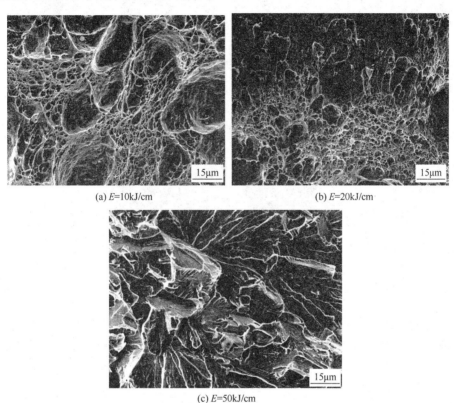

图 9-14 试验钢 X100-1 在不同线能量下的冲击断口形貌

9.2.2 组织结构特征及其对性能的影响

通过上述实验可知，在焊接热过程中，不同的焊接线能量对管线钢的强韧特性有重要影响。这是因为焊接过程是一个特殊的局部加热和冷却过程，它的加热速度快，加热温度高，冷却速度范围较广，这一切都使得材料的组织-性能的变化具有其特殊性。

X100 管线钢母材典型的光学显微组织如图 9-15 所示。目前，管道工程界把 X100 管线钢的这种组织称为粒状贝氏体，或称为退化上贝氏体。

在 TEM 下，这种粒状贝氏体或退化上贝氏体的形态如图 9-16 所示，由平行的板条贝氏体铁素体组成，在邻近的板条之间，分布有呈薄膜状或呈岛状的 M-A 组元。

 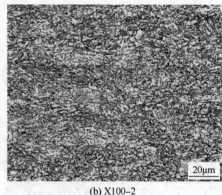

(a) X100-1　　　　　　　　　　(b) X100-2

图 9-15　X100 管线钢母材光学金相组织

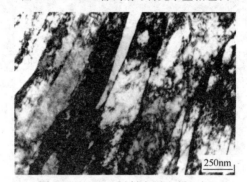

图 9-16　X100 母材电子金相组织

具有粒状贝氏体或退化上贝氏体特征的这种 X100 管线钢在经受不同焊接规范的热过程后，其显微组织发生较大的变化。相对应的管线钢的性能也将发生变化。图 9-17 和图 9-18 是在不同的焊接热输入下，试验钢 X100-1 和 X100-2 焊接粗晶热影响区(CGHAZ)的光学显微组织。

仔细观察图 9-17 和图 9-18 两组光学金相可以发现，不同的焊接热输入促使材料的晶粒发生程度不同的长大。研究表明，在焊接热过程中，管线钢的晶粒平均直径 D 与 1000℃ 以上的停留时间 t 的关系为 $D=ktn$（k、n 为常数）。

由表 9-1 的计算结果可知，随着焊接线能量的提高，1000℃ 以上的停留时间 t 增加，导致晶粒粗化的倾向增加，从而促使材料强韧性的恶化。焊接热输入不仅促使晶粒粗化，同时，焊接热输入也强烈地影响了材料的组织形态的变化，继而影响性能的变化。

图 9-17(a) 和图 9-18(a) 表明，在较低的焊接热输入下（$E=10kJ/cm$），由于冷却速度较大，组织形态为从奥氏体晶界向晶内平行生长的细密板条。从 CCT 曲线的分析可知，这种从奥氏体晶界向晶内平行生长的多为贝氏体铁素体，贝氏体铁素体之间多为条状 M-A，组织较为细小。这种贝氏体铁素体的 SEM 和 TEM 的电子显微形态如图 9-19 和图 9-20 所示。

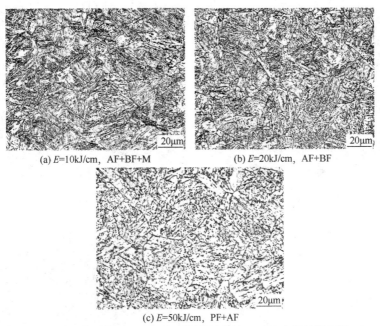

(a) E=10kJ/cm, AF+BF+M (b) E=20kJ/cm, AF+BF

(c) E=50kJ/cm, PF+AF

图 9-17 试验钢 X100-1 在不同焊接热输入下的光学显微组织

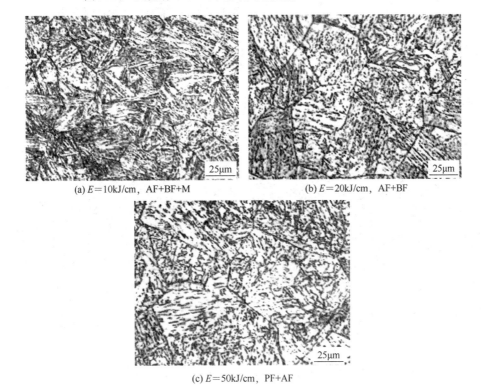

(a) E=10kJ/cm, AF+BF+M (b) E=20kJ/cm, AF+BF

(c) E=50kJ/cm, PF+AF

图 9-18 试验钢 X100-2 在不同焊接热输入下的光学显微组织

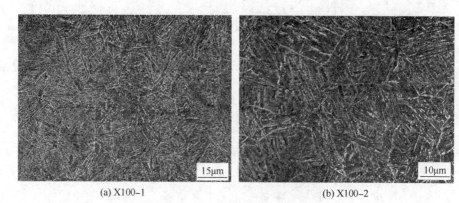

(a) X100-1　　　　　　　　　　　　(b) X100-2

图 9-19　线能量为 $E=10\text{kJ/cm}$ 的扫描电镜照片

在中等焊接热输入下（$E=20\text{kJ/cm}$），管线钢的组织形态有所不同。图 9-17(b) 和图 9-18(b) 为这种焊接热过程中的光学金相。其主要组织为针状铁素体（GF+QF）组织。这种组织形态的 SEM 电子显微图像如图 9-21 所示。比较图 9-21 和图 9-19 可以发现，在图 9-19 的快冷条件下，贝氏体铁素体板条间的岛状组织宽度较小，纵横比较大，并由这种岛状组织勾画出板条的痕迹。而在图 9-21 的较慢冷却速度下，这种岛状组织多呈块状。

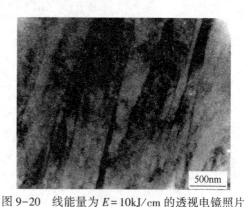

图 9-20　线能量为 $E=10\text{kJ/cm}$ 的透视电镜照片

 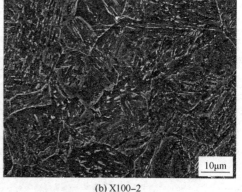

(a) X100-1　　　　　　　　　　　　(b) X100-2

图 9-21　线能量为 $E=20\text{kJ/cm}$ 的扫描电镜照片

在高的焊接热输入下（$E=50\text{kJ/cm}$），由于冷却速度的降低，管线钢的组织形态发生了明显的变化。由图 9-17(c) 和图 9-18(c) 的光学金相和图 9-22 的

 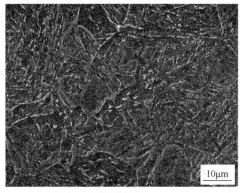

(a) X100-1　　　　　　　　　　　(b) X100-2

图 9-22　线能量为 $E=50\text{kJ/cm}$ 的扫描电镜照片

SEM 电子显微图像可以发现，此时针状铁素体(GF+QF)减少，多边形铁素体 PF 增多。在 TEM 下(图 9-23)，这种多边形铁素体或等轴的铁素体组织特征揭示得更为清晰。一般认为，多边形铁素体不是管线钢的理想组织状态。随着多边形铁素体或等轴的铁素体组织含量的增加，材料的强韧性降低。

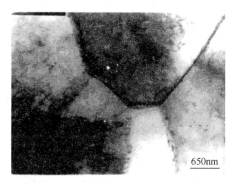

图 9-23　线能量为 $E=50\text{kJ/cm}$ 时形成的多边形铁素体 PF

表 9-9　不同线能量下 M-A 组元的含量和尺寸

线能量 $E/(\text{kJ/cm})$	体积分数/%	平均弦长/μm
10	8.9	0.5
20	10.9	0.8
50	11.2	0.9

观察结果还表明，材料的强韧性不仅与组织的形态有关，还受组织的组分、含量和尺寸的影响。通过 VNT QuantLab-MG 金相图像分析系统，对不同焊接线能量下形成的 M-A 组元的体积分数和平均弦长的测定结果如表 9-9 所示。可以

看出，随着焊接线能量的增加，M-A 组元的体积分数和尺寸增加，由此引起材料的强韧性降低。

9.3 本章小结

① 随着焊接热输入的增加，X100 管线钢的强韧性降低。当焊接线能量在 10~20kJ/cm 范围内，X100 管线钢的焊接粗晶热影响区(CGHAZ)有较好的强韧特性，可作为 X100 管线钢推荐的焊接工艺规范。

② 在 10kJ/cm 左右的较低的焊接线能量下，X100 管线钢焊接粗晶热影响区(CGHAZ)的显微组织以 BF 为主。这种组织赋予材料以最佳的强韧性水平。

③ 在 20kJ/cm 左右的中等焊接线能量下，X100 管线钢焊接粗晶热影响区(CGHAZ)的显微组织以 AF(GF+QF)为主，材料有较好的强韧配合。

④ 当焊接线能量大于 30kJ/cm 时，由于多边形铁素体增多，材料的强韧性降低。

10 焊接二次热循环对 X100 钢组织-性能的影响

在油气输送钢管制管成型焊的双面焊和施工对接焊的多道焊中,后续焊道焊接热影响区与先前焊道焊接热影响区相互重叠。由于受后续焊道焊接热过程的作用,使先前焊道焊接热影响区经历了多次热循环,导致显微组织呈现出复杂性和不均匀性,从而引起了先前焊道 HAZ 性能的变化。已有研究结果表明,以高温转变为主的铁素体+珠光体管线钢和以中温转变为主的铁素体+针状铁素体管线钢在多道焊的二次热循环过程中普遍存在一种临界粗晶区局部脆化现象,然而对于 X100 这种以粒状贝氏体或退化上贝氏体为组织特征的高强度管线钢是否也存在这种脆化现象,还未见有关的研究报道。有鉴如此,本章研究了 X100 管线钢在多道焊接二次热循环过程中的组织和性能特征,从而为揭示 X100 管线钢在多道焊接二次热循环过程中的局部脆化规律提供实验依据。

10.1 实验材料和方法

试验材料为 X100-1 和 X100-2,分别由我国鞍山钢铁公司和日本 NSC 公司提供,钢板厚度 14.3mm,其化学成分见第 4 章的表 4-1。

在油气输送钢管制管成型焊的双面焊和施工对接焊的多道焊中,所形成的焊接热影响区(HAZ)如图 10-1 所示。采用热模拟试验获取 X100 管线钢在这种双面焊和多道焊中二次热循环的热影响区的组织结构。热模拟试验在 Gleeble 1500 型热模拟机上进行,热模拟试样尺寸为 10mm×10mm×55mm。

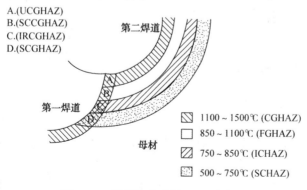

图 10-1 管线钢多道焊 HAZ 示意图

热模拟曲线如图10-2所示,热模拟参数如表10-1所示。其中所选用的4种二次热循环峰值温度所形成的组织相当于图10-1中HAZ的不同区域,即亚临界粗晶区(SCGHAZ,600℃)、临界粗晶区(IRCGHAZ,800℃)、过临界粗晶区(SCCGHAZ,1000℃)、未变粗晶区(UACGHAZ,1200℃)。所选取的$t_{8/5}$是获取一次热循环粗晶区(CGHAZ)性能最佳的焊接冷却规范。

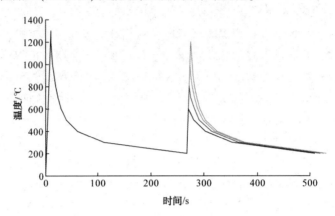

图10-2 二次热循环曲线

表10-1 不同二次峰值温度下多道焊热模拟参数

一次热循环			二次热循环		
加热速度/(℃/s)	峰值温度/℃	$t_{8/5}$/s	加热速度/(℃/s)	峰值温度/℃	$t_{8/5}$/s
130	1300	20	130	600 800 1000 1200	20

有关材料力学性能测试和显微组织分析的实验方法见第4章的说明。

10.2 实验结果与分析

10.2.1 力学性能特征

(1) 硬度

两种X100管线钢在不同焊接二次热循环峰值温度下的硬度测试结果如表10-2所示,焊接二次热循环峰值温度对两种X100管线钢硬度值的影响如图10-3所示。由图10-3可以看出,焊接二次热循环峰值温度对两种X100管线钢硬度的影响规律基本相同。当二次热循环峰值温度在($\alpha+\gamma$)两相区范围时(800℃),硬度值最高。同时可以看出,在不同焊接二次热循环峰值温度下,

X100-1 的硬度值均高于 X100-2 的。

表 10-2 二次热循环峰值温度对两种钢硬度值的影响

二次峰值温度/℃	硬度值/HV	
	X100-1	X100-2
CGHAZ	303	289
600	279	265
800	315	291
1000	292	274
1200	296	275

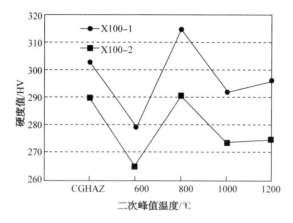

图 10-3 二次热循环峰值温度对 X100 管线钢硬度的影响

（2）冲击韧性

两种 X100 试验钢在焊接二次热循环条件下的冲击试验结果如表 10-3 和表 10-4 所示，冲击韧性与二次热循环峰值温度的关系分别如图 10-4 和图 10-5 所示。

表 10-3 X100-1 二次热循环冲击试验结果

二次峰值温度/℃	冲击韧性/J	韧性面积 SA/%
CGHAZ	128	43.1
600	57	29.9
800	21	12.9
1000	127	40.2
1200	147	45.3

表 10-4 X100-2 二次热循环冲击实验结果

二次峰值温度/℃	冲击韧性/J	韧性面积 SA/%
CGHAZ	113	36
600	194	47.9
800	18	3
1000	187	64.8
1200	105	38

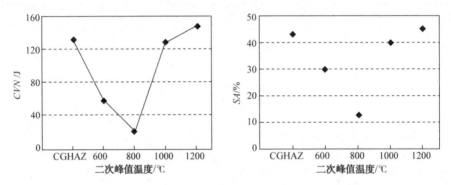

图 10-4 X100-1 的冲击韧性与剪切断口面积与二次峰值温度的关系

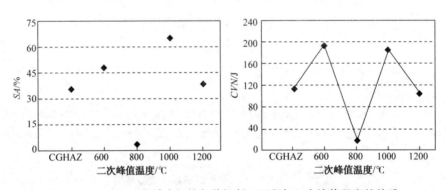

图 10-5 X100-2 的冲击韧性与剪切断口面积与二次峰值温度的关系

上述实验结果表明，两种 X100 管线钢在焊接二次热循环下的韧性分布具有相同的规律性，当二次热循环峰值温度在 ($\alpha+\gamma$) 两相区范围时（800℃），钢材的韧性最低。将母材、焊接一次热循环粗晶区（CGHAZ）和焊接二次热循环临界粗晶区（IRCGHAZ）（$E=20kJ/cm$）的韧性值进行对比可以发现，相对于母材和一次粗晶区而言，试验钢 X100-1 和 X100-2 的临界粗晶区的韧性损失分别为 91.7%、83.6% 和 91.7%、84.1%。

本研究的 X100 管线钢和前期对 X70、X80 管线钢的实验结果的对比如

图 10-6 所示，其变化趋势基本一致，即当二次热循环峰值温度处在($\alpha+\gamma$)两相区范围时(800℃)，钢材有最低的韧性。由此可见，这种焊接二次热循环下的临界粗晶区(IRCGHAZ)局部脆化，不仅在以(AF+F)为组织特征的针状铁素体管线钢中存在，而且在以(AF+BF)为组织特征的粒状贝氏体或退化上贝氏体管线钢中同样存在。可见，焊接二次热循环临界粗晶区(IRCGHAZ)局部脆化是控轧态管线钢的一种普遍现象。

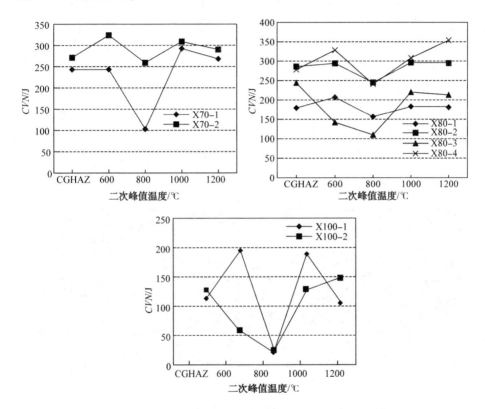

图 10-6　不同管线钢的冲击韧性与二次峰值温度关系的比较

为了研究 X100 管线钢在焊接二次热循环下韧脆转变能力和脆化程度，测试了两种 X100 管线钢母材、焊接一次热循环粗晶区(CGHAZ)和焊接二次热循环临界粗晶区(IRCGHAZ)($E=20KJ/cm$)在系列温度下的冲击韧性，其韧性分布如图 10-7 和图 10-8 所示。

由图 10-7 和图 10-8 可以看出，两种试验钢在系列温度下的韧性分布具有类似的规律性。与母材相比，焊接一次热循环粗晶区(CGHAZ)和焊接二次热循环临界粗晶区(IRCGHAZ)的韧性都有不同程度的下降，临界粗晶区(IRCGHAZ)在整个实验温度范围内韧性值最低。

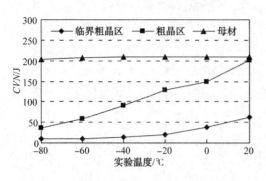
图 10-7 试验钢 X100-1 系列温度下的韧性

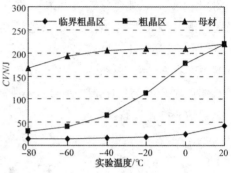
图 10-8 试验钢 X100-2 系列温度下的韧性

(3) 冲击断口

图 10-9 为 $E=20\text{kJ/cm}$ 时，试验钢 X100-1 CGHAZ 和 IRCGHAZ 在-20℃实验温度下的冲击断口的扫描图片，可以发现，焊接一次热循环 CGHAZ 的断口形态为韧窝状。焊接二次热循环 IRCGHAZ 的断口出现脆性断裂特征，表明试验钢具有明显的临界粗晶区局部脆化特征。

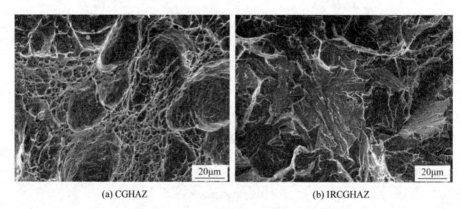

(a) CGHAZ   (b) IRCGHAZ

图 10-9 X100-1 CGHAZ 和 IRCGHAZ 冲击断口 SEM 照片

10.2.2 显微组织特征与讨论

试验钢 X100-1 和 X100-2 在不同焊接二次热循环峰值温度的热过程中所形成的显微组织分别如图 10-10 和图 10-11 所示。由图 10-10 和图 10-11 可见，试验钢 X100-1 和 X100-2 在多道焊的二次热循环中有相同的相变规律。由于焊接二次加热的特点，使得一次粗晶区在经历不同二次热循环峰值温度的热过程后，其组成相的类型、形态、大小和分布等发生阶段性变化，且呈现一定的规律性。

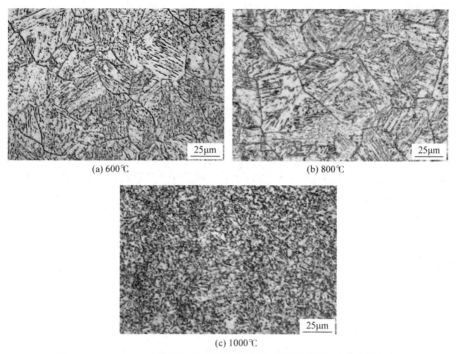

图 10-10 X100-1 不同二次热循环峰值温度再热粗晶区的显微组织

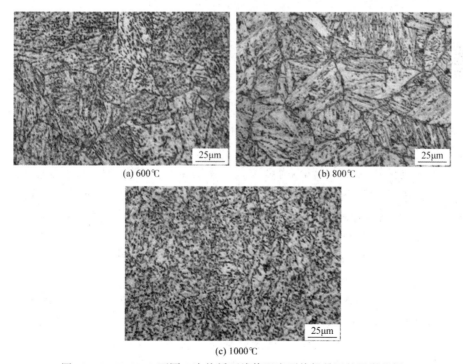

图 10-11 X100-2 不同二次热循环峰值温度再热粗晶区的显微组织

当二次热循环峰值温度略低于 A_{c1} 时[如600℃，图10-10(a)、图10-11(a)]，一次热循环粗晶区实际上经历了一个非淬硬组织的短时回火过程，此时所形成的组织与一次热循环粗晶区组织相近，但在 TEM 下可发现部分铁素体的再结晶、部分 M-A 组元的分解和少量碳化物的析出。当二次热循环峰值温度高于 A_{c3} 温度时[如1000℃，图10-10(c)、图10-11(c)]，由于奥氏体的完全重结晶，因而其组织明显细化。由前述的强韧性测试结果可知，这两种二次热循环峰值温度未引起材料性能的降低。

当二次热循环峰值温度处于临界区($\alpha+\gamma$)温度范围时[如800℃，图10-10(b)、图10-11(b)]，情形则另有不同。此时材料有最低的韧性，表现为焊接临界粗晶区(IRCGHAZ)局部脆化。结合前期对 X70、X80 不同强度级别管线钢的研究结果，可分析出在控轧态管线钢中，导致 IRCGHAZ 局部脆化的形成机理和组织结构因素主要是：

① 粗晶粒致脆

比较图 10-10(b)、图 10-10(c)和图10-11(b)、图 10-10(c)可见，X100-1 和 X100-2 两种管线钢的一次焊接热循环粗晶区(CGHAZ)在经历 A_{c3} 以上温度的二次焊接热循环后，由于奥氏体的完全重结晶，因而其组织明显细化。然而，管线钢的一次焊接热循环粗晶区(CGHAZ)经历($\alpha+\gamma$)区间温度的二次焊接热循环后，虽然发生了部分重结晶，但二次焊接热循环临界粗晶区(IRCGHAZ)的晶粒并未细化。材料的加热相变理论认为，这是由于一次焊接热循环粗晶区(CGHAZ)主要是由针状铁素体等非平衡组织组成。这些组织在奥氏体的$\{111\}\gamma$上以切变方式生成，并与母相保持着 K-S 的位向关系。当一次热循环粗晶区的这些非平衡组织受到 $A_{c1} \sim A_{c3}$ 温度区间的二次热循环时，新生奥氏体的形核总是力求与针状铁素体这些结晶学有序组织在密排面和密排方向上保持平行，以减小相变阻力。这种有取向形核的结果，使新生的奥氏体继承了一次热循环的粗大组织。因而此时虽然发生了部分重结晶，但是组织并未得到细化。可见，此时形成的 IRCGHAZ 韧性并未因重结晶而得以改善。相反，当二次焊接热循环的峰值温度超过 A_{c3}(1000℃)时，虽然此时的温度高于($\alpha+\gamma$)区间的温度，然而，已形成的奥氏体由于相变冷作硬化而发生再结晶，导致晶粒细化，从而使韧性提高。

② M-A 组元致脆

导致 IRCGHAZ 局部脆化的形成机理和组织结构因素除晶粒大小外，还与材料在二次焊接热循环热过程中形成的 M-A 组元有关。

X100-1 和 X100-2 两种管线钢 CGHAZ 和 IRCGHAZ 的光学显微组织如图10-12和图10-13所示。对一次焊接热循环粗晶区(CGHAZ)在($\alpha+\gamma$)区再次进行加热和冷却后，所形成的二次焊接热循环粗晶区(IRCGHAZ)的组织形态并未见重大的变化。但仔细观察，可辨认出在一次焊接热循环粗晶区(CGHAZ)和二次焊接热循环临界粗晶区(IRCGHAZ)中存在的 M-A 组元有重要的差别。研究表明，M-A 组元的形态、含量和大小对 IRCGHAZ 局部脆化有重要影响。

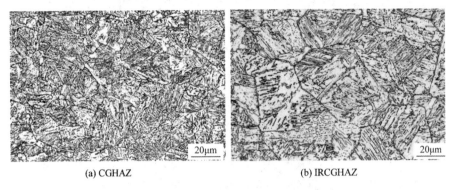

图 10-12　X100-1 CGHAZ 和 IRCGHAZ 光学显微组织

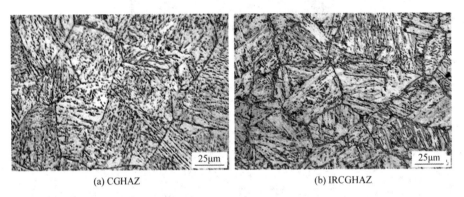

图 10-13　X100-2 CGHAZ 和 IRCGHAZ 光学显微组织

前期对 X70 和 X80 管线钢的研究结果证实，在 IRCGHAZ 中的 M-A 组元有块状和条状两类主要形态。由于 CGHAZ 晶粒粗大，为 M-A 组元的形成提供了热力学条件，因而 M-A 组元优先沿原奥氏体晶界形成，并多为块状[图 10-14(a)]。这时，在光学金相上可观察到 M-A 组元沿原奥氏体晶界的"项链"状结构。M-A 组元也经常沿相邻针状铁素体的界面和束界形成。观察结果表明，沿相邻针状铁素体界面的 M-A 组元多为条状[图 10-14(b)]；沿针状铁素体束界形成的多为小块状[图 10-14(c)]。

虽然许多研究结果认为条状 M-A 组元可能更容易诱发裂纹，然而，研究表明，引起局部脆化的重要因素主要不是 M-A 组元的形状，而是 M-A 组元的含量和大小。两种管线钢 CGHAZ 和 IRCGHAZ 电子显微组织如图 10-15 和图 10-16，定量金相测试如表 10-5 所示。可以看出，在 IRCGHAZ 中有比 CGHAZ 中含量更多、尺寸更粗大的 M-A 组元，并呈现更为明显的网状的原奥氏体晶界，即表现为因 M-A 组元而装饰起来的原奥氏体边界的"项链"结构。这种粗大形态的 M-A 组元是导致 IRCGHAZ 局部脆化的主要原因。

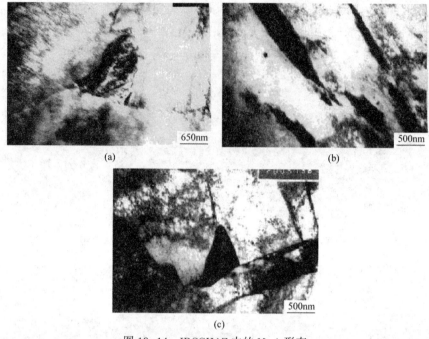

图 10-14 IRCGHAZ 中的 M-A 形态

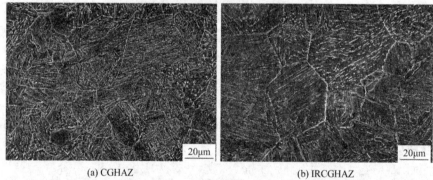

图 10-15 X100-1 CGHAZ 和 IRCGHAZ 扫描电镜图像

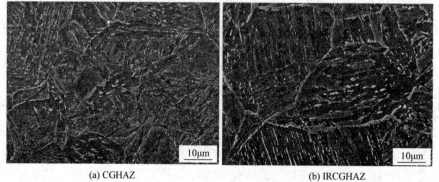

图 10-16 X100-2 CGHAZ 和 IRCGHAZ 扫描电镜图像

表 10-5 试验钢中 M-A 组元的含量和尺寸

材料	含量/%		平均弦长/μm	
	CGHAZ	IRCGHAZ	CGHAZ	IRCGHAZ
X100-1	10.9	12.5	0.8	1.2
X100-2	11.2	14.4	0.9	1.5

分析表明，对一次焊接热循环粗晶区(CGHAZ)在($\alpha+\gamma$)区再次进行加热和冷却后，不仅 M-A 组元的含量和尺寸发生变化，而且在二次焊接热循环粗晶区(IRCGHAZ)中所形成的 M-A 组元具有特定的组态。分析表明，当二次热循环的峰值温度处在($\alpha+\gamma$)临界区时，由于经一次热循环形成的非平衡组织具有一定的位向性，碳原子易于作定向分布，促使了碳浓度分布的非均匀性。同时，由于在($\alpha+\gamma$)内 α 的形成过程是一个向外排碳的过程，因而使得这时形成的 γ 比高温单相 γ 区形成的 γ 具有更大的含碳量。这种富碳的 γ 在随后的冷却过程中形成含碳量更高的 M-A 组元。在 IRCGHAZ 中的这种高碳 M-A 组元中，经常可观察到其中的相变孪晶(图 10-17)。资料表明，在含碳量较低的管线钢中，CGHAZ 中的 M-A 组元中的马氏体含碳量可达到 0.15%~0.8%，IRCGHAZ 中的 M-A 组元中的马氏体含碳量则可达到 1.32%~1.7%。表 10-6 中 M-A 组元的显微硬度测定结果印证了上述结论。在对一种 X80 管线钢断裂过程的原位观察表明(图 10-18)，这种高度富碳的 M-A 组元极易诱发显微裂纹和成为裂纹扩展的通道，致使韧性严重降低。

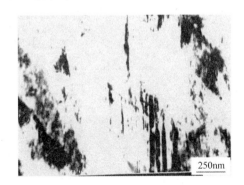

图 10-17 IRCGHAZ 中的微孪晶

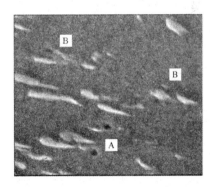

图 10-18 在 M-A 组元附近形成的微裂纹

表 10-6 X100 中 M-A 组元的硬度   HV

材料	CGHAZ	IRCGHAZ
X100-1	303	315
X100-2	289	291

10.3 本章小结

① 在双面焊和多道焊中,当焊接二次热循环峰值温度处于($\alpha+\gamma$)两相区时,试验钢 X100 表现为临界粗晶区(IRCGHAZ)局部脆化特征。

② 有关试验钢 X100 的临界粗晶区(IRCGHAZ)局部脆化的研究结果与前期对 X52~X80 不同强度级别管线钢的研究结果一致,表明焊接二次热循环临界粗晶区(IRCGHAZ)局部脆化是控轧态管线钢的一种普遍现象。

③ 试验钢 X100 经处于($\alpha+\gamma$)峰值温度的焊接二次热循环后,虽然发生了部分重结晶,但 IRCGHAZ 的晶粒并未细化,不利于材料韧性的改善。

④ 试验钢 X100 的二次焊接热循环粗晶区(IRCGHAZ)中存在的含量高、尺寸大、高碳含量和硬度的 M-A 组元是引起 IRCGHAZ 局部脆化的主要因素。

11 焊接热循环对QT态X100钢组织-性能的影响

管线钢是低合金高强度钢和微合金化钢的一种代表性钢种。管线钢按组织形态主要为三种类型。铁素体+珠光体(F+P)为第一代微合金管线钢,其强度级别为X42~X70。针状铁素体(AF)为第二代微合金管线钢,其强度级别为X60~X90。目前国外正在研制和开发的X100~X120可视为第三代微合金管线钢,其组织形态为低碳贝氏体和低碳回火马氏体。同时,由于一些需要,如果TMCP技术不能满足要求,可通过淬火+回火的热处理工艺获得淬火、回火状态(quench-tempering, QT)管线钢。虽然早在20世纪60年代,QT态X100管线钢就在美国得到成功的应用,然而由于这种钢在管线的应用实例有限,因而对其在焊接热过程的组织-性能变化规律知之不多。有鉴如此,本章研究了QT态X100管线钢在焊接热循环过程中的组织和性能特征,为这类X100管线钢的焊接生产提供实验依据。

11.1 实验材料和方法

试验材料为X100-4,是一种调质态(900℃淬火,640℃回火)X100管线钢,美国海军研究所提供,钢板厚度20mm。X100-4是一种低碳Mo-Ni-Cu系合金化钢,其化学成分和常规力学性能如表11-1和表11-2所示。

表11-1 X100-4的化学成分　　　　　　　　　　%

元素	C	Si	Mn	P	S	Cr	Mo	Ni	Nb	Cr	Cu	Al
X100	0.04	0.27	0.86	0.004	0.002	0.33	0.60	3.35	0.03	0.57	1.58	0.03

表11-2 X100-4的常规力学性能

元素	$R_{t0.5}$/MPa	R_m/MPa	A/%	$R_{t0.5}/R_m$	CVN/J
X100	717	839	25.0	0.85	206

采用热模拟试验获取X100管线钢在油气输送钢管制管成型焊的双面焊和施工对接焊的多道焊中二次热循环的热影响区的组织结构。热模拟实验在Gleeble 1500型热模拟机上进行,热模拟试样尺寸为5mm×10mm×55mm。热模拟曲线如

图 11-1 所示,热模拟参数如表 11-3 所示,热模拟输入参数。其中所选用的四种二次热循环峰值温度所形成的组织相当于 HAZ 中的不同区域(见第 8 章图 8-1),即亚临界粗晶区(SCGHAZ,600℃)、临界粗晶区(IRCGHAZ,800℃)、过临界粗晶区(SCCGHAZ,1000℃)、未变粗晶区(UACGHAZ,1200℃)。所选取的 $t_{8/5}$ 是获取一次热循环粗晶区(CGHAZ)性能最佳的焊接冷却规范。

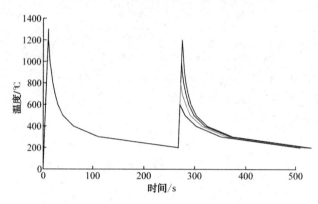

图 11-1 二次热循环曲线

表 11-3 不同二次峰值温度下多道焊热模拟参数

一次热循环			二次热循环		
加热速度/(℃/s)	峰值温度/℃	$t_{8/5}$/s	加热速度/(℃/s)	峰值温度/℃	$t_{8/5}$/s
130	1300	10 40 70	130	600 800 1000 1200	10 20 40

有关材料力学性能测试和显微组织分析的实验方法见第 4 章的说明。

11.2 实验结果与分析

11.2.1 力学性能特征

在不同的焊接热输入条件下,X100-4 管线钢在多道焊二次热循环的不同峰值温度下的冲击韧性测试结果如表 11-4 所示,其间关系如图 11-2 所示。对不同二次热循环峰值温度下的冲击试样的断口进行观察(图 11-3),发现在峰值温度为 600℃ 时的断口出现少量脆性断裂特征[图 11-3(a)],其他峰值温度时的形态均为韧窝[图 11-3(b)]。

表 11-4　X100-4 管线钢的冲击韧性(试样尺寸：5mm×10mm×55mm)　　　　J

$t_{8/5}$/s	母材	CGHAZ	二次热循环峰值温度/℃			
			600	800	1000	1200
10	103.3	76.3	40.0	80.0	87.5	78.0
40	103.3	83.3	53.0	88.7	87.0	89.0
70	103.3	76.7	60.0	90.5	86.5	82.0

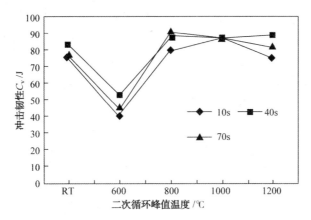

图 11-2　X100-4 的冲击韧性和二次峰值温度关系曲线

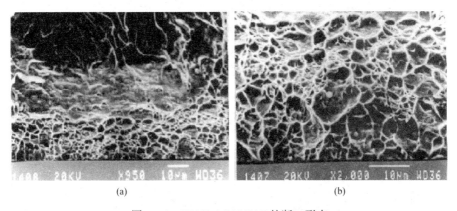

图 11-3　X100-4 SCGHAZ 的断口形态

从上述实验结果可以发现，试验钢 X100-4 在不同焊接热输入下韧性分布具有相似的规律性。相对于母材而言，一次热循环和二次热循环后的韧性都有不同程度的下降，其中，当二次热循环峰值温度为 600℃ 时，韧性值最低，表明这种钢具有明显的亚临界粗晶区脆化(SCGHAZ)。分析表明，这种脆化是一种析出脆化。如前所述，通常在以中温转变产物为主的热轧态管线钢中普遍存在的临界粗晶区(IRCGHAZ)脆化现象，在这种以低温转变产物马氏体为主的调质钢中并不存在。这一试验结果，对深入探讨管线钢焊接脆化机理和从工程上寻求控制焊接脆化的途径而言，具有重要的意义。

11.2.2 显微组织特征与讨论

(1) CGHAZ 显微组织与韧性的关系

调质态管线钢 X100-4 母材的光学金相组织如图 11-4 所示，由典型的高温回火索氏体组成，基体中高度弥散分布着 Cu 和 Nb 的碳氮化物 Cu(C, N)、Nb(C, N) 和 Fe_3C，其典型尺寸是 $0.02 \sim 0.15 \mu m$。在 TEM 下还可观察到因高温回复和再结晶过程所形成的细小等轴晶粒。

当经受峰值温度为 1300℃ 的一次热循环后，X100-4 的组织结构发生了较大的

图 11-4 X100-4 的母材光学金相组织

变化。不同焊接热输入条件下形成的一次粗晶区(CGHAZ)的光学金相组织如图 11-5 所示，主要为板条马氏体组织。图中原奥氏体晶界清晰可见。随着焊接热输入的提高，由于在高温停留时间增加，原奥氏体晶粒尺寸略有增加。

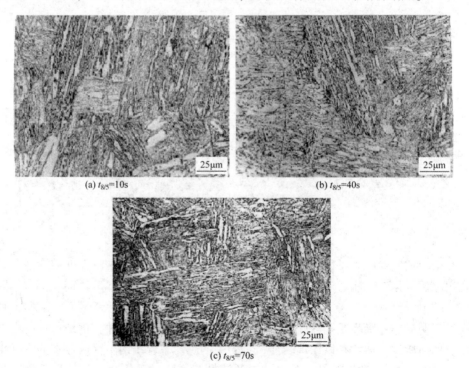

(a) $t_{8/5}=10s$

(b) $t_{8/5}=40s$

(c) $t_{8/5}=70s$

图 11-5 X100-4 粗晶区 CGHAZ 的光学金相组织

透射电镜观察表明，这种板条马氏体的形貌如图11-6所示。在有些马氏体板条内位错组态清晰可见(图11-7)，在另一些马氏体内可观察到局部孪晶(图11-8)。

 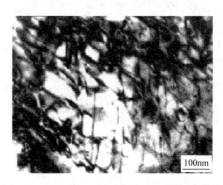

图11-6　CGHAZ中板条马氏体的形貌　　图11-7　CGHAZ中板条马氏体的位错形态

TEM分析结果还表明，在相邻的板条马氏体界面上，普遍存在着残余奥氏体薄层。图11-9为这种残余奥氏体的明、暗场及其衍射斑点，标定结果证明相邻板条马氏体界面间存在残余奥氏体在×100的基体组织中，除存在板条马氏体外，还存在着一定数量的针状铁素体。图11-10为这种针状铁素体的形态。在TEM下，针状铁素体与板条马氏体十分相似。图11-11为板条马氏体和针状铁素体共存的一个区域，仔细辨别可以发现，二者的主要差别是：针状铁素体的板条相对"洁净"，而板条马氏体的板条上有较多的自回火碳化物；相邻针状铁素体之间存在 M-A 岛状组织，相邻板条马氏体之间则存在残余奥氏体薄层；马氏体的板条比针状铁素体板条更为细密平直，板条界更清晰。

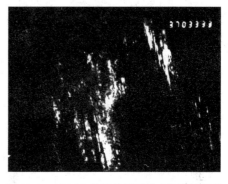

图11-8　CGHAZ的板条马氏体中的局部孪晶

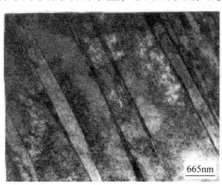 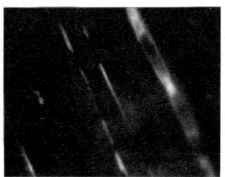

(a) 明场　　　　　　　　　　　(b) 暗场

图11-9　CGHAZ中的残余奥氏体

(c) 衍射斑点

图 11-9 CGHAZ 中的残余奥氏体(续)

分析表明，在大的焊接热输入条件下，这种针状铁素体含量增多。这是因为，高的焊接热输入使高温停留时间增加，碳化物溶解充分。奥氏体含碳量增加，因而使 MS 下降；同时，高的热输入使冷却速度减小，也促使了铁素体转变产物的增加。导致试验钢 X100-4 一次粗晶区韧性下降的主要原因是奥氏体晶粒的长大，这是因为当峰值温度达到 1300℃时，晶粒长大的驱动力增加，同时由于 Cu 和 Nb 的碳、氮化物溶解，失去了对晶界迁移的阻止作用。

图 11-10 CGHAZ 中的针状铁素体

研究表明，此时奥氏体晶粒的平均直径是母材的 5~6 倍，因而使材料的性能发生恶化。同时，在一次 CGHAZ 中形成的板条马氏体的不充分回火，也促进了这种脆化程度的增加。提高焊接热输入，一方面促使晶粒长大，韧性降低；另一方面促使针状铁素体的形成，有利于韧性的提高，因而焊接热输入的变化并没有明显改变一次粗晶区 CGHAZ 的韧性。

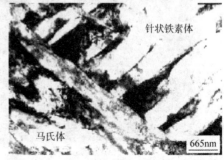

图 11-11 CGHAZ 中的马氏体和针状铁素体

（2）析出脆化与显微组织的关系

上述实验结果表明，当 CGHAZ 经历了峰值温度为 600℃时的二次热循环后，试验钢的韧性最低，表现为明显的亚临界粗晶区脆化（SCGHAZ）或析出脆化。观察表明，当 CGHAZ 经历了峰值温度为 600℃时的二次热循环后，它的光学金相组织没有很大的改变，然而在 TEM 下的形态变化却引人注意。图 11-12 为这一状态的透射电镜图像。可以看出，经 600℃的二次热循环后，在亚临界粗晶区（SCGHAZ）的基体上发生了 ε-Cu、Nb(C,N) 和 Fe_3C 的析出和粗化。观察表明，这种析出和粗化既可发生在马氏体板条内，也可发生在马氏体板条束的界面和原奥氏体的界面，析出 Fe_3C 的尺寸达 $0.05\sim0.20\mu m$。这种粗大的 Fe_3C 在材料的断裂过程中，促进了孔洞的萌发、成长和粗化。

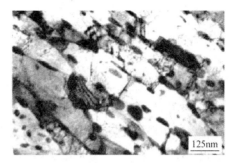

图 11-12　SCGHAZ 中析出的碳化物

CGHAZ 经历了峰值温度为 600℃时的二次热循环后，不仅使碳化物析出，而且还促使相邻马氏体和相邻针状铁素体间的残余奥氏体因热失稳而分解析出 Fe_3C 型碳化物。图 11-13 表明原板条间的残余奥氏体发生了转变。衍射标定结果证明其转变产物为 Fe_3C。分析表明，这种条状 Fe_3C 是一种脆性相，不仅易于促使裂纹形核，而且还为裂纹提供了扩展通道，因而导致材料韧性降低。

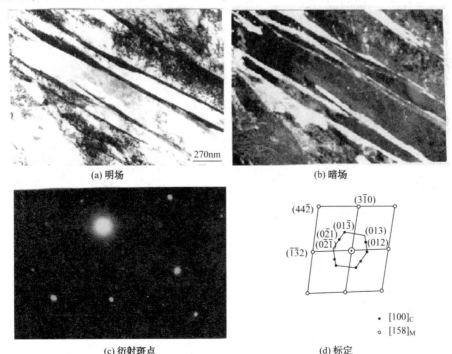

图 11-13　残余奥氏体的转变

(3) 临界粗晶区的韧性与组织结构的关系

第10章的研究结果证实，TMCP 管线钢当经受多道焊的二次热循环后，将出现临界粗晶区脆化现象，即当二次热循环的峰值温度处于($\alpha+\gamma$)临界区温度范围时，钢的韧性下降至最低值。具有这种现象的钢一般为热轧态，在焊接条件下多呈现中温转变，并把造成这种临界粗晶区脆化现象的组织原因归结于粗大的 M-A 组元的形成。然而，试验钢 X100-4 不存在这种局部脆化问题，这是因为试验钢 X100-4 在焊接热过程中的组织转变以低温转变为主，M-A 组元的组织转变过程不占优势。

前已述及，试验钢 X100-4 经一次焊接热循环后形成的 CGHAZ 组织主要是板条马氏体。在焊接二次热循环过程中，这种组织被重新加热到($\alpha+\gamma$)临界区温度时，发生不完全奥氏体化。部分重新形成的奥氏体在随后冷却过程中又转变为板条马氏体，因自回火作用仅有少量的碳化物析出。这一转变组织与一次热循环 CGHAZ 的组织相同（图11-14）。然而，在未发生重新奥氏体化的板条马氏体中，由于焊接过程的短时高温，碳化物呈粒状弥散析出，同时，一些马氏体板条因经历回复和再结晶过程而形成亚晶，并逐渐被细小的等轴晶代替，其组织形态（图11-15）与母材调质态相似，因而，此时的韧性高于一次热循环的 CGHAZ 的韧性，不存在局部脆化现象。

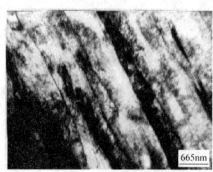 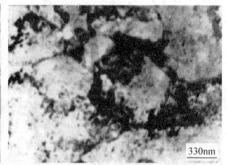

图 11-14　IRCGHAZ 的板条马氏体组织　　图 11-15　IRCGHAZ 中的等轴晶

当二次热循环的峰值温度为1000℃和1200℃时，一次热循环的 CGHAZ 发生完全奥氏体化，这时冷却后的组织与 CGHAZ 的相比，没有很大变化。然而，此时由于完全重结晶而导致奥氏体晶粒细化，因而这时的韧性比一次热循环的 CGHAZ 韧性有所提高。

11.3 本章小结

①试验钢一次焊接热循环粗晶区的韧性比母材的韧性有明显降低，其组织原因是晶粒粗化和未回火马氏体的形成。

②当二次焊接热循环峰值温度为600℃时，试验钢的韧性最低，表现为亚临界粗晶区局部脆化，其组织原因是基体内析出的碳化物以及残余奥氏体的热失稳分解。

③在常规的焊接冷却规范下，试验钢不存在临界粗晶区局部脆化现象。

④除局部脆化区外，二次焊接热循环均使试验钢的一次焊接粗晶区的韧性得到提高。

12 焊接预热温度对 X100 钢组织-性能的影响

预热是管道焊接施工中一项重要的工艺措施。预热可以减缓焊接接头的冷却速度，促进氢的逸出；同时，预热还可以改善焊接组织和减少焊接应力，从而预防焊接冷裂纹的形成。虽然通过超低碳的成分设计和超纯净的冶炼，X100 管线钢的焊接冷裂纹的敏感性已大大降低，然而，为保证高质量焊接接头的形成，预热仍是 X100 管线钢焊接生产过程中一种有效的工艺方法。本章通过预热对 X100 管线钢组织-性能的影响规律的研究，为 X100 管线钢焊接预热温度的选择提供必要的实验依据。

12.1 实验材料和方法

实验材料为 X100-1 和 X100-2，分别由我国鞍山钢铁公司和日本 NSC 公司提供，钢板厚度 14.3mm，其化学成分见第 4 章的表 4-1。

采用热模拟实验获取 X100 管线钢在不同焊接预热温度下条件下的组织结构。热模拟实验在 Gleeble1500 型热模拟机上进行，热模拟试样尺寸为 10mm×10mm×55mm。热模拟曲线如图 12-1 和图 12-2 所示，热模拟参数如表 12-1 所示。按照第 9 章实验结果所推荐的焊接工艺参数，焊接线能量分别确定为 10kJ/cm 和 20kJ/cm。

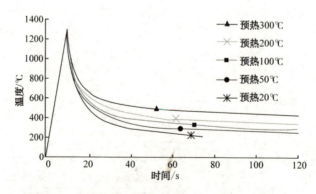

图 12-1 不同预热温度的热循环曲线（$E=10$kJ/cm）

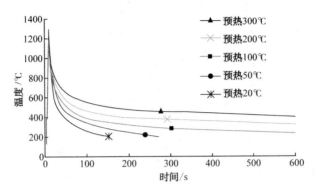

图 12-2　不同预热温度的热循环曲线（$E=20$kJ/cm）

表 12-1　不同预热温度下的热模拟参数

$E/$(kJ/cm)	预热温度/℃	加热速度/(℃/s)	峰值温度/℃	$t_{8/5}$/s	高温停留时间/s	
					900/℃	1100/℃
10	20	130	1300	5	3.08	2.92
	100			8	6.92	4.61
	150			10	12.30	8.20
	200			15	27.68	18.45
	300			30	49.21	32.80
20	20	130	1300	20	10.86	7.2
	100			30	13.75	8.8
	150			40	16.03	9.99
	200			53	18.02	10.9
	300			118	24.77	13.93

有关材料力学性能测试和显微组织分析的实验方法见第 4 章的说明。

12.2　实验结果与分析

12.2.1　力学性能特征

(1) 硬度

两种 X100 管线钢在不同焊接预热温度条件下的硬度实验结果如表 12-2 所示，预热温度与硬度的关系如图 12-3 和图 12-4 所示。

表 12-2　不同预热温度下的硬度实验结果

预热温度/℃	X100-1		X100-2	
	$E=10kJ/cm$	$E=20kJ/cm$	$E=10kJ/cm$	$E=20kJ/cm$
20	347	303	337	289
100	310	293	312	285
150	304	286	317	263
200	302	276	305	274
300	293	269	285	277

注：X100-1 母材硬度为 309，X100-2 母材硬度为 266。

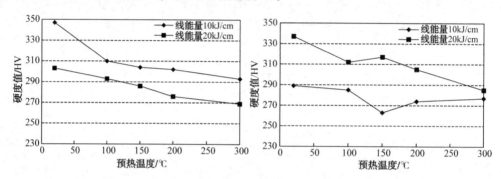

图 12-3　不同预热温度下 X100-1 钢的硬度值　　图 12-4　不同预热温度下 X100-2 钢的硬度值

由上述实验结果可以看出，随着预热温度的升高，两种 X100 管线钢的硬度值呈降低的趋势，X100-1 比 X100-2 降低的趋势更为明显。同一预热温度下，较低热输入下的硬度值均大于较高热输入下的硬度值。同时可以发现，当焊接线能量为 20kJ/cm 时，X100-1 出现焊接软化现象。

（2）冲击韧性

在冲击试验温度为 -20℃时，两种试验钢在不同预热温度下的韧性测试结果如表 12-3 和表 12-4 所示，韧性及断口纤维面积与预热温度的关系如图 12-5～图 12-8 所示。同一焊接线能量条件下，两种试验钢的韧性随预热温度变化趋势的对比如图 12-9 所示。

表 12-3　不同预热温度的冲击试验结果（X100-1）

预热温度/℃	$E=10kJ/cm$		$E=20kJ/cm$	
	CVN/J	SA/%	CVN/J	SA/%
20	239	100	128	43.1
100	237	95.2	105	26.4
150	156	54.6	25	11.9
200	173	38.3	22	5.9
300	105	26.4	10	0

表 12-4　不同预热温度的冲击试验结果(X100-2)

预热温度/℃	$E=10\text{kJ/cm}$		$E=20\text{kJ/cm}$	
	CVN/J	SA/%	CVN/J	SA/%
20	195	93.7	113	30.0
100	205	76.7	65	13.0
150	186	73.3	60	11.7
200	211	84.0	30	5.2
300	65	13.0	10	1.6

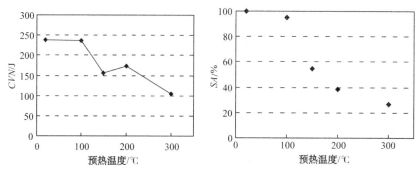

图 12-5　X100-1 韧性及断口纤维面积与预热温度的关系($E=10\text{kJ/cm}$)

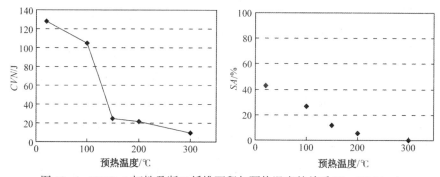

图 12-6　X100-1 韧性及断口纤维面积与预热温度的关系($E=20\text{kJ/cm}$)

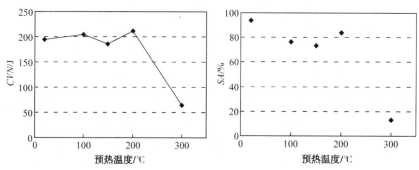

图 12-7　X100-2 韧性及断口纤维面积与预热温度的关系($E=10\text{kJ/cm}$)

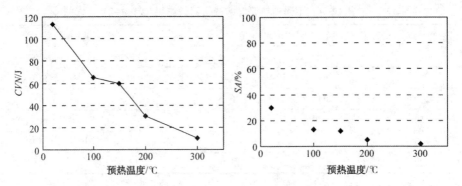

图 12-8 X100-2 韧性及断口纤维面积与预热温度的关系（$E=20\text{kJ/cm}$）

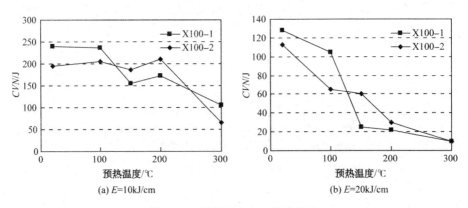

(a) $E=10\text{kJ/cm}$ (b) $E=20\text{kJ/cm}$

图 12-9 预热温度与韧性的关系

上述实验结果表明，预热温度对 X100 韧性的影响与施加的焊接规范有关。在低的焊接热输入下（如 $E=10\text{kJ/cm}$），不大于 100℃ 的预热温度，X100 管线钢的韧性不会降低；不大于 200℃ 的预热温度，韧性不会明显降低。由此可见，从防止焊接冷裂纹的要求出发，在 X100 管线钢管的现场焊接过程中，可选择适当的预热温度。然而，随着焊接热输入的增加（如 $E=20\text{kJ/cm}$），当预热温度超过 100℃ 后，两种 X100 管线钢的韧性均严重降低。

为了研究在线能量为 10kJ/cm，预热温度为 100℃ 时 X100 管线钢的韧脆转变特性，测试了其在系列温度下的冲击值及断口纤维面积。试验结果如表 12-5 和表 12-6 所示，冲击韧性及断口纤维面积与系列温度的关系如图 12-10 和图 12-11 所示。

上述实验结果表明，在线能量为 10kJ/cm 和预热温度为 100℃ 的焊接规范下，两种 X100 管线钢在试验温度为 -60℃ 时的韧性仍然大于 100J。

表12-5　X100-1在系列温度下的冲击实验结果（$E=10$kJ/cm，预热温度100℃）

系列温度/℃	CVN/J	SA/%
−80	118	41.3
−60	141	52.3
−40	169	65.9
−20	198	79.5
0	220	90.3
20	232	96.2

表12-6　X100-2在系列温度下的冲击实验结果（$E=10$kJ/cm，预热温度100℃）

系列温度/℃	CVN/J	SA/%
−80	59	16.8
−60	105	38.2
−40	162	65.2
−20	205	85.6
0	226	94.6
20	233	98.2

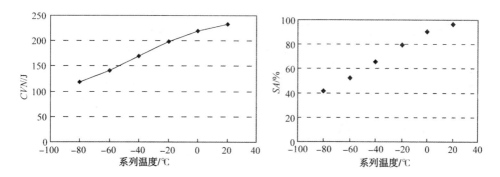

图12-10　X100-1系列温度下的冲击试验结果（$E=10$kJ/cm，预热温度100℃）

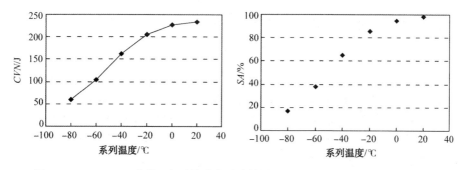

图12-11　X100-2系列温度下的冲击试验结果（$E=10$kJ/cm，预热温度100℃）

(3) 冲击断口

试验钢 X100-1 和 X100-2 在 -20℃实验温度下的断口形态如图 12-12 和图 12-13 所示，可以看出，在预热温度为 100℃的条件下，当线能量为 10kJ/cm 时，其断口为韧窝状，属韧性断裂；当线能量为 20kJ/cm，断口呈解理台阶状，已进入脆性断裂状态。

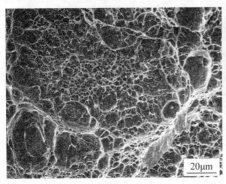

(a) $E=10$kJ/cm 预热温度100℃　　(b) $E=20$kJ/cm 预热温度200℃

图 12-12　X100-1 冲击断口 SEM 照片

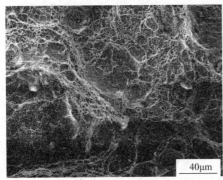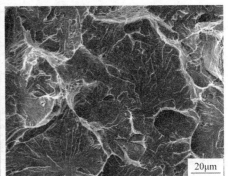

(a) $E=10$kJ/cm 预热温度100℃　　(b) $E=20$kJ/cm 预热温度200℃

图 12-13　X100-2 冲击断口 SEM 照片

12.2.2　显微组织特征及分析

在较低的焊接线能量（$E=10$kJ/cm）条件下，管线钢 X100-1 和 X100-2 经不同焊接预热温度后的光学显微组织分别如图 12-14 和图 12-15 所示。当预热温度较低时，由于冷却速度较快，可获得 BF 和 AF，此时材料有较高的韧性。在 TEM 下，可观察到这种细小的呈平行分布的贝氏体铁素体板条束（图 12-16）。当预热温度升高到 200℃以上时，由于高温停留时间长，材料晶粒严重粗化。同时，由于冷却速度降低，促使多边形铁素体的形成，使材料的韧性降低。

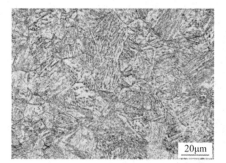 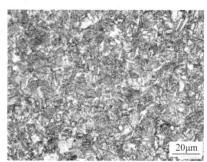

(a) 预热温度为20℃　　　　　　　(b) 预热温度为100℃

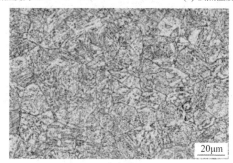

(c) 预热温度为300℃

图 12-14　X100-1 不同预热温度下的金相照片($E=10$kJ/cm)

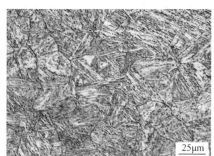 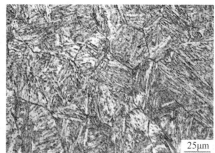

(a) 预热温度为20℃　　　　　　　(b) 预热温度为100℃

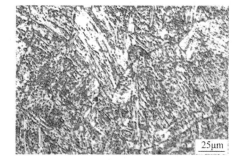

(c) 预热温度为200℃

图 12-15　X100-2 不同预热温度下的金相照片($E=10$kJ/cm)

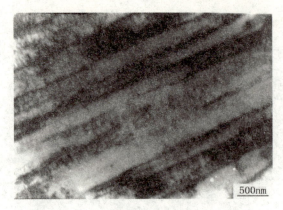

图12-16 平行分布的贝氏体铁素体板条束

当采用较大的线能量焊接时,预热温度对X100管线钢性能的影响另有不同。当焊接线能量为20kJ/cm时,X100-1和X100-2在不同预热温度下的光学显微组织形态分别如图12-17和图12-18所示。可以看出,在较低的预热温度下,仍能形成韧性较好的针状铁素体组织,如图12-17(a)和图12-18(a)所示。当预热温度超过100℃后,由于高温停留时间增加,促使材料的晶粒粗大。同时,由于冷却速度的降低,出现少量多边形铁素体。在TEM下,可观察到这种多边形铁素体的典型组织形态(图12-19)。这些组织因素的变化均促使材料的韧性降低。

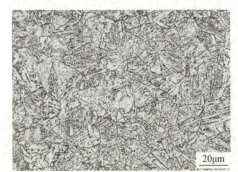

(a) 预热温度为20℃

(b) 预热温度为100℃

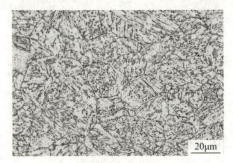

(c) 预热温度为300℃

图12-17 X100-1不同预热温度下的金相照片($E=20$kJ/cm)

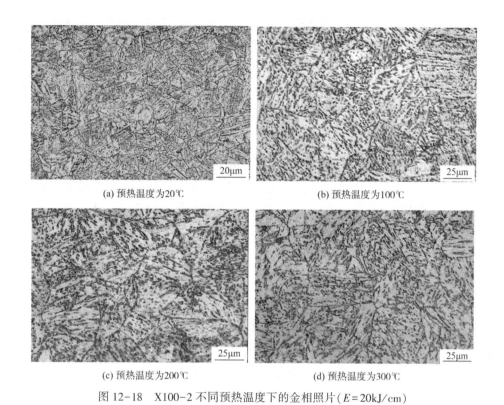

(a) 预热温度为20℃   (b) 预热温度为100℃

(c) 预热温度为200℃   (d) 预热温度为300℃

图 12-18　X100-2 不同预热温度下的金相照片($E=20$kJ/cm)

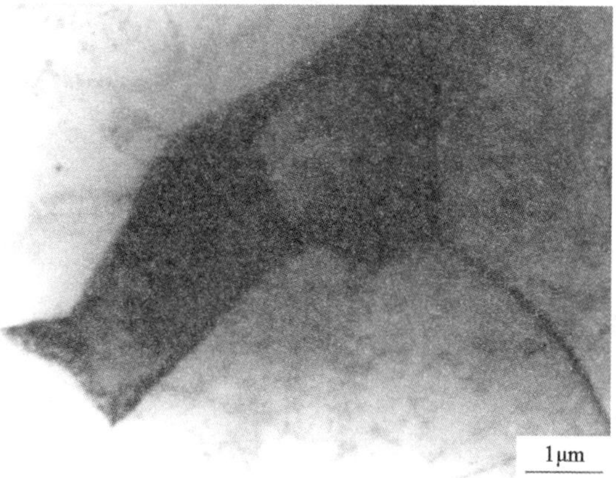

图 12-19　多边形铁素体

12.3　本章小结

①在低的焊接热输入下(如 $E=10$kJ/cm)，不大于100℃的预热温度，X100管线钢的韧性不会降低；不大于200℃的预热温度，韧性不会严重降低。因此为

防止 X100 管线钢在现场焊接过程中的冷裂纹，选择适当的预热温度是有利的。

②随着焊接热输入的增加（如 $E=20\text{kJ/cm}$），当预热温度超过 100℃后，两种 X100 管线钢的韧性明显降低。

③在较高焊接线能量下，预热温度引起 X100 管线钢性能降低的原因是晶粒的粗化和多边形铁素体等平衡相变产物的形成。

④当焊接线能量为 20kJ/cm 时，预热使 X100-1 出现焊接软化现象。

13 应变和应变时效对 X100 钢组织-性能的影响

在石油天然气管道施工建设中,根据地形的变化,常需要改变管道的方向,因而需要大量的弯管,弯管是油气输送管道的重要组成构件之一。对于曲率半径大的弯管,现场一般采用冷弯的方法。在冷弯加工时,将钢管置于弯管机上,弯管机对钢管施以弯曲力矩,使钢管局部发生适量变形,形成一定的角度以达到冷弯制的目的。冷弯使钢管产生应变,这种冷作应变对材料的性能将产生影响。同时,油气管线在服役过程中可能受到地层移动等外力作用,同样使钢管产生应变,因而应变对管线的作用具有普遍性。另一方面,管线钢经一定量塑性变形之后,即使在室温下,其机械性能通常也会随时间发生一定的变化,即产生应变时效。而管线防腐涂层施工的热过程,使应变时效这一问题显得更为突出。

有关应变和应变时效对管线钢的作用问题,近年来已引起人们的注意。因此,本章研究了实验用 X100 管线钢在不同变形量和不同时效温度下组织与性能的特点及其变化规律,从而为 X100 工程施工和安全服役提供试验依据。

13.1 实验材料和方法

实验材料为 X100-2 和 X100-3,分别由日本 NSC 公司和 SMI 公司提供,钢板厚度分别为 14.3mm 和 20mm,其化学成分和常规力学性能见第 4 章的表 4-1 和表 4-2 所示。

采用 14mm×14mm×120mm 试样进行应变和应变时效实验。试样为横向试样,取于板厚中部(沿板厚方向两面对称加工)。应变量分别采用 2%、6%、10% 和 14% 四种规范。对其中的 6% 和 10% 应变试样进行应变时效实验,分别采用 150℃、200℃、250℃ 和 300℃ 四种温度,保温时间为 1h,冷却方式为炉冷。应变过程在 60t 液压式万能试验机上进行;应变时效过程在 YFX12/16Q-YC 高温箱式电阻炉上进行。

在应变和人工应变时效之后再分别加工成 ϕ10mm×65mm 的拉伸试样和 10mm×10mm×55mm 的 Charpy 冲击试样,进行力学性能的测试。

有关材料力学性能测试和显微组织分析的实验方法见第 4 章的说明。

13.2 应变对 X100 性能的影响

13.2.1 强塑性

为测试 X100 管线钢经不同冷变形后的强塑性特征，进行了单向拉伸实验。试验钢 X100-2 的强塑性测试结果见表 13-1。图 13-1 为试验钢 X100-3 经不同变形量变形后的应力-应变曲线。强塑性与预应变的关系见图 13-2。

表 13-1 不同应变下 X100-2 管线钢的强塑性测试结果

变形量	$R_{t0.5}$/MPa	R_m/MPa	$R_{t0.5}/R_m$	A/%	Z/%	HV_{10}
2%	785	865	0.91	16.8	71.3	224
6%	850	883	0.96	14.0	67.0	237
10%	870	900	0.97	14.0	71.8	252
14%	875	900	0.97	11.8	67.5	255
母材	730	805	0.91	20.5	70.0	238

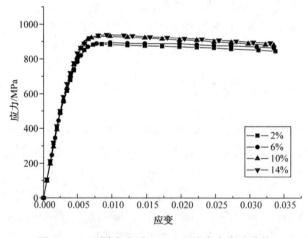

图 13-1 不同应变后 X100-3 的应力应变曲线

从表 13-1 和图 13-2 可以看出，应变使材料的强度高于母材水平。随着变形量的增加，试验钢 X100-2 的强度指标呈上升趋势，变形量小时升高较快，变形量增大则强度升高变得缓慢。塑性指标略呈下降趋势。随着变形量的增加，屈强比逐渐升高，且都高于母材的水平。硬度值也随变形量的增大而增大。

试验钢 X100-3 经不同变形量变形后的强塑性测试结果见表 13-2。强塑性与应变的关系见图 13-3。可见，随着变形量的增加，试验钢 X100-3 与 X100-2 有着相近的变化趋势，即：应变使材料的强度高于母材水平。强度指标随变形量的增加而升高,塑性指标随变形量的增加略有降低。硬度随变形量的变化趋势与强度相同。试验钢的屈强比在变形后高于母材的水平。

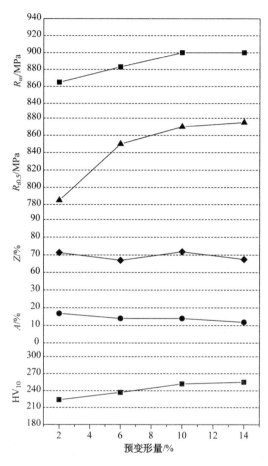

图 13-2 X100-2 管线钢强塑性与应变的关系

表 13-2 不同应变下 X100-3 管线钢的强塑性测试结果

变形量	$R_{t0.5}$/MPa	R_m/MPa	$R_{t0.5}/R_m$	A/%	Z/%	HV_{10}
2%	788	873	0.90	17.8	65.0	208
6%	793	893	0.89	14.8	65.8	211
10%	820	905	0.91	14.5	66.0	220
14%	850	938	0.91	13.3	67.0	230
母材	735	845	0.87	18.0	69.0	210

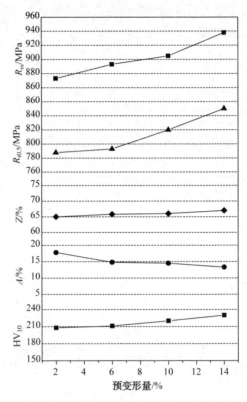

图 13-3 X100-2 管线钢强塑性与应变的关系

为评价试验材料的形变强化能力，采用直线作图法确定了形变强化指数 n。其求解步骤为：在工程应力-应变曲线上确定一组条件应力 σ 和条件应变 ε；分别按 $S = (1+\varepsilon)\sigma$ 和 $e = \ln(1+\varepsilon)$ 求取真应力 S 和真应变 e；分别以 $\lg S$ 和 $\lg e$ 为纵坐标和横坐标作图，所获得的直线斜率即为材料的形变强化指数 n。

试验钢 X100-3 经不同变形后的形变强化指数测定结果如表 13-3 所示，形变强化指数 n 与变形量的关系如图 13-4 所示，形变强化指数 n 与材料屈服强度间的关系如图 13-5 所示。

表 13-3 试验钢 X100-3 经不同变形后的形变强化指数测定结果

预变形量	n	$R_{t0.5}$/MPa
2%	0.050	788
6%	0.048	793
10%	0.043	820
14%	0.023	850
母材	0.072	735

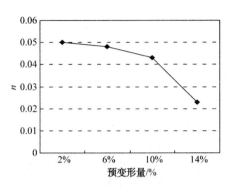

图 13-4 形变强化指数 n 与变形量的关系   图 13-5 形变强化指数 n 和材料屈服强度间的关系

上述结果表明，X100-3 管线钢在冷变形后具有较低的形变强化指数。已经证明，冷变形后试验钢在拉伸真应力-应变上的均匀形变阶段，应力-应变的关系符合 Hollomon 方程（$S = Ke^n$），此时形变强化指数 n 在数值上等于材料的真实伸长率 e_B（$n = e_B$）。这就表明，X100 在冷变形后有较小的应变均匀分配能力，变形使管线钢的硬化能力降低。

13.2.2 冲击韧性

试验钢 X100-2 在不同变形下的韧性测试结果如表 13-4 所示，其韧性变化规律如图 13-6 所示。从表 13-4 和图 13-6 可以看出，随着变形量的增加，试验钢 X100-2 的韧性呈下降趋势，较低的变形量（2%）即可使实验材料的韧性低于母材的水平。

表 13-4 不同应变下 X100-2 管线钢的冲击韧性测试结果

变形量	2%	6%	10%	14%	母材
CVN/J	184	177	147	133	191

在不同应变下，试验钢 X100-3 的韧性测试结果见表 13-5，应变与韧性的关系如图 13-7 所示。可见，随着变形量的增加，试验钢 X100-2 的韧性变化规律与 X100-1 相近。即：冲击功值随着变形量的增加而降低，应变使材料的韧性低于母材水平。

表 13-5 不同应变下 X100-3 管线钢的冲击韧性测试结果

变形量	2%	6%	10%	14%	母材
CVN/J	153	136	114	95	161

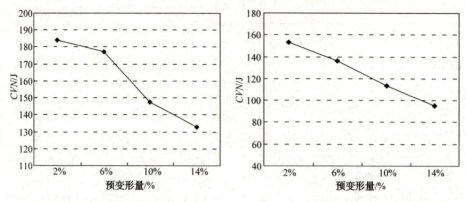

图 13-6　变形量对 X100-2 冲击功的影响　　图 13-7　变形量对 X100-3 韧性的影响

图 13-8 是试验钢 X100-3 的冲击断口形态。观察表明，在 -20℃ 实验温度下，X100-3 母材为微孔聚集断裂的微观断口特征，断口呈现明显的韧窝，表现了高的韧性水平；当经过应变后，其微观断口局部区域表现河流状或扇形状的解理断裂。

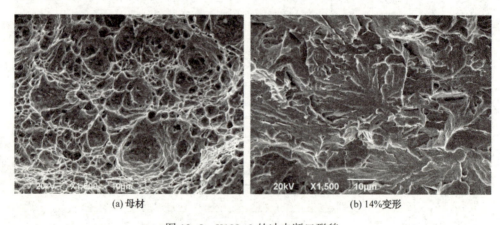

(a) 母材　　　　　　　　　　　　　　(b) 14%变形

图 13-8　X100-3 的冲击断口形貌

13.3　应变时效对 X100 性能的影响

13.3.1　强塑性

为测试 X100 管线钢经不同时效温度时效后的强塑性特征，进行了单向拉伸实验。图 13-9 为试验钢 X100-3 经应变时效后的应力-应变曲线。

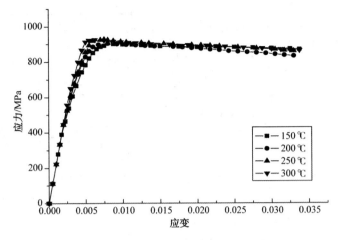

图 13-9 不同应变时效后 X100-3 的应力应变曲线

试验钢 X100-2 经不同温度时效后的强塑性测试结果见表 13-6。强塑性与时效温度的关系见图 13-10。从表 13-6 和图 13-10 可以看出，应变时效使材料的强度高于母材的水平。随着时效温度的升高，不同变形后的 X100-2 的强度指标都呈上升的趋势，而塑性指标有所降低。屈强比在时效后有所增加，且高于母材的水平。硬度随时效温度的升高而升高，但升高幅度不大。

表 13-6 不同时效温度下 X100-2 管线钢的强塑性测试结果

变形量	时效温度/℃	$R_{t0.5}$/MPa	R_m/MPa	$R_{t0.5}/R_m$	A/%	Z/%	HV_{10}
6%	150	900	930	0.97	15.3	71.8	254
	200	903	953	0.95	13.8	70.8	259
	250	960	968	0.99	12.3	69.5	264
	300	963	1008	0.96	12.3	68.5	269
10%	150	895	920	0.97	14.5	71.3	264
	200	910	948	0.96	13.5	68.8	270
	250	925	963	0.96	12.3	68.3	271
	300	943	1020	0.92	11.8	66.0	278
母材		730	805	0.91	20.5	70.0	238

试验钢 X100-3 经不同温度时效后的强塑性测试结果见表 13-7。强塑性与时效温度的关系见图 13-11。实验结果表明，时效后，试验钢 X100-3 的强塑性指标与 X100-2 有着相同的变化趋势。即：应变时效使材料的强度和硬度高于母材的水平，塑性低于母材的水平。强度指标随着时效温度的升高而升高，塑性指标则随时效温度的升高呈下降趋势。屈强比在时效后高于母材的水平。

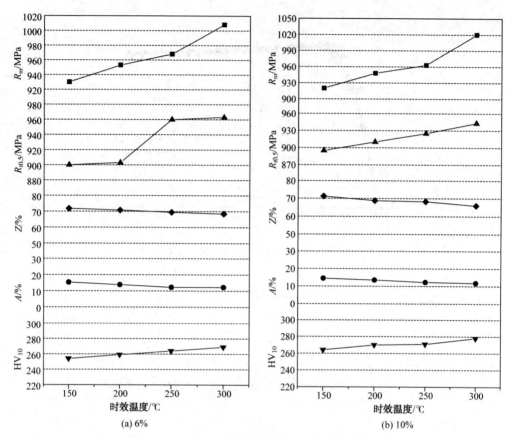

图 13-10 X100-2 管线钢强塑性与时效温度的关系

表 13-7 不同时效温度下 X100-3 管线钢的强塑性测试结果

预变形量	时效温度/℃	$R_{t0.5}$/MPa	R_m/MPa	$R_{t0.5}/R_m$	A/%	Z/%	HV_{10}
6%	150	775	898	0.86	14.5	67.5	215
	200	815	913	0.89	13.3	67.0	217
	250	858	935	0.92	12.5	65.8	218
	300	920	943	0.98	12.3	65.8	219
母材		735	845	0.87	18.0	69.0	210

试验钢 X100-3 经不同应变时效后的形变强化指数测定结果如表 13-8，形变强化指数 n 与时效温度的关系如图 13-12 所示，形变强化指数 n 与材料屈服强度间的关系如图 13-13 所示。

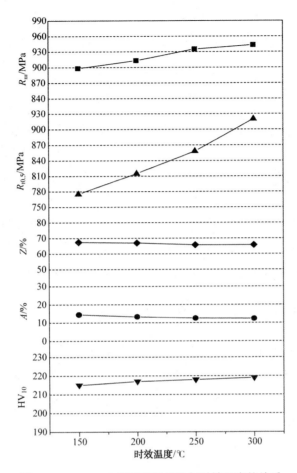

图 13-11 X100-3 管线钢强塑性与时效温度的关系

表 13-8 试验钢 X100-3 经不同应变时效后的形变强化指数测定结果

时效温度/℃	n	$R_{t0.5}$/MPa
150	0.047	775
200	0.035	815
250	0.025	858
300	0.020	920
母材	0.072	735

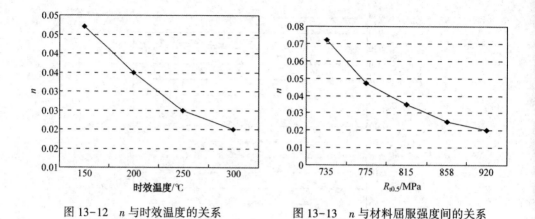

图 13-12 n 与时效温度的关系 图 13-13 n 与材料屈服强度间的关系

上述结果表明，X100-3 管线钢在应变时效后具有较低的形变强化指数。

13.3.2 冲击韧性

试验钢 X100-2 在不同时效温度下的韧性测试结果如表 13-9 所示，其韧性随时效温度变化的规律如图 13-14 所示。从表 13-9 和图 13-14 可以看出，应变时效使材料的韧性低于母材的水平。在不同的变形量下，韧性均随着时效温度的升高而降低。在时效温度相同的情况下，变形量越大时韧性越差。

表 13-9 不同时效温度下 X100-2 管线钢的冲击韧性测试结果

变形量	时效温度/℃	CVN/J
6%	150	140
	200	119
	250	92
	300	88
10%	150	115
	200	92
	250	78
	300	75
母材		191

在不同时效温度下，试验钢 X100-3 的韧性测试结果见表 13-10，时效温度与韧性的关系如图 13-15 所示。试验结果表明，试验钢 X100-3 的韧性随时效温度升高的变化趋势与 X100-2 的相似，即：应变时效使材料的韧性低于母材的水平。韧性随时效温度的升高而降低，但与 X100-2 比较，其降低幅度相对较小。

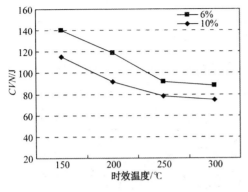

图 13-14 时效温度对 X100-2 韧性的影响　　图 13-15 时效温度对 X100-3 韧性的影响

表 13-10　不同时效温度下 X100-3 管线钢的冲击韧性测试结果

变形量	时效温度/℃	CVN/J
6%	150	121
	200	114
	250	111
	300	105
母材		161

　　图 13-16 是试验钢 X100-3 在不同状态下的冲击断口形态。观察表明，在 -20℃ 实验温度下，X100 母材主要表现为微孔聚集断裂的微观断口特征，表现了高的韧性水平；当应变时效后，其微观断口呈现部分脆性断裂特征。

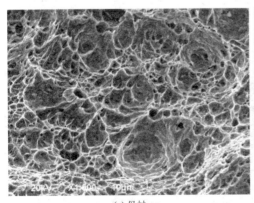
(a) 母材

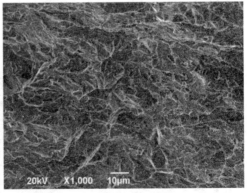
(b) 时效温度300℃

图 13-16　X100-3 的冲击断口形貌

13.4 分析与讨论

试验钢 X100-2 经不同应变量的应变后,其光学显微组织和电子显微组织分别如图 13-17 和图 13-18 所示,除部分晶粒沿变形方向伸长外,组织形态没有大的区别。

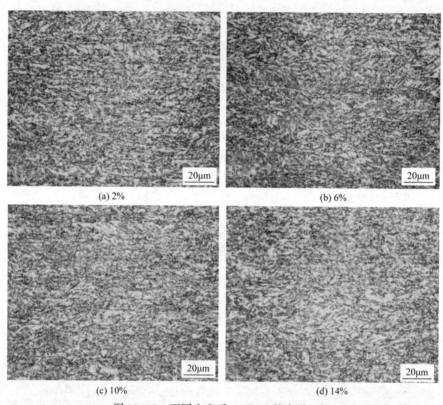

图 13-17　不同应变后 X100-2 的光学组织

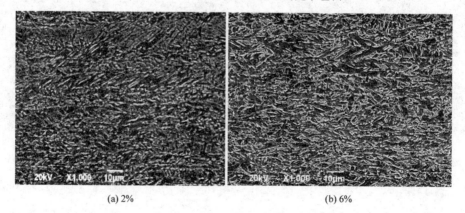

图 13-18　不同应变后 X100-2 的 SEM 显微组织

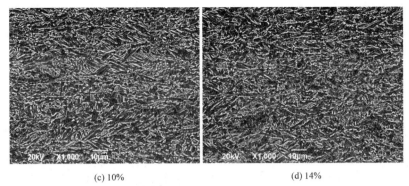

(c) 10%   (d) 14%

图 13-18　不同应变后 X100-2 的 SEM 显微组织(续)

金属的变形是通过位错的不断增殖和运动进行的。应变促使材料强度提高的原因，目前普遍认为是位错相互作用的结果。随变形量的增加，在切应力作用下，大量位错沿滑移面运动，并在晶界、板条界、析出物等区域形成位错缠结。

图 13-19 为试验钢 X100 在不同应变量下的位错胞状亚结构。在胞状亚结构边界上有高密度的位错堆积，胞内为均匀分布的平直位错或位错网络。试验结果表明，随应变量的增加，胞状亚结构数量增多，胞状尺寸减小，从而引起强度增加，塑性和韧性降低。试验结果还表明，随应变量的增加，材料的屈服强度比拉伸强度增加快，在大的应变量下，屈服强度接近甚至等于抗拉强度，引起材料的屈强比增加。

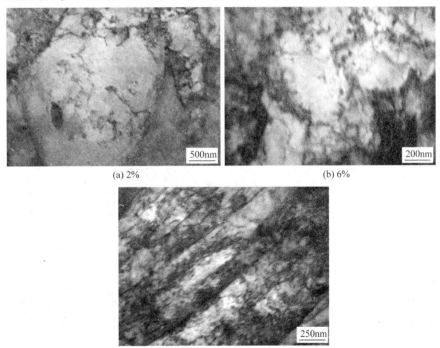

(a) 2%   (b) 6%

(c) 14%

图 13-19　X100 在不同应变量下的位错胞状亚结构

试验钢 X100 应变后经不同温度应变时效后的显微组织和电子显微组织分别如图 13-20 和图 13-21 所示，可见，在显微组织的形态上难以辨认其间的差异。研究表明，应变时效产生的原因，主要是固溶于 α-Fe 中的 C、N 原子引起的。N 原子在 α-Fe 的溶解度和扩散能力强，计算表明，钢中 N 的过饱和度达 0.0001% 就会引起时效现象。

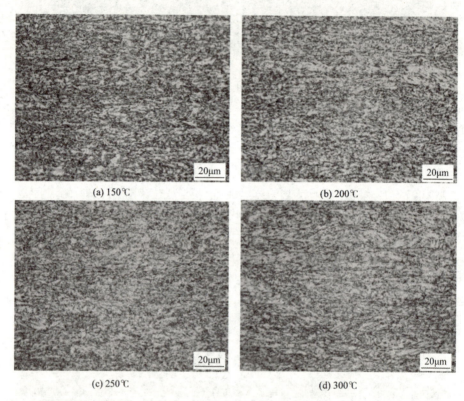

图 13-20　不同应变时效后 X100-2 的光学组织

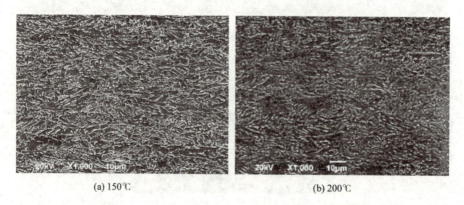

图 13-21　不同应变时效后 X100-2 的 SEM 显微分析组织

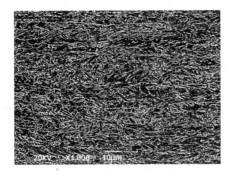 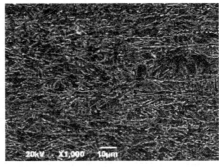

(c) 250℃　　　　　　　　　　(d) 300℃

图 13-21　不同应变时效后 X100-2 的 SEM 显微分析组织(续)

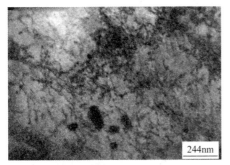

图 13-22　位错诱导沉淀析出

材料经应变后，位错密度增加，使 C、N 原子扩散到位错处的路径缩短。同时，时效温度促进了 C、N 原子在位错处富集而形成柯氏气团，对位错起钉轧作用，从而促使材料强度升高，塑性和韧性降低。同时试验发现，在位错周围过饱和的 C、N 溶质原子可形成细小的沉淀析出。这种位错诱导的沉淀析出如图 13-22 所示。随着 C、N 原子含量的增加，或者随时效温度和时间的增加，应变时效的倾向性增加，由此引起材料强度升高，塑性和韧性降低。

13.5　本章小结

① 应变使试验钢的强度高于母材的水平，塑性和韧性低于母材的水平。随着应变量的增大，强度和硬度增加，塑性和韧性下降。

② 应变使试验钢的屈强比高于母材的水平。随着应变量的增大，屈强比升高，形变强化指数降低。

③ 应变时效使试验钢的强度高于母材的水平，塑性和韧性低于母材的水平。随着应变时效温度升高，强度和硬度增加，塑性和韧性下降。

④ 应变时效使试验钢的屈强比高于母材的水平。随着应变时效温度的升高，屈强比呈升高的趋势，形变强化指数降低。

⑤ 应变后，材料的位错密度增加，促进 C、N 原子在位错处富集而形成柯氏气团，对位错起钉轧作用，促使材料强度升高，塑性和韧性降低。

⑥ 固溶于 α-Fe 中的 C、N 原子在位错处的富集和 C、N 化合物溶质原子的位错诱导析出是应变时效的导因。

14 X100钢在东南酸性土壤中的腐蚀行为

我国东南部地区经济发达,地下管网密集,红壤是该地区酸性土壤的典型代表,具有土壤致密、含水量高、含氧量低、pH值(3~5)低的特点,对材料的腐蚀性极大,管线钢在此环境中具有较高的局部腐蚀敏感性。因此,本章以我国鹰潭土壤的模拟溶液为实验介质,对SRB作用下X100管线钢在酸性土壤环境中的腐蚀行为进行研究,为X100钢在酸性土壤中的工程应用提供数据支持与参考。

14.1 实验材料和方法

14.1.1 试样制备

实验材料为X100管线钢,其化学成分(%)为C 0.04,Si 0.20,Mn 1.50,P 0.011,S 0.003,Mo 0.02,Fe余量,室温力学性能为:抗拉强度850MPa,屈服强度$R_{p0.2}$为752MPa,屈强比0.89,延伸率24%。试样直接取自直缝焊管,通过线切割加工成50mm×25mm×2mm的片状和11mm×11mm×3mm的正方形试样。正方形试样用于电化学测量,片状试样用于失重实验和腐蚀形貌观察。

电化学试样的制备:将正方形试样与导线焊接后,用环氧树脂对焊接面和与焊接面相邻的四个面进行密封绝缘,另一面作为试验工作面。试样工作面用砂纸打磨至1000#,其打磨方向保持一致;然后用无水乙醇棉球擦洗试样,冷风吹干后得到备用挂样。

应力腐蚀试样是按照慢应变拉伸试验机的要求制作的,试样尺寸及形状如图14-1所示,其中焊缝位于焊接接头试样标距中间。

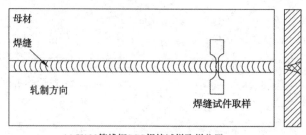

(a) X100管线钢SCC焊接试样取样位置

图14-1 X100管线钢SCC焊接试样取样位置和焊接接头的SSRT试样

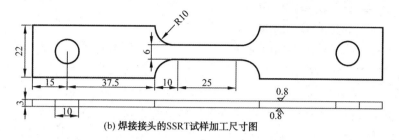

(b) 焊接接头的SSRT试样加工尺寸图

图14-1 X100管线钢SCC焊接试样取样位置和焊接接头的SSRT试样(续)

14.1.2 实验介质

由于现场实验周期比较长，难以在短时间内积累大量数据对其腐蚀性进行评价，因此，通过实验室的加速模拟实验对其腐蚀规律进行研究是非常必要的。本实验通过在室内模拟的方法研究了X100钢在东南酸性土壤-鹰潭土壤模拟溶液中浸泡5天、17天、35天和60天的腐蚀行为及规律，并研究了加入5%SRB(体积分数)后的腐蚀情况。依据鹰潭土壤的主要理化数据配制的模拟溶液成分为：0.0084% Cl^-，0.0054% SO_4^{2-}，0.0010% HCO_3^-，pH值为4.36。实验溶液均用分析纯 NaCl、$NaSO_4$、$NaHCO_3$ 及去离子水配得。

实验所用硫酸盐还原菌菌种是通过富集培养的方式从某炼油厂的循环冷却水系统中分离出来的。使用修正的 Postgate′C 培养基对水样中SRB进行富集培养，培养基成分为：0.5 g/L KH_2PO_4，2.0 g/L Mg_2SO_4，0.1 g/L $CaCl_2$，0.5 g/L Na_2SO_4，1.0 g/L NH_4Cl，2.5 g/L 乳酸钠，1.0 g/L 酵母膏。用1mol/L NaOH调节pH值为7.2±0.2。实验前将培养好的SRB菌种在30℃恒温箱中进行活化。接菌时将50mL细菌培养液接种到950mL的土壤模拟溶液中。

14.1.3 实验方法

(1) 失重实验

将X100管线钢试片在不同时间取出，表面先用机械方法除锈，然后放入除锈液(500mL 盐酸+500mL 去离子水+3.5g 六次甲基四胺)进行彻底除锈后，用分析天平称重。试片经腐蚀和去除腐蚀产物后的腐蚀速率 X(mm/a)按下式进行计算：

$$X = \frac{8760 \times (W - W_0) \times 10}{A\rho t} = \frac{87600 \times (W - W_0)}{A\rho t}$$

式中 W_0——腐蚀实验前试片的原始质量，g；

W_1——腐蚀实验后，去除腐蚀产物后的试片质量，g；

ρ——挂片材料的密度，g/cm³；

A——试片的暴露面积，cm^2；

t——腐蚀实验的时间，h。

在计算得到材料的平均腐蚀速率以后，对于腐蚀程度的认识则依赖于 NAC-ERP-0775-91 标准的规定。

(2) 电化学实验

电化学测量采用密封的三电极体系。容积为 0.5L。工作电极为 X100 管线钢试片，参比电极为饱和甘汞电极(SCE)，辅助电极为铂片。采用美国 EG&G 公司生产的 M 2273 综合电化学测试系统，对 X80 管线钢电极进行动电位扫描极化曲线测量，扫描速度为 0.5mV/s，交流阻抗谱测试所用频率范围为 5mHz~100kHz，施加的正弦波幅值为 10mV。

(3) 应力腐蚀实验

实验装置：SSRT 所用设备为西安某公司生产的慢应变速率应力腐蚀试验机。该设备可以实现由计算机控制、监控和记录实验数据。

应变速率的选取：在拉伸试验过程中应避免应变速率过大或过小，否则不能有效的模拟应力腐蚀过程。在拉伸过程中应变速率过大时试样还来不及产生有效的应力腐蚀，就已经产生韧性断裂；应变速率过小时，试样表面膜破裂后还来不及产生有效的腐蚀，裸露的金属就已经发生钝化，不能产生应力腐蚀，最终将产生韧性断裂，以上两种情况都不能测出应力腐蚀敏感性。一些典型的材料-介质体系的临界应变速率范围是 10^{-4}~10^{-7}mm/s，根据其他学者的已有研究，该试验采用应变速率为 $1\times10^{-6}s^{-1}$。

实验过程：试样拉伸前，标距区依次用 150#~800# 金相砂纸沿纵向和横向交替打磨，末道砂纸打磨方向为试样轴向，以避免可能产生的预裂纹。打磨完后用无水乙醇清洗，丙酮脱脂，以去掉表面油脂和杂物。试样处理完后尽快开始实验，防止表面氧化膜的形成。试样处理完后尽快开始实验，防止表面氧化膜的形成。SSRT 实验前 1h 先向接菌的鹰潭土壤模拟溶液中通入高纯 N_2 进行除 O_2，防止氧化，整个实验过程中一直缓慢通入 N_2。

试件断裂后，应立即取出，注意保护好断口，先用去离子水冲洗表面附着的腐蚀产物，然后吹干，在超声波清洗仪中使用丙酮溶液清洗断口，以除去腐蚀物，吹干后放入干燥器中密封保存。

试样拉断后采用抗拉强度损失 I_σ、断面收缩率损失 I_ψ 和延伸率损失 I_δ 评价 X100 钢在鹰潭土壤模拟溶液中的 SCC 敏感性，I_σ、I_ψ 和 I_δ 的计算公式如下：

$$I_\sigma = \left(1 - \frac{\sigma}{\sigma_0}\right) \times 100\% \qquad (14-1)$$

$$I_\psi = \left(1 - \frac{\psi}{\psi_0}\right) \times 100\% \qquad (14-2)$$

$$I_\delta = \left(1 - \frac{\delta}{\delta_0}\right) \times 100\% \tag{14-3}$$

式中 σ,σ_0——试样在溶液和空气中的抗拉强度;

ψ,ψ_0——试样在溶液和空气中的断面收缩率;

δ,δ_0——试样在溶液和空气中的延伸率。

(4)表面形貌观察与分析

使用 JEOL JSM-35C SEM 扫描电镜进行微生物膜形貌、腐蚀产物膜和腐蚀形貌分析,并使用与之配套的电子能谱(EDS)进行元素分析,采用 XRD 对腐蚀产物的结构进行分析。对浸泡在无菌溶液和含有 SRB 的腐蚀液中不同时间的试片上附着的生物膜、腐蚀产物和腐蚀形貌也进行了 SEM 观察和相关区域的 EDS 分析。SEM 观察前对用于生物膜观察的浸泡试样做如下处理:将附着有生物膜的试片先在 4% 戊二醛溶液(用无菌蒸馏水配制)中固定 15min,然后分别用 25%、50%、75% 和 100% 的乙醇溶液进行逐级脱水 15min,干燥后用于 SEM 观察。SEM 观察前对用于观察腐蚀形貌的试样做如下处理:用 0.1% Tween-80 试剂(用灭菌水配制)清洗试样,然后用乙醇脱水,干燥后用于 SEM 观察。

(5)试片表面与断口清洗

采用除锈液(500mL 盐酸+500mL 去离子水+3.5g 六次甲基四胺)将试样表面的腐蚀产物去除,然后用蒸馏水冲洗,丙酮除油,无水酒精脱脂后放置干燥器内备用。除净腐蚀产物后,拍摄实物照片,并用 SEM 观察试片表面与断口腐蚀形貌。

14.2 实验结果与分析

14.2.1 X100 钢在含 SRB 的酸性土壤环境中的微生物腐蚀行为

(1)腐蚀速率的测定

图 14-2 为 X100 钢在酸性鹰潭土壤模拟溶液中浸泡不同时间后的平均腐蚀速率。由图 14-2 知,X100 钢在鹰潭土壤模拟溶液中浸泡 35 天、60 天后无菌和有菌的平均腐蚀速率分别为:0.2149mm/a、0.1453mm/a 和 0.1201mm/a、0.1137mm/a,根据 NACE RP-0775-91 标准可知,无菌情况下属于严重腐蚀,有菌情况下属于中度腐蚀。无菌与有菌时从 35~60 天平均腐蚀速率均减小。同时发现,X100 管线钢在无菌溶液中的平均腐蚀速率要大于有菌溶液中的平均腐蚀速率,说明 SRB 的存在抑制了腐蚀。

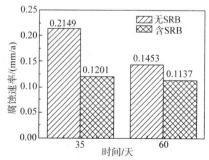

图 14-2 X100 钢在鹰潭土壤模拟溶液中浸泡不同时间后的平均腐蚀速率

(2) 电化学分析

图 14-3 为 X100 钢在无菌和有菌的鹰潭土壤模拟溶液中浸泡不同时间后的动电位极化曲线图。表 14-1 为 X100 钢在无菌和有菌的鹰潭土壤模拟溶液中不同浸泡时间下的极化曲线拟合结果。从图 14-3 可以看出，在无菌与有菌下都不存在钝化区，说明在整个实验过程中，X100 钢在无菌与有菌的鹰潭土壤模拟溶液中一直处于活化状态，没有钝态出现。

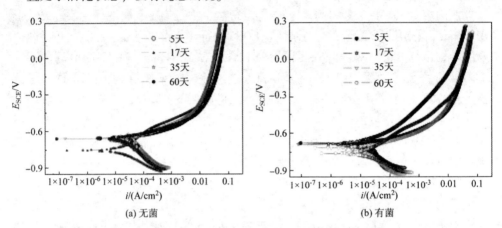

(a) 无菌　　　　　　　　　　　　(b) 有菌

图 14-3　X100 钢在鹰潭土壤模拟溶液中浸泡不同时间后的极化曲线

从表 14-1 可看出，自腐蚀电位 E_{corr} 在无菌情况下是先减小后增大，有菌时为一直减小，说明 X100 钢的腐蚀倾向在无菌溶液中为随时间延长先增大后减小，有菌溶液中时为一直增大，但两者的腐蚀倾向总体都是在增加。自腐蚀电流密度 i_{corr} 在无菌和有菌溶液中均为先迅速减小后缓慢增大再缓慢减小，由 Farady 第二定律可知，腐蚀电流密度与腐蚀速率之间成正比，这说明 X100 钢的腐蚀速率在无菌与有菌溶液中随时间延长的变化趋势均为：迅速减小→缓慢增大→缓慢减小，但两者整体趋势都是腐蚀速率趋于减小。同时对比无菌溶液与有菌溶液的自腐蚀电流密度发现，无菌溶液的自腐蚀电流密度均大于有菌溶液，即 X100 管线钢在无菌溶液中的腐蚀速率高于在有菌溶液，这说明 SRB 代谢活动所产生的生物膜影响了 X100 管线钢电极表面的腐蚀过程，生物膜的存在对腐蚀有一定的抑制作用。

表 14-1　X100 钢在鹰潭土壤模拟溶液在浸泡不同时间后的极化曲线拟合结果

腐蚀时间/d	无 SRB		含 SRB	
	$i_{corr}/(\mu A/cm^2)$	E_{corr}/mV	$i_{corr}/(\mu A/cm^2)$	E_{corr}/mV
5	82.23	-656.643	37.2	-679.233
17	14.39	-756.042	10.16	-688.331
35	22.19	-677.275	16.9	-718.795
60	20.11	-658.919	14.16	-762.913

为了进一步监测腐蚀过程中不同腐蚀时间后各试样表面腐蚀产物的变化情况，进行了交流阻抗测试，其中图 14-4 为 X100 管线钢在鹰潭土壤模拟溶液中的电化学阻抗图谱。实验结果采用图 14-5 所示不同的等效电路进行拟合，采用 Zsimpwin 软件进行数据拟合得到的各等效电路参数如表 14-2 和表 14-3 所示。其中，R_s 为模拟溶液电阻，Q_{dl} 代表双电层电容的常相位元件，R_t 为电荷转移电阻，Q_f 为腐蚀产物膜或生物膜电容，R_f 为腐蚀产物膜或生物膜电阻，n_f 表示电容指数，n_{dl} 表示双电层电容指数，L 为电感。从图 14-4 的 Nyquist 图可以看出，测出的曲线偏离半圆的轨迹，存在"弥散效应"，弥散效应反映出了电极界面双电层偏离理想电容的性质，即把电极界面双电层简单地等效成一个纯电容是不准确的，本研究均用常相位元件 Q 代替电容元件。

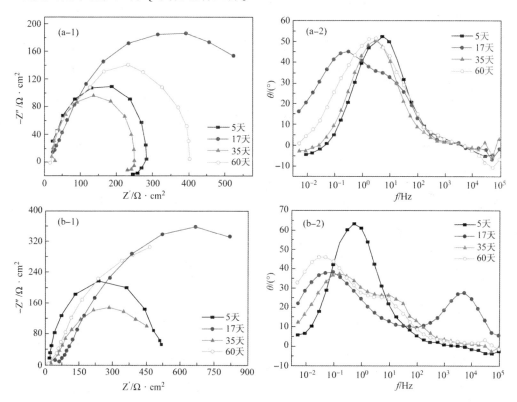

图 14-4 X100 管线钢在鹰潭土壤模拟溶液中浸泡不同时间后的电化学阻抗图谱
a—无菌；b—有菌；1—Nyquist 图；2—频率相位角图

如图 14-4 所示，在无菌环境中阻抗谱表现为一个时间常数，表明 X100 钢电极的腐蚀行为主要由电极表面电极反应过程决定，随时间变化阻抗半径先增大后减小再增大，表明管线钢的腐蚀速率先减小后增大再减小，等效电路如图 14-5(a)。在 5 天和 35 天时，电极表现出感抗，等效电路如图 14-5(c)。有菌环境中，在浸泡初期(5天)X100钢的阻抗谱只有一个时间常数,表现为一个高频容抗弧的频谱特征,等效电路如图14-5(a)。中后期表现为两个时间常数,表现为一个高频容抗弧和一个中低频容抗弧的双容抗弧特征,表明X100钢表面附着有微生物膜,腐蚀在微生物膜和钢表面同时发生,等效电路如图14-5(b)。阻抗半径也先增大后减小再增大,说明管线钢的腐蚀速率先减小后增大再减小。

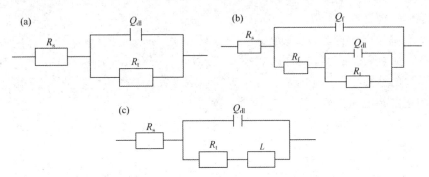

图14-5　X100管线钢在鹰潭土壤模拟溶液中浸泡不同时间下的等效电路图

表14-2为无菌时阻抗数据拟合结果,可以看出溶液电阻 R_s 在 $13\sim18\Omega\cdot cm^2$ 范围内变化,变化很小,表明腐蚀过程基本稳定。R_s 是 R_t 的 $10\sim25$ 倍,因此 R_t 的变化是判断腐蚀快慢的主要因素。不同阶段 R_t 值分别为 $272.4\Omega\cdot cm^2$、$681.7\Omega\cdot cm^2$、$237.9\Omega\cdot cm^2$ 和 $397.3\Omega\cdot cm^2$,R_t 变化趋势为增大→减小→增大。R_t 越大,腐蚀速率越小,因此X100钢的腐蚀速率随时间的变化趋势为:减小→增大→减小,这与试样表面生成的腐蚀产物膜的完整性和致密性有关。

表14-2　X100管线钢在无菌鹰潭土壤模拟溶液中浸泡不同天数后的 EIS 拟合结果

时间/d	$R_s/(\Omega\cdot cm^2)$	$Q_{dl}/(F/cm^2)$	n_{dl}	$R_t/(\Omega\cdot cm^2)$	$L/(H\cdot cm^2)$
5	17.02	0.0009097	0.883	272.4	11230
17	12.71	0.005393	0.6365	681.7	—
35	18.05	0.001413	0.8783	237.9	31350
60	12.92	0.001962	0.8166	397.3	

表14-3　X100管线钢在含 SRB 的鹰潭土壤模拟溶液中浸泡不同天数后的 EIS 拟合结果

时间/d	$R_s/(\Omega\cdot cm^2)$	$Q_f/(F/cm^2)$	n_f	$R_f/(\Omega\cdot cm^2)$	$Q_{dl}/(F/cm^2)$	n_{dl}	$R_t/(\Omega\cdot cm^2)$
5	15.49	—	—	—	0.003788	0.9085	508.2
17	18.2	1.12E-05	0.841	41.44	0.005122	0.5664	1674
35	18.51	0.00139	0.755	45.73	0.006278	0.7011	464.5
60	15.22	0.003428	0.709	42.99	0.01151	0.7234	939.9

表 14-3 为有菌时阻抗数据拟合结果，可以看出 R_s 在 15~19Ω·cm² 范围内变化，变化很小，表明腐蚀过程基本稳定。不同阶段 R_t 值分别为 508.2Ω·cm²、1674Ω·cm²、464.5Ω·cm² 和 939.9Ω·cm²，R_t 变化趋势为增大→减小→增大。因此 X100 钢在有菌溶液中的腐蚀速率随时间延长的变化趋势为：减小→增大→减小，这与试样表面的腐蚀产物膜、微生物膜的完整性和致密性有关。

从表 14-2 和表 14-3 可以看出，有菌溶液中的 R_t 值要大于无菌溶液中的 R_t 值，因此 X100 管线钢在无菌溶液中的腐蚀速率高于在有菌溶液中，这说明 SRB 代谢活动所产生的生物膜影响了 X100 管线钢电极表面的腐蚀过程，生物膜的存在对钢的侵蚀具有保护作用。以上分析与极化曲线的分析结果是一致的。

(3) 腐蚀形貌分析

图 14-6 为 X100 管线钢在无菌鹰潭土壤模拟溶液中浸泡不同时间的 SEM 形貌，图 14-8 为宏观腐蚀形貌。

图 14-6　X100 管线钢在无菌鹰潭土壤模拟溶液中浸泡不同时间的 SEM 形貌

图 14-6 X100 管线钢在无菌鹰潭土壤模拟溶液中浸泡不同时间的 SEM 形貌(续)

由图 14-6 和图 14-8 可以看出，无菌时，5 天时布满了较为致密的竹叶状腐蚀产物，表面还有少许团簇状腐蚀产物，腐蚀产物为红褐色和暗绿色。17 天时腐蚀产物变得更为致密，外层团簇状腐蚀产物增多，为黄褐色。35 天时内层腐蚀产物更为致密，但存在裂纹，外层腐蚀产物继续增多且形状多为片状，片状腐蚀产物表面存在颗粒状腐蚀产物，从宏观形貌知腐蚀产物为暗灰色，且分布有少量的黄褐色。60 天时外层腐蚀产物部分已脱落，裸露出内层致密但存在裂纹的腐蚀产物，外层腐蚀产物为红褐色，内层为暗灰色。可以看出，腐蚀产物的致密性与完整性的变化与腐蚀速率的变化基本相对应。

图 14-7 为 X100 管线钢在有菌鹰潭土壤模拟溶液中浸泡不同时间的 SEM 形貌。5 天时表面形成了一层致密的微生物膜，发暗的红褐色腐蚀产物布满整个挂片表面；17 天时微生物膜上夹杂有团簇状的腐蚀产物，可看成是致密性更好的一种结合膜，从宏观形貌看出该腐蚀产物致密性非常好，颜色不一；35 天时暴露出带有裂纹的内层腐蚀产物，局部位置还存在结瘤状腐蚀产物，外层为红褐色，内层为暗绿色；60 天时内层腐蚀产物表面布满大量条状和片状腐蚀产物，相比 35 天时更致密，整个挂片表面基本都呈暗灰色。可以看出，腐蚀产物的致密性与完整性的变化与腐蚀速率的变化也基本相对应。

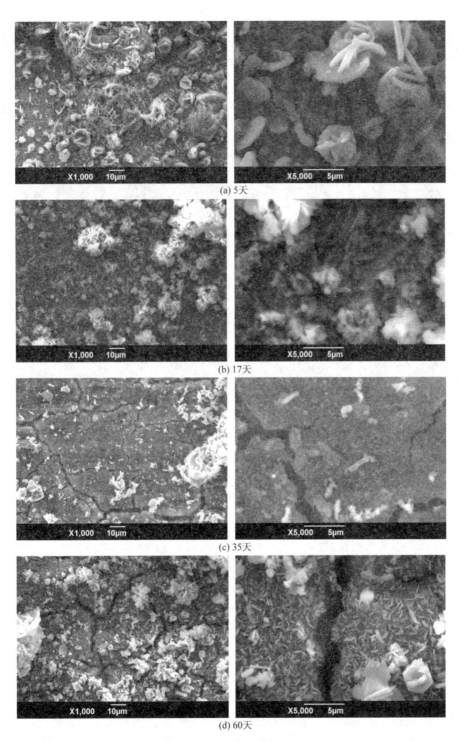

图 14-7　X100 管线钢在有菌鹰潭土壤模拟溶液中浸泡不同时间的 SEM 形貌

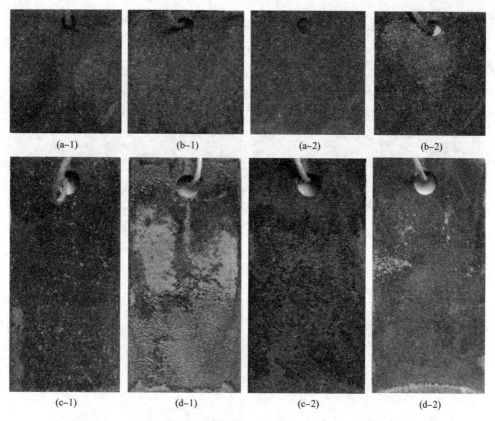

图 14-8　X100 管线钢在鹰潭土壤模拟溶液中浸泡不同时间的宏观形貌
a—5 天；b—17 天；c—35 天；d—60 天；1—无菌；2—有菌

腐蚀速率的控制主要由腐蚀产物膜的均匀、致密性决定，在有菌时腐蚀产物膜是微生物代谢产生的一系列物质组成的微生物膜与腐蚀产物一起结合成的结合膜，其相比无菌时生成的腐蚀产物膜更致密，能够更好地抑制腐蚀，因此无菌时的腐蚀速率要大于有菌时的腐蚀速率，SRB 抑制了 X100 钢的腐蚀。

(4)EDS 及 XRD 分析

图 14-9~图 14-11 为 35 天、60 天时无菌与有菌的腐蚀产物 EDS 和 XRD 分析。从图 14-9 可知，无菌时 35 天、60 天腐蚀产物中含有较高含量的氧和铁，表明该腐蚀产物主要为铁的氧化物；从图 14-11 可知，腐蚀产物主要有 Fe_2O_3、Fe_3O_4、α-FeO(OH)，表层主要为红褐色的 Fe_2O_3 和质地疏松无保护作用的 α-FeO(OH)；内层主要为 Fe_3O_4，它比较致密，可起一定的保护作用。从图 14-10 中可知，含 SRB 时腐蚀产物中含有较多的 O、S、Fe 和 Cr 元素，其中 S 的含量远高于管线钢中的硫含量，表面腐蚀产物可能主要为铁的氧化物、硫化物；从图 14-11 分析可知，腐蚀产物主要有 Fe_3O_4、FeS，内层主要为致密的 Fe_3O_4、FeS，

从宏观 60d 知表层腐蚀产物基本脱落完,这与 XRD 分析没有检测到表层疏松的羟基氧化铁相一致。

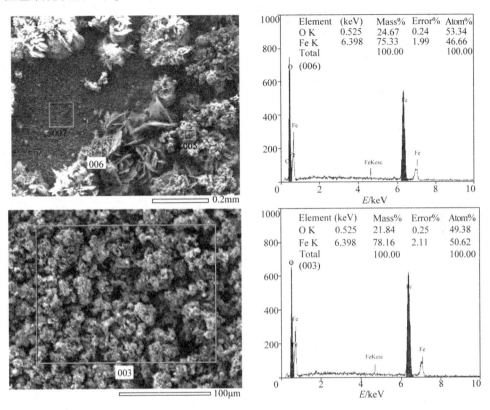

图 14-9　X100 钢在无菌鹰潭土壤模拟溶液中浸泡 35 天、60 天后的 EDS 分析

006—35 天；003—60 天

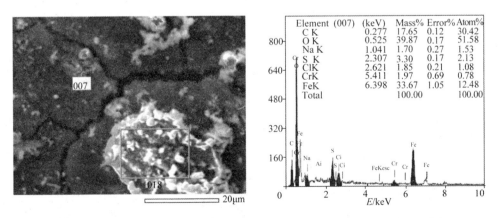

图 14-10　X100 钢在有菌鹰潭土壤模拟溶液中浸泡 35 天、60 天后的 EDS 分析

007—35 天；017—60 天

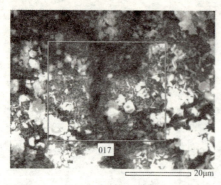
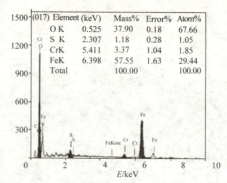

图 14-10　X100 钢在有菌鹰潭土壤模拟溶液中浸泡 35 天、60 天后的 EDS 分析(续)
007—35 天；017—60 天

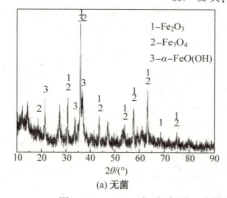
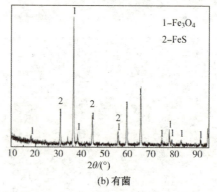

(a) 无菌　　　　　　　　　　　　　(b) 有菌

图 14-11　X100 钢在鹰潭土壤模拟溶液中浸泡 60d 后的 XRD 分析

14.2.2　X100 钢在含 SRB 的酸性土壤环境中的应力腐蚀开裂行为

(1) SSRT 实验结果

X100 管线钢母材及焊缝试样在鹰潭土壤模拟溶液及空气中 SSRT 试样的应力-应变曲线如图 14-12 和图 14-13 所示，不同介质中应力腐蚀参数和结果如表 14-4 所示。

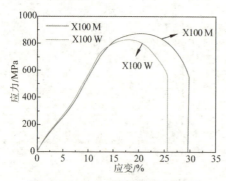
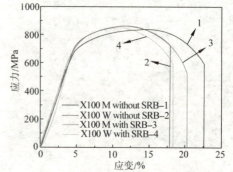

图 14-12　X100 管线钢母材和焊缝
试样在空气中的应力-应变曲线

图 14-13　X100 管线钢母材和焊缝试样在
鹰潭土壤模拟溶液中的应力-应变曲线

表 14-4　X100 管线钢在不同介质中的应力腐蚀参数和结果

试样编号	断裂寿命 T_F/h	断裂强度 σ_b/MPa	应变量 ε/%	延伸率 δ/%	断面收缩率 ψ/%	强度损失系数 I_σ/%	延伸率损失系数 I_δ/%	面缩率损失系数 I_ψ/%
K-M	85.64	874	29.64	19.00	74.96	—	—	—
K-W	71.51	830	25.63	15.58	62.04	—	—	—
YT-M	63.00	838	22.56	17.92	54.74	4.12	5.70	26.97
YT-W	44.5	852	18.41	15.33	44.83	−2.65	1.60	28.89
YT-M-SRB	56.52	861	20.30	17.58	68.17	1.49	7.46	9.05
YT-W-SRB	44.00	849	18.62	20.83	62.50	1.33	−33.69	0.86

注：M 和 W 分别表示母材和焊缝，K 表示在空气中，YT 表示在鹰潭土壤中。

由图 14-12、图 14-13 和表 14-4 可见，X100 钢焊缝试样在无菌的鹰潭土壤模拟溶液中的应变量、延伸率和断面收缩率均小于其在含 SRB 的土壤模拟溶液中的。从 I_δ、I_ψ 和 I_σ 的变化来看，X100 钢的 SCC 敏感性顺序为：I_δ(含 SRB 的焊缝试样)<I_δ(无菌的焊缝试样)<I_δ(无菌的母材试样)<I_δ(含 SRB 的母材试样)，I_ψ(含 SRB 的焊缝试样)<I_ψ(含 SRB 的母材试样)<I_ψ(无菌的母材试样)<I_ψ(无菌的焊缝试样)，I_σ(无菌的焊缝试样)<I_σ(含 SRB 的焊缝试样)<I_σ(含 SRB 的母材试样)<I_σ(无菌的母材试样)，经过比较可以发现，I_δ、I_ψ 和 I_σ 的变化规律并不完全一致，难以确定介质与 SCC 敏感性的确切关系，但可以确定的是，X100 钢在无菌的鹰潭土壤模拟溶液中 SCC 敏感性基本上均大于其在含 SRB 的土壤模拟溶液中的；对比 I_δ、I_ψ 和 I_σ 发现，延伸率损失系数 I_δ 最大降低了 7.46%，面缩率损失系数 I_ψ 最大降低了 28.89%，强度损失系数 I_σ 最大降低了 4.12%，可知有菌与无菌鹰潭土壤模拟溶液对 X100 管线钢材料的影响主要是塑性的降低，对于强度影响不明显。X100 钢焊缝试样在含 SRB 土壤模拟溶液中拉伸时 I_δ 为负数，表明焊缝在含 SRB 土壤模拟溶液中拉伸时延伸率反而比空气中的大，而且在含 SRB 的溶液中 X100 钢焊缝试样的 I_δ 和 I_ψ 均远小于母材试样的，说明 SRB 对于焊缝试样的 SCC 敏感性影响作用更大。根据以上分析可知，在鹰潭土壤模拟溶液中 SRB 的存在抑制了 X100 钢的脆变，致使 X100 钢的 SCC 敏感性降低。

（2）断口及裂纹形貌观察

图 14-14 是 X100 管线钢母材和焊缝在空气中的 SSRT 断口形貌。由图可知，X100 钢试样在空气中拉伸时，母材和焊缝的宏观断口附近出现了明显的颈缩现象，且母材的颈缩程度远大于焊缝，母材断裂面与拉伸轴方向垂直，焊缝断裂面与拉伸轴方向大致成 45°角，焊缝的断口较母材平直；母材和焊缝的微观断口形貌均以韧窝为主，且母材的韧窝相比焊缝的要较大且深，同时韧窝间存在着微

孔，局部韧窝壁上有明显的蛇形滑移特征，为韧窝-微孔型的韧性断裂，属于典型的韧性断裂特征。以上表明 X100 管线钢在空气环境下的 SSRT 实验伴有塑性形变，当应力大于材料的屈服强度后，材料开始发生塑性形变，在材料内部夹杂物、析出相、晶界、亚晶界等部位发生位错塞积，形成应力集中，进而形成微孔洞，且随着形变增加，显微孔洞相互吞并并变大，最后发生颈缩和断裂。

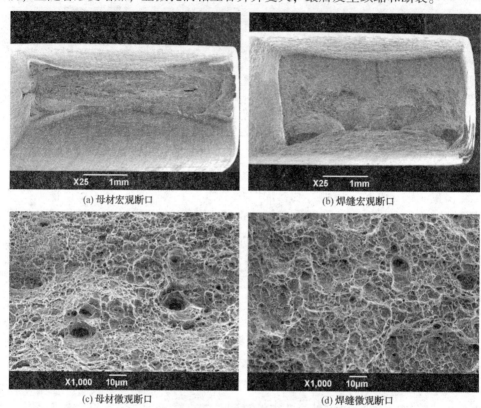

图 14-14　X100 管线钢母材和焊缝在空气中的断口形貌

图 14-15 是 X100 钢母材在鹰潭无菌与有菌土壤模拟溶液中的 SSRT 断口的宏观与微观 SEM 形貌。从宏观断口可以看出试样断裂面均为斜断口，与拉伸轴方向大致成 45°角，宏观断口均呈现明显的颈缩现象，无菌时的颈缩程度小于有菌时的。由微观形貌图可见，无菌时断口微观形貌均存在少量的韧窝和微孔，同时局部呈现脆性断口特征[图 14-15(c)]，在断口两侧出现大量条纹花样的 SCC 裂纹[图 14-15(e)]，表明该断口为韧/脆混合断口，说明 X100 钢母材在无菌鹰潭土壤模拟溶液中具有较大的 SCC 敏感性；有菌时断口形貌以韧窝为主，表现出韧性断口特征[图 14-15(d)]，但在断口右侧存在条纹状的 SCC 裂纹，但裂纹的周围仍为韧窝形貌[图 14-15(f)]，说明 X100 钢母材在有菌鹰潭土壤模拟溶液中的 SCC 敏感性小于无菌时的，说明 SRB 的存在导致 X100 钢母材在鹰潭土壤模拟溶液中的 SCC 敏感性降低。

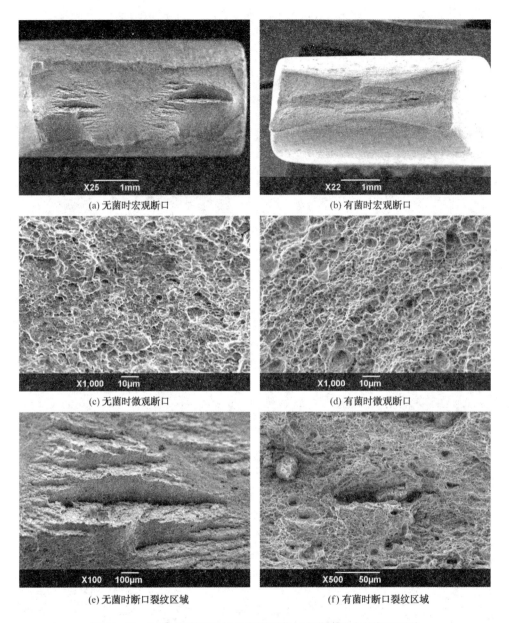

图 14-15 X100 管线钢母材在鹰潭无菌与有菌溶液中的断口形貌

图 14-16 是 X100 钢焊缝在鹰潭无菌与有菌土壤模拟溶液中的 SSRT 断口的宏观与微观 SEM 形貌。从宏观断口可以看出试样断裂面均为斜断口，与拉伸轴方向大致成 45°角，有菌时宏观断口颈缩现象明显，无菌时几乎无颈缩现象。由微观形貌图可见，无菌时断口边缘区域微观形貌以扁平的韧窝为主，韧窝间出现明显的撕裂棱，断口中间区域出现准解理断口形貌，呈现出脆性特征，表明该断

口为韧/脆混合断口，说明 X100 钢焊缝在无菌鹰潭土壤模拟溶液中具有较大的 SCC 敏感性；有菌时断口形貌以小韧窝为主，同时伴有少量孔洞，表现出韧性断口特征，说明 X100 钢焊缝在有菌鹰潭土壤模拟溶液中的 SCC 敏感性较小，且小于无菌时的，说明 SRB 的存在导致 X100 钢焊缝在鹰潭土壤模拟溶液中的 SCC 敏感性降低。

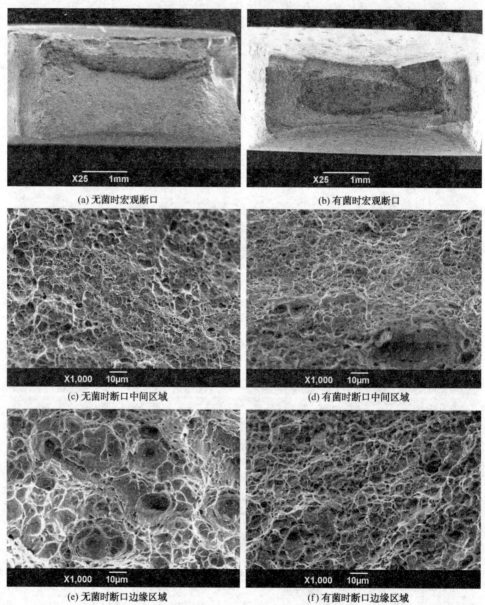

图 14-16　X100 管线钢焊缝在鹰潭无菌与有菌溶液中的断口形貌

应力腐蚀的一个主要特征就是在主裂纹之外，会有二次裂纹的存在，二次裂纹的分布特点通常是形核位置多、数量多、裂纹长短和大小不同。一般认为，如果在腐蚀性介质中拉伸断裂试样断口的侧面存在着微裂纹（二次裂纹），则表明该材料对 SCC 是敏感的。

图 14-17 是 X100 管线钢母材和焊缝在空气中拉伸时的断口侧面形貌，母材和焊缝断口侧面均无二次裂纹出现。图 14-18 是 X100 管线钢母材和焊缝在鹰潭模拟溶液中拉伸时的断口侧面形貌，可以看到 X100 钢在无菌与有菌鹰潭土壤模拟溶液中拉伸时，母材和焊缝断口侧面均存在二次裂纹，部分裂纹已经由于扩张而发生合并连续，无菌时二次裂纹的扩展方向与外加应力轴方向呈 45°或者垂直，有菌时二次裂纹扩张方向均垂直于外加应力轴方向，由图 14-18(a) 和图 14-18(c)可见二次裂纹是沿直线方向扩展的，可以判断出 X100 钢母材和焊缝在无菌的鹰潭土壤模拟溶液中的拉伸断裂属于应力腐蚀穿晶断裂，由图 14-18(b) 和图 14-18(d)可见二次裂纹也均是沿直线方向扩展，因此可以判断出 X100 钢母材和焊缝在含有 SRB 的鹰潭土壤模拟溶液中的断裂也属于应力腐蚀穿晶断裂；并且在无菌时二次裂纹密度均高于有菌时，且二次裂纹无菌时比有菌时深，说明 X100 钢母材和焊缝在鹰潭土壤模拟溶液中拉伸时 SCC 敏感性无菌时较有菌时高，进一步证明 SRB 的存在降低了 X100 钢的 SCC 敏感性。

 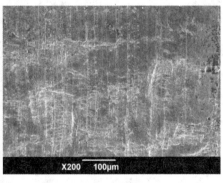

(a) 母材　　　　　　　　　　　　　　　　(b) 焊缝

图 14-17　X100 管线钢在空气中 SSRT 试样断口侧面形貌母材与焊缝

以上分析表明：SRB 的存在降低了 X100 管线钢的 SCC 敏感性，这与人们通常认为的"SRB 是微生物中对钢铁腐蚀最为严重的物种"的观点正好相反。Hernandez 等人的报告中指出，微生物并非总是增强腐蚀的，同一种细菌可能同时具有腐蚀作用和保护作用，假单胞菌就属于这种微生物，而 SRB 所划分的 14 个属中就包含脱硫假单胞菌属。通过改变某些条件，完全相同的微生物会呈现保护作用，使腐蚀减慢。Videla 全面评价了细菌能够减缓或者抑制腐蚀的各种机理。在这方面，他特别关注了三种主要机理，归纳如下：① 中和了环境中存在的腐蚀物质的作用；② 在金属上形成保护膜或者稳定了原先存在的保护膜；③ 导致介质腐蚀性降低。因此，减缓腐蚀可能是上述三种机理之一，或者是这些机理的综合结果。而 SRB 是一种厌氧菌，它可以在除去 O_2 的鹰潭土壤模拟溶液中快速生长繁殖并形成生物膜，通过胞外聚合物吸附在 X100 钢的表面，随着 SSRT 实验时间的增加，该生物膜会不断地在钢表面堆积并变得致密，一定程度上可以阻隔腐蚀性 Cl^- 进入 X100 钢基体表面，进而降低了 X100 钢的 SCC 敏感性。

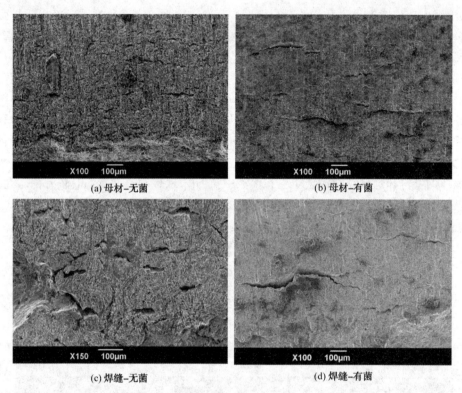

图 14-18　X100 管线钢母材和焊缝在鹰潭土壤模拟溶液无菌与含菌中 SSRT 试样断口侧面形貌

14.3　本章小结

(1) X100 钢在含 SRB 的酸性土壤环境中的微生物腐蚀研究结果

① X100 钢在酸性鹰潭土壤模拟溶液中浸泡 35 天、60 天后，无菌环境下属于严重腐蚀，有菌环境下属于中度腐蚀；腐蚀速率的控制主要由腐蚀产物膜的均匀性与致密性决定，无菌介质中，X100 钢表层腐蚀产物比较疏松，薄厚不一，形状不规则，对基体没有保护作用，内锈层比较致密，但布有裂纹，对基体有一定的保护作用；在有菌介质中，通过高倍形貌可以看出在钢表面有一层透明状的

微生物膜，随着腐蚀的进行，微生物膜与腐蚀产物结合在一起形成更致密的结合膜，对传质有一定的阻碍作用，腐蚀速率有菌时小于无菌，SRB 的存在一定程度上减缓了 X100 钢的腐蚀。EDS 与 XRD 分析表明，无菌时腐蚀产物主要为 Fe_2O_3、Fe_3O_4 和 $\alpha\text{-FeO(OH)}$，有菌时腐蚀产物为 Fe_3O_4、FeS。

② X100 钢在鹰潭土壤模拟溶液中的阴阳极极化曲线均为活化控制，不存在钝化区。X100 钢在无菌与有菌时的腐蚀速率随时间延长的变化趋势均为：减小→增大→减小，这与试样表面的腐蚀产物膜、微生物膜的完整性和致密性有关；腐蚀倾向在无菌溶液中为随时间延长先增大后减小，有菌时为一直增大。

③ X100 钢在鹰潭土壤模拟溶液中无菌时的腐蚀速率基本大于有菌时，在腐蚀初期更明显，这是因为 SRB 代谢活动所产生的生物膜影响了 X100 管线钢电极表面的腐蚀过程，微生物膜本身具有物理阻碍作用，降低有害离子浸入钢基体表面的几率，减缓管线钢的腐蚀过程，此外微生物代谢产物硫化物会填充到微生物膜的孔隙中，进一步增强了微生物膜的物理阻碍作用，微生物胞外聚合物（EPS）和 SRB 的电负性能够阻碍本体溶液中有害离子进入钢基体表面，从而抑制钢的腐蚀。在腐蚀中后期随着溶液中营养物质的消耗，硫酸盐还原菌的代谢活动越来越弱，伴随着微生物膜活性降低，这种抑制作用逐渐减弱。

(2) X100 钢在含 SRB 的酸性土壤环境中的应力腐蚀开裂研究结果

① X100 钢焊缝试样在无菌的鹰潭土壤模拟溶液中的应变量、延伸率和断面收缩率均小于其在有菌（含 SRB）的土壤模拟溶液中的，从 I_δ、I_ψ 和 I_σ 的变化可以确定的是，X100 钢在无菌的鹰潭土壤模拟溶液中 SCC 敏感性基本上均大于其在含 SRB 的土壤模拟溶液中的，说明 SRB 的存在抑制了 X100 钢的脆变，致使 X100 钢的 SCC 敏感性降低。

② X100 钢母材和焊缝在有菌鹰潭土壤模拟溶液中的 SCC 敏感性较小，且小于无菌时的，说明 SRB 的存在降低了 X100 钢母材和焊缝的 SCC 敏感性。X100 钢母材和焊缝在无菌和有菌的鹰潭土壤模拟溶液中的断裂形式均属于应力腐蚀穿晶断裂。

③ SRB 降低 X100 钢母材和焊缝 SCC 敏感性的原因可能是，SRB 在除去 O_2 的鹰潭土壤模拟溶液中能快速繁殖并形成生物膜，该生物膜随时间的增加会不断地堆积并变得致密，一定程度上阻隔了腐蚀性 Cl^- 进入 X100 钢基体表面，致使 X100 钢的 SCC 敏感性减小。

15 X100钢在西北盐渍土壤中的腐蚀行为

我国新疆、青海、甘肃、内蒙古等地区的土壤类别属于西北盐渍土。土壤剖面的中、下部形成明显的盐积层，在盐积层中易溶盐含量高达50%~60%。西部盐渍土的pH值大都在8.0~9.5，土壤溶液呈碱性。土壤中的含盐量较高，SO_4^{2-}的含量最高达到土壤质量的1.43%；Cl^-的含量最高达0.82%；Mg^{2+}的含量高达0.62%。此种土壤对材料产生极严重的腐蚀破坏，属强腐蚀或极强腐蚀性土壤。库尔勒土壤是我国西部典型的荒漠盐渍土壤之一，土壤溶液呈碱性，且含盐量较高，对材料的腐蚀性极大，是管线钢最可能发生点蚀的土壤环境之一。由于我国"西气东输"工程途经新疆的霍尔果斯，途经乌鲁木齐、连木沁、库尔勒等地区，这些地区的土壤均属于我国西部典型的荒漠盐渍土壤，对材料的腐蚀性极大，是管线钢最可能发生点蚀的土壤环境之一。因此，本章以我国库尔勒地区土壤的模拟溶液为实验介质，对SRB作用下X100管线钢在西北盐渍土壤环境中的腐蚀行为进行研究，为X100钢在西北盐渍土壤中的工程应用提供数据支持与参考。

15.1 实验材料和方法

15.1.1 试样制备

实验材料为X100管线钢，其化学成分(%)为C 0.04，Si 0.20，Mn 1.50，P 0.011，S 0.003，Mo 0.02，Fe余量，室温力学性能为：抗拉强度850MPa，屈服强度$R_{p0.2}$为752MPa，屈强比0.89，延伸率24%。试样直接取自直缝焊管，通过线切割加工成50mm×25mm×2mm的片状和11mm×11mm×3mm的正方形试样。正方形试样用于电化学测量，片状试样用于失重实验和腐蚀形貌观察。

电化学试样的制备：将正方形试样与导线焊接后，用环氧树脂对焊接面和与焊接面相邻的四个面进行密封绝缘，另一面作为实验工作面。试样工作面用砂纸打磨至1000#，其打磨方向保持一致；然后用无水乙醇棉球擦洗试样，冷风吹干后得到备用挂样。

应力腐蚀试样是按照慢应变拉伸试验机的要求制作的，试样尺寸及形状同图14-1，其中焊缝位于焊接接头试样标距中间。

15.1.2 实验介质

本实验通过在室内模拟的方法研究了X100钢在西北盐渍土壤-库尔勒土壤模拟溶液中浸泡5天、17天、35天和60天的腐蚀行为及规律，并研究了加入

5%SRB(体积分数)后的腐蚀情况。依据库尔勒土壤的主要理化数据配制的模拟溶液成分为：0.2317% Cl^-、0.0852% SO_4^{2-}、0.1060% HCO_3^-，pH 值为 9.10。实验溶液均用分析纯 NaCl、$NaSO_4$、$NaHCO_3$ 及去离子水配得。

实验所用硫酸盐还原菌菌种是通过富集培养的方式从某炼油厂的循环冷却水系统中分离出来的。使用修正的 Postgate′C 培养基对水样中 SRB 进行富集培养，培养基成分为：0.5g/L KH_2PO_4，2.0g/L $MgSO_4$，0.1g/L $CaCl_2$，0.5g/L Na_2SO_4，1.0g/L NH_4Cl，2.5g/L 乳酸钠，1.0g/L 酵母膏。用 1mol/L NaOH 调节 pH 值为 7.2±0.2。实验前将培养好的 SRB 菌种在 30℃恒温箱中进行活化。接菌时将 50mL 细菌培养液接种到 950mL 的土壤模拟溶液中。

15.1.3 实验方法

(1) 失重实验

将 X100 管线钢试片在不同时间取出，表面先用机械方法除锈，然后放入除锈液(500mL 盐酸+500mL 去离子水+3.5g 六次甲基四胺)进行彻底除锈后，用分析天平称重。试片经腐蚀和去除腐蚀产物后的腐蚀速率 X(mm/a)按下式进行计算：

$$X=\frac{8760\times(W-W_0)\times 10}{A\rho t}=\frac{87600\times(W-W_0)}{A\rho t}$$

式中 W_0——腐蚀实验前试片的原始质量，g；

W_1——腐蚀实验后，去除腐蚀产物后的试片质量，g；

ρ——挂片材料的密度，g/cm^3；

A——试片的暴露面积，cm^2；

t——腐蚀实验的时间，h；

在计算得到材料的平均腐蚀速率以后，对于腐蚀程度的认识则依赖于 NAC-ERP-0775-91 标准的规定。

(2) 电化学实验

电化学测量采用密封的三电极体系。容积为 0.5L。工作电极为 X100 管线钢试片，参比电极为饱和甘汞电极(SCE)，辅助电极为铂片。采用美国 EG&G 公司生产的 M 2273 综合电化学测试系统，对 X80 管线钢电极进行动电位扫描极化曲线测量，扫描速度为 0.5mV/s，交流阻抗谱测试所用频率范围为 5mHz~100kHz，施加的正弦波幅值为 10mV。

(3) 应力腐蚀实验

实验装置：SSRT 所用设备为西安某公司生产的慢应变速率应力腐蚀试验机。该设备可以实现由计算机控制、监控和记录实验数据。

应变速率：$1\times 10^{-6} s^{-1}$。

实验过程：试样拉伸前，标距区依次用 150#~800# 金相砂纸沿纵向和横向交替打磨，末道砂纸打磨方向为试样轴向，以避免可能产生的预裂纹。打磨完后用无水乙醇清洗，丙酮脱脂，以去掉表面油脂和杂物。试样处理完后尽快开始实验,防止表面氧化膜的形成。试样处理完后尽快开始实验,防止表面氧化膜的形成。SSRT 实验前 1h 先向接菌的鹰潭土壤模拟溶液中通入高纯 N_2 进行除 O_2,防止氧化,整个实验过程中一直缓慢通入 N_2。

试件断裂后,应立即取出,注意保护好断口,先用去离子水冲洗表面附着的腐蚀产物,然后吹干,在超声波清洗仪中使用丙酮溶液清洗断口,以除去腐蚀产物,吹干后放入干燥器中密封保存。

试样拉断后采用抗拉强度损失 I_σ、断面收缩率损失 I_ψ 和延伸率损失 I_δ 评价 X100 钢在鹰潭土壤模拟溶液中的 SCC 敏感性,I_σ、I_ψ 和 I_δ 的计算公式如下:

$$I_\sigma = \left(1 - \frac{\sigma}{\sigma_0}\right) \times 100\% \qquad (15-1)$$

$$I_\psi = \left(1 - \frac{\psi}{\psi_0}\right) \times 100\% \qquad (15-2)$$

$$I_\delta = \left(1 - \frac{\delta}{\delta_0}\right) \times 100\% \qquad (15-3)$$

式中 σ,σ_0——试样在溶液和空气中的抗拉强度;

ψ,ψ_0——试样在溶液和空气中的断面收缩率;

δ,δ_0——试样在溶液和空气中的延伸率。

(4) 表面形貌观察与分析

使用 JEOL JSM-35C SEM 扫描电镜进行微生物膜形貌、腐蚀产物膜和腐蚀形貌分析,并使用与之配套的电子能谱(EDS)进行元素分析,采用 XRD 对腐蚀产物的结构进行分析。对浸泡在无菌溶液和含有 SRB 的腐蚀液中不同时间的试片上附着的生物膜、腐蚀产物和腐蚀形貌也进行了 SEM 观察和相关区域的 EDS 分析。SEM 观察前对用于生物膜观察的浸泡试样做如下处理:将附着有生物膜的试片先在 4% 戊二醛溶液(用无菌蒸馏水配制)中固定 15min,然后分别用 25%、50%、75% 和 100% 的乙醇溶液进行逐级脱水 15min,干燥后用于 SEM 观察。SEM 观察前对用于观察腐蚀形貌的试样做如下处理:用 0.1% Tween-80 试剂(用灭菌水配制)清洗试样,然后用乙醇脱水,干燥后用于 SEM 观察。

(5) 试片表面与断口清洗

采用除锈液(500mL 盐酸+500mL 去离子水+3.5g 六次甲基四胺)将试样表面的腐蚀产物去除,然后用蒸馏水冲洗,丙酮除油,无水酒精脱脂后放置干燥器内备用。除净腐蚀产物后,拍摄实物照片,并用 SEM 观察试片表面与断口腐蚀形貌。

15.2 实验结果与分析

15.2.1 X100 钢在含 SRB 的西北盐渍土壤环境中的微生物腐蚀行为

(1) 腐蚀速率的测定

图 15-1 为 X100 钢在库尔勒土壤模拟溶液中浸泡 35 天和 60 天后的腐蚀速

率。X100 钢在库尔勒土壤模拟溶液中浸泡 35 天、60 天后无菌和有菌的平均腐蚀速率均在 0.025-0.125 之间，根据 NACE RP-0775-91 标准可知，均属于中度腐蚀。同时，随着浸泡时间的增加，平均腐蚀速率增大，腐蚀加剧，且无菌时的平均腐蚀速率要大于有菌时。

(2) 电化学分析

图 15-2 为 X100 钢在无菌、有菌的库尔勒土壤模拟溶液中浸泡不同时间后的动电位极化曲线图，在无菌与有菌下都不存在钝化区，说明在整个实验过程中，X100 钢在无菌与有菌的库尔勒土壤模拟溶液中一直处于活化状态，没有钝态出现。表 15-1 为不同时间的自腐蚀电位与自腐蚀电流密度极化曲线拟合结果，无菌环境中，自腐蚀电位在 $-720\sim-763\mathrm{mV}$ 内变化，整体趋势是在减小，说明管线钢的腐蚀倾向在增大。有菌环境中，自腐蚀电位在 $-747\sim-791\mathrm{mV}$ 内变化，管线钢的总体腐蚀倾向增加。由 Farady 第二定律可知，腐蚀电流密度与腐蚀速率之间成正比，因此，无菌环境中，X100 钢的腐蚀速率在实验前期先减小，腐蚀受到抑制，这与刚表面生成的致密的腐蚀产物层有关，降低了有害离子浸入管线钢界面的几率；实验后期腐蚀速率又持续增大，这与腐蚀产物层的脱落有关，导致致密性降低。在有菌环境中，腐蚀速率在整个实验过程中持续增大，这与微生物膜的脱落和腐蚀产物形成、脱落有关，在 5~17 天阶段微生物已经处于衰亡期，微生物膜的脱落相比腐蚀产物的形成处于优势地位，导致腐蚀速率升高；17~60 天时，虽然表层形成腐蚀产物，但同时伴随着腐蚀产物的脱落，导致腐蚀速率继续减小。

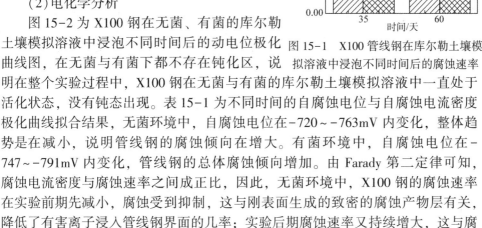

图 15-1 X100 管线钢在库尔勒土壤模拟溶液中浸泡不同时间后的腐蚀速率

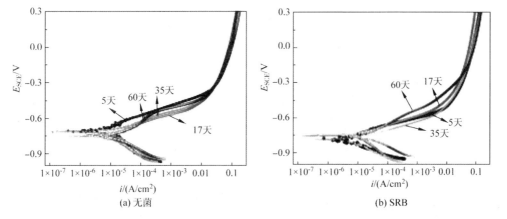

图 15-2 X100 管线钢在库尔勒土壤模拟溶液中浸泡不同时间后的极化曲线

在整个实验过程中，接菌环境中管线钢的腐蚀速率小于无菌环境中的，这与 SRB 及活性生物膜的存在有关。微生物胞外聚合物(EPS)和 SRB 的电负性能够阻碍本体溶液中有害离子进入钢基体表面,从而抑制钢的腐蚀;微生物膜本身具有物理阻碍作用,降低有害离子浸入钢基体表面的几率,减缓管线钢的腐蚀过程;微生物代谢产物硫化物会填充到微生物膜的孔隙中,进一步增强了微生物膜的物理阻碍作用。

表 15-1　X100 管线钢在库尔勒土壤模拟溶液中浸泡不同时间后的极化曲线拟合结果

时间/天	无 SRB		含 SRB	
	$i_{corr}/(\mu A/cm^2)$	E_{corr}/mV	$i_{corr}/(\mu A/cm^2)$	E_{corr}/mV
5	9.068	-720.297	2.459	-787.750
17	8.043	-746.452	5.435	-747.148
35	11.420	-722.395	8.369	-791.072
60	20.630	-762.557	17.70	-760.019

为了进一步监测腐蚀过程中不同腐蚀时间后各试样表面腐蚀产物的变化情况,进行了交流阻抗测试,其中图 15-3 为 X100 管线钢在海滨土壤模拟溶液中的电化学阻抗图谱。无菌环境中阻抗谱表现为一个时间常数,表明 X100 钢电极的腐蚀行为主要由电极表面电极反应过程决定,随着时间的推移,阻抗半径在 17 天时增大,然后减小,表明腐蚀产物层的保护性先增大后减小,腐蚀速率先减小后增大。有菌环境中也表现为一个时间常数,随时间的推移,阻抗半径一直减小,表明腐蚀速率持续增大。

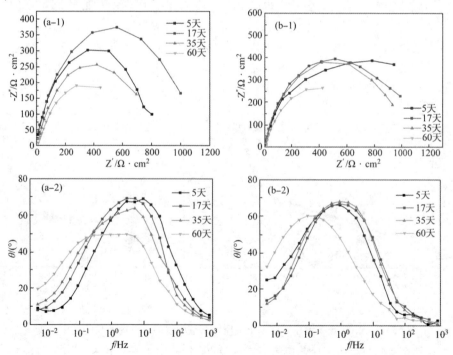

图 15-3　X100 管线钢在库尔勒土壤模拟溶液中浸泡不同时间后的交流阻抗图谱
a—无菌;b—SRB;1—Nyquist 图;2—频率相位角图

实验结果采用图 15-4 所示的等效电路进行拟合，采用 Zsimpwin 软件进行数据拟合得到的各等效电路参数如表 15-2 和表 15-3 所示。其中，R_s 为模拟溶液电阻，Q_{dl} 代表双电层电容的常相位元件，R_t 为电荷转移电阻，C_f 为腐蚀产物膜或生物膜电容，R_f 为腐蚀产物膜或生物膜电阻，n_{dl} 表示双电层电容指数。从图 15-3 的 Nyquist 图可以看出，测出的曲线偏离半圆的轨迹，存在"弥散效应"，弥散效应反映出了电极界面双电层偏离理想电容的性质，即把电极界面双电层简单地等效成一个纯电容是不准确的，本部分均用常相位元件 Q 代替电容元件。

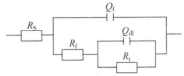

图 15-4　X100 管线钢在库尔勒土壤模拟溶液中浸泡不同时间的等效电路

表 15-2 为无菌时 X100 钢电化学阻抗谱拟合结果，可以看出溶液电阻 R_s 在整个过程中变化很小，表明腐蚀过程基本稳定。R_f 在 17 天时为 150.9Ω·cm² 最大，之后减小，说明实验初期，管线钢基体上腐蚀产物层先增加，实验后期随着腐蚀产物层的脱落其阻碍作用降低。表 15-3 为有菌时 X100 钢电化学阻抗谱拟合结果，溶液电阻 R_s 在 5 天时 1E-7Ω·cm²，这可能是由于硫酸盐还原菌起初在钢表面形成微生物膜，致使没有腐蚀产物脱落，溶液比较透明，溶液电阻非常小，之后随着腐蚀产物脱落溶液变得浑浊，溶液电阻变大并维持在一定范围内，腐蚀过程基本稳定。R_f 在 35 天时为 92.98Ω·cm² 最大，之后减小，说明随着腐蚀的进行，腐蚀产物或微生物膜对腐蚀的抑制作用先增大，在 35 天时最大，之后减小。

表 15-2　X100 钢在无菌库尔勒土壤模拟溶液中浸泡不同天数后的 EIS 拟合结果

时间/天	R_s/Ω·cm²	Q_f/(F/cm²)	n_f	R_f/Ω·cm²	Q_{dl}/(F/cm²)	n_{dl}	R_t/Ω·cm²
5	6.382	0.0003765	1	32.87	0.0006567	0.6325	819.5
17	7.946	0.0006715	1	150.9	0.001156	0.6362	960.7
35	7.099	0.001035	1	67.48	0.002301	0.6345	774.4
60	7.201	0.002331	0.9049	42.71	0.005685	0.6341	649.8

由于 R_s 相对 R_f 和电荷转移电阻 R_t 来说很小，定义极化电阻 $R_p = R_f + R_t$，用极化电阻 R_p 来表征体系腐蚀速率快慢的变量。从表 15-2 和表 15-3 可以看出，无菌时极化电阻 R_p 变化为先增大后减小再减小，有菌时为一直减小，说明无菌时的腐蚀速率先减小后持续增大，有菌时一直增大。且无菌时的极化电阻 R_p 值均小于有菌时，说明无菌时的腐蚀速率要大于有菌时的腐蚀速率，SRB 代谢活动产生的活性微生物膜对腐蚀过程的阻碍作用是整个实验过程腐蚀速率较低的原因。以上分析结果与极化曲线分析结果相一致。

表 15-3　X100 钢在有菌库尔勒土壤模拟溶液中浸泡不同天数后的 EIS 拟合结果

时间/天	R_s/Ω·cm²	Q_f/(F/cm²)	n_f	R_f/Ω·cm²	Q_{dl}/(F/cm²)	n_{dl}	R_t/Ω·cm²
5	1E-7	1.85E-7	1	8.253	0.0042	0.8376	1197
17	9.027	0.001369	1	48.21	0.001545	0.6725	1064

续表

时间/天	$R_s/\Omega \cdot cm^2$	$Q_f/(F/cm^2)$	n_f	$R_f/\Omega \cdot cm^2$	$Q_{dl}/(F/cm^2)$	n_{dl}	$R_t/\Omega \cdot cm^2$
35	7.727	0.001916	1	92.98	0.00196	0.7152	934.8
60	6.692	0.00161	0.977	0.8763	0.01536	0.7599	778.6

(3) 腐蚀形貌分析

图15-5~图15-7为X100钢在库尔勒土壤模拟溶液中的微观和宏观形貌。无菌时钢基体表面被一层厚厚的腐蚀产物覆盖，外层为红棕色、疏松的腐蚀产物，内层为暗黑色、较致密的腐蚀产物；5~35天时腐蚀产物逐渐致密，60天时部分外层腐蚀产物脱落，暴露出更多面积的内层腐蚀产物，且内层腐蚀产物上布满裂纹。有菌环境下，5天时腐蚀程度相比无菌时要轻，表面只有少许的团簇状腐蚀产物，仍可见打磨痕迹，表面腐蚀产物颜色较无菌时浅，通过高倍形貌可以看到表面包裹一层透明状的微生物膜，说明SRB存在时形成的活性微生物膜对腐蚀起到了抑制作用；5~60天时随着SRB的衰亡，活性微生物膜的抑制作用降低，腐蚀产物大量形成，钢基体被厚厚的腐蚀产物覆盖，产物也分为两层，外层为红棕色、疏松的腐蚀产物，内层为暗黑色、较致密的腐蚀产物，同时伴随着腐蚀产物的脱落，60天时外层腐蚀产物基本脱落掉，暴露出内层黑色的腐蚀产物，内层腐蚀产物上布满裂纹；从高倍的形貌可以看到微生物膜在中后期和腐蚀产物结合在一起形成一种结合膜，同样达到抑制腐蚀的效果。

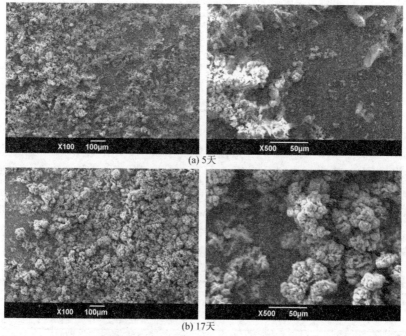

图15-5 X100管线钢在库尔勒无菌土壤模拟溶液中浸泡不同时间的SEM形貌

(c) 35天

(d) 60天

图 15-5　X100 管线钢在库尔勒无菌土壤模拟溶液中浸泡不同时间的 SEM 形貌(续)

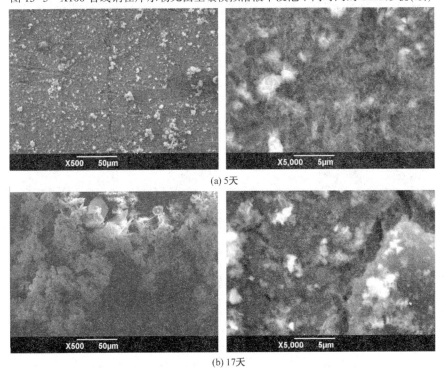

(a) 5天

(b) 17天

图 15-6　X100 管线钢在库尔勒有菌土壤模拟溶液中浸泡不同时间的 SEM 形貌

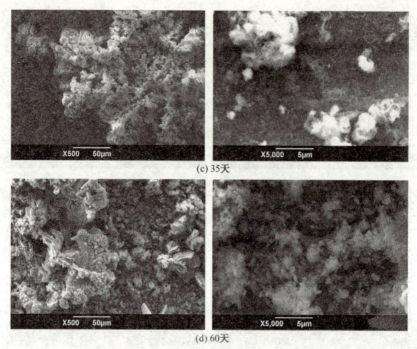

(c) 35天

(d) 60天

图 15-6 X100 管线钢在库尔勒有菌土壤模拟溶液中浸泡不同时间的 SEM 形貌(续)

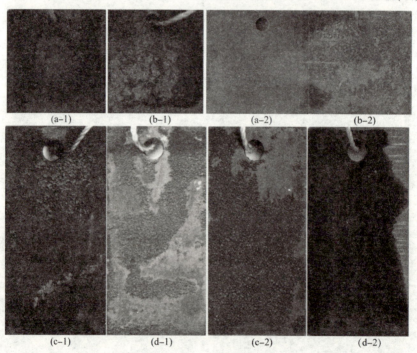

图 15-7 X100 管线钢在库尔勒土壤模拟溶液中浸泡不同时间的宏观形貌
a—5 天；b—17 天；c—35 天；d—60 天；1—无菌；2—有菌

(4) EDS 及 XRD 分析

图 15-8~图 15-10 为无菌、有菌时 X100 钢在库尔勒土壤模拟溶液中浸泡 35 天、60 天时的 EDS、XRD 分析结果。从图 15-8、图 15-9 可知,无菌时腐蚀产物中含有较高含量的铁和氧,表明该腐蚀产物主要为铁的氧化物,60 天时含有微量的硫元素可能是杂质或基体本身所含硫导致;从图 15-10 可知腐蚀产物主要有 Fe_3O_4、$\alpha\text{-FeO(OH)}$,表层为 $\alpha\text{-FeO(OH)}$,它质地疏松无保护作用,内层为 Fe_3O_4,它比较致密,可起一定的保护作用。有菌时腐蚀产物中含有较高含量的 O、S、Fe 和 Cr 元素,其中 S 的含量远高于管线钢中的硫含量,表面腐蚀产物可能主要为铁的氧化物、硫化物;从图 15-10(b) 知,腐蚀产物主要有 Fe_2O_3、Fe_3O_4、FeS,内层主要为致密的 Fe_3O_4、FeS,具有一定的保护作用,表层为疏松的 Fe_2O_3。

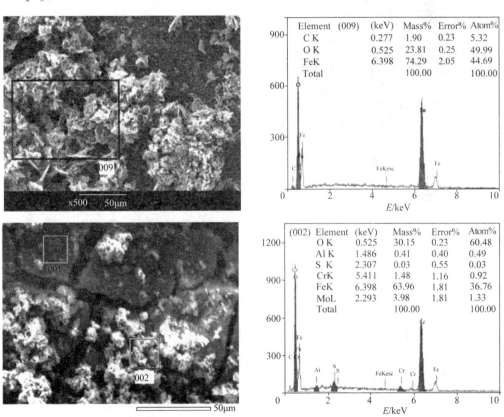

图 15-8　X100 管线钢在无菌库尔勒土壤模拟溶液中浸泡 35 天、60 天后 EDS 分析

009—35 天;002—60 天

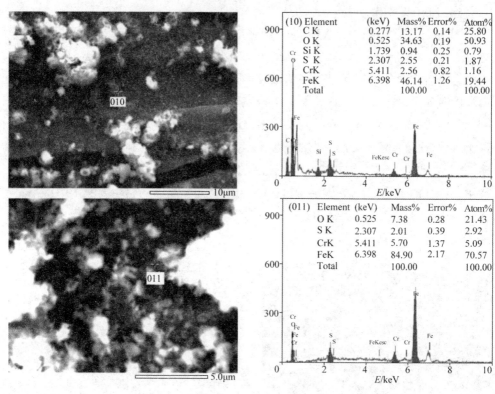

图 15-9　X100 管线钢在有菌库尔勒土壤模拟溶液中浸泡 35 天、60 天后 EDS 分析

010—35 天；011—60 天

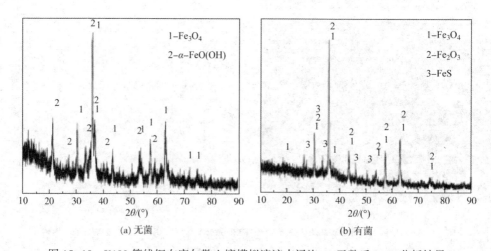

图 15-10　X100 管线钢在库尔勒土壤模拟溶液中浸泡 60 天数后 XRD 分析结果

15.2.2 X100钢在含SRB的西北盐渍土壤环境中的应力腐蚀行为

(1) SSRT实验结果

X100管线钢母材及焊缝试样在鹰潭土壤模拟溶液及空气中SSRT试样的应力-应变曲线如图15-11和图15-12所示，不同介质中应力腐蚀参数和结果如表15-4所示。

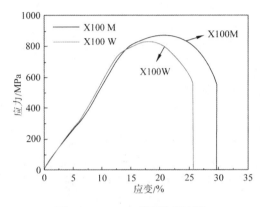

图15-11 X100管线钢母材和焊缝试样在空气中的SSRT曲线

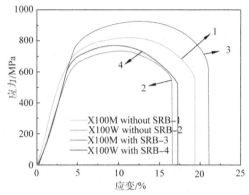

图15-12 X100管线钢母材和焊缝试样在库尔勒土壤模拟溶液中的SSRT曲线

由图15-11、图15-12和表15-4可见，X100钢在无菌的库尔勒土壤模拟溶液中的断裂寿命、断裂强度、应变量、伸长率和断面收缩率基本上均小于其在含SRB的土壤模拟溶液中的。从 I_δ、I_ψ 和 I_σ 的变化来看，X100钢的SCC敏感性顺序为：I_δ(含SRB的焊缝试样) < I_δ(含SRB的母材试样) < I_δ(不含SRB的母材试样) < I_δ(不含SRB的焊缝试样)，I_ψ(含SRB的焊缝试样) < I_ψ(不含SRB的母材试样) < I_ψ(含SRB的母材试样) < I_ψ(不含SRB的焊缝试样)，I_σ(含SRB的母材试样) < I_σ(含SRB的焊缝试样) < I_σ(不含SRB的母材试样) < I_σ(不含SRB的焊缝试样)，经过比较可以发现，I_δ、I_ψ 和 I_σ 的变化规律并不完全一致，难以确定介质与SCC敏感性的确切关系，但可以确定的是，X100钢在无菌的库尔勒土壤模拟溶液中SCC敏感性均大于其在含SRB的土壤模拟溶液中的；对比 I_δ、I_ψ 和 I_σ 发现，伸长率损失系数 I_δ 最大降低了21.39%，面缩率损失系数 I_ψ 最大降低了34.35%，强度损失系数 I_σ 最大降低了8.31%，可知有菌与无菌库尔勒土壤模拟溶液对X100管线钢材料的影响主要是塑性的降低，对于强度影响不明显。X100钢焊缝试样在含SRB土壤模拟溶液中拉伸时 I_δ 为负数，表明焊缝在含SRB土壤模拟溶液中拉伸时伸长率反而比空气中的大，而且在含SRB的溶液中X100钢焊缝试样的 I_δ 和 I_ψ 均远小于母材试样的，说明SRB对于焊缝试样的SCC敏感性影响作用更大。根据以上分析可知，在库尔勒土壤模拟溶液中SRB的存在抑制了X100钢

的脆变,致使 X100 钢的 SCC 敏感性降低。

表 15-4　X100 管线钢在不同介质中的应力腐蚀参数和结果

试样编号	断裂寿命 T_F/h	断裂强度 σ_b/MPa	应变量 ε/%	延伸率 δ/%	断面收缩率 ψ/%	强度损失系数 I_σ/%	延伸率损失系数 I_δ/%	面缩率损失系数 I_ψ/%
M-K	85.64	874	29.64	19.00	74.96	—	—	—
W-K	71.51	830	25.63	15.58	62.04	—	—	—
KEL-M	52.99	819	19.34	16.17	55.63	6.29	14.91	25.78
KEL-W	47.86	761	17.15	12.25	41.39	8.31	21.39	34.35
KEL-M-SRB	58.77	923	21.07	17.83	52.00	−5.60	6.14	29.29
KEL-W-SRB	50.235	803	18.00	19.42	61.92	2.25	−24.60	1.78

(2)断口及裂纹形貌观察

图 15-13 是 X100 管线钢母材和焊缝在空气中的 SSRT 断口形貌。由图可知,X100 钢试样在空气中拉伸时,母材和焊缝的宏观断口附近出现了明显的颈缩现象,且母材的颈缩程度远大于焊缝,母材断裂面与拉伸轴方向垂直,焊缝断裂面与拉伸轴方向大致成 45°角,焊缝的断口较母材平直;母材和焊缝的微观断口形貌均以韧窝为主,且母材的韧窝相比焊缝的要较大且深,同时韧窝间存在着微孔,局部韧窝壁上有明显的蛇形滑移特征,为韧窝-微孔型的韧性断裂,属于典型的韧性断裂特征。以上表明 X100 管线钢在空气环境下的 SSRT 实验伴有塑性形变,当应力大于材料的屈服强度后,材料开始发生塑性形变,在材料内部夹杂物、析出相、晶界、亚晶界等部位发生位错塞积,形成应力集中,进而形成微孔洞,且随着形变增加,显微孔洞相互吞并变大,最后发生颈缩和断裂。

图 15-14 是 X100 钢母材在库尔勒无菌与有菌土壤模拟溶液中的 SSRT 断口的宏观与微观 SEM 形貌。从图 15-14 的宏观断口可以看出试样断裂面均为斜断口,与拉伸轴方向大致成 45°角,宏观断口均呈现明显的颈缩现象,无菌时的颈缩程度小于有菌时的。由微观形貌图可见,无菌时断口中间区域[图 15-14(c)]为准解理断口形貌,呈现脆性特征,断口边缘区域以韧窝为主,在断口两侧呈现条纹状的 SCC 裂纹[图 15-14(e)],因此断口为韧性+脆性混合型,说明 X100 钢母材在无菌库尔勒土壤模拟溶液中具有较大的 SCC 敏感性;有菌时断口形貌以韧窝为主,表现出韧性断口特征,但在断口两侧均呈现条纹状的 SCC 裂纹[图 15-14(f)],且裂纹的周围仍为韧窝形貌,说明 X100 钢母材在有菌库尔勒土壤模拟溶液中的 SCC 敏感性较小,且小于无菌时的,说明 SRB 的存在导致 X100 钢母材在库尔勒土壤模拟溶液中的 SCC 敏感性降低。

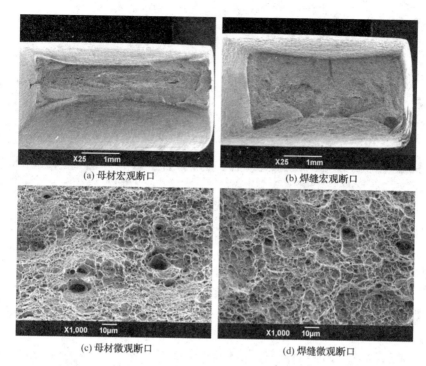

图 15-13　X100 管线钢母材和焊缝在空气中的断口 SEM 形貌

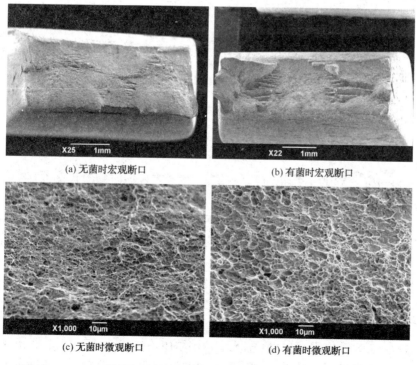

图 15-14　X100 管线钢母材在库尔勒无菌与含菌溶液中的断口 SEM 形貌

(e) 无菌时断口裂纹区域

(f) 有菌时断口裂纹区域

图 15-14 X100 管线钢母材在库尔勒无菌与含菌溶液中的断口 SEM 形貌(续)

图 15-15 是 X100 钢焊缝在库尔勒无菌与有菌土壤模拟溶液中的 SSRT 断口的宏观与微观 SEM 形貌。从图 15-15 的宏观断口可以看出试样断裂面均为斜断口，与拉伸轴方向大致成 45°角，有菌时宏观断口颈缩现象明显，无菌时颈缩很小。由微观形貌图可见，无菌时断口边缘区域微观形貌以扁平的韧窝为主，韧窝间出现明显的撕裂棱，断口中间区域为准解理断口形貌，同时伴有少量孔洞，呈现出脆性特征，在断口两侧呈现条纹状花样的 SCC 裂纹[图 15-15(e)]，靠近裂纹右侧为韧窝形貌，左侧为准解理形貌，说明 X100 钢焊缝在无菌库尔勒土壤模拟溶液中具有很大的 SCC 敏感性；有菌时断口中间区域形貌以小韧窝为主，存在少量韧窝孔洞，断口边缘区域形貌以扁平的韧窝为主，均表现出韧性断口特征，说明 X100 钢焊缝在有菌库尔勒土壤模拟溶液中的 SCC 敏感性较小，且小于无菌时的，说明 SRB 的存在导致 X100 钢焊缝在库尔勒土壤模拟溶液中的 SCC 敏感性降低。

应力腐蚀的一个主要特征就是在主裂纹之外，会有二次裂纹的存在，二次裂纹的分布特点通常是形核位置多、数量多、裂纹长短和大小不同。一般认为，如果在腐蚀性介质中拉伸断裂试样断口的侧面存在着微裂纹(二次裂纹)，则表明该材料对 SCC 是敏感的。

图 15-16 是 X100 管线钢母材和焊缝在空气中拉伸时的断口侧面形貌，母材和焊缝断口侧面均无二次裂纹出现。图 15-17 是 X100 管线钢母材和焊缝在库尔勒模拟溶液中拉伸时的断口侧面形貌，可以看到 X100 钢在无菌与有菌库尔勒土壤模拟溶液中拉伸时，母材和焊缝断口侧面均存在二次裂纹，部分裂纹已经由于扩张而发生合并连续，无菌时二次裂纹的扩展方向与外加应力轴方向呈 45°或者垂直于外加应力轴方向，有菌时二次裂纹扩张方向均垂直于外加应力轴方向，由图 15-17(a)和图 15-17(c)可见有些裂纹是沿直线方向扩展，而有些裂纹则是沿晶扩展，可以判断出 X100 钢母材和焊缝在无菌的库尔勒土壤模拟溶液中的拉伸断裂属于应力腐蚀穿晶+沿晶混合断裂，由图 15-17(b)和图 15-17(d)可见裂纹均是沿直线方向扩展，因此可以判断出 X100 钢母材和焊缝在含有 SRB 的库尔勒

土壤模拟溶液中的拉伸断裂属于应力腐蚀穿晶断裂；并且在无菌时二次裂纹密度均高于有菌时，且二次裂纹无菌时比有菌时深，说明 X100 钢母材和焊缝在库尔勒土壤模拟溶液中拉伸时 SCC 敏感性无菌时较有菌时高，SRB 的存在降低了 X100 钢的 SCC 敏感性。

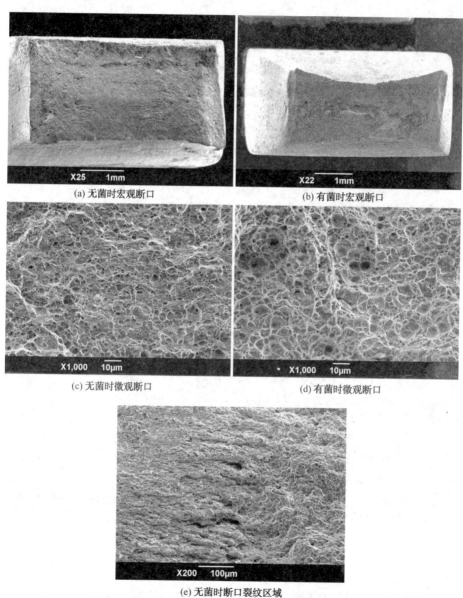

图 15-15　X100 管线钢焊缝在库尔勒无菌与含菌溶液中的断口形貌

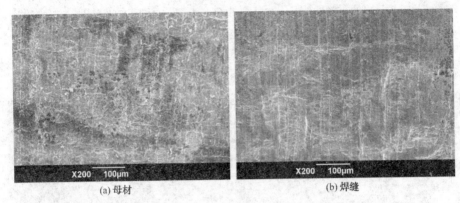

图 15-16 X100 管线钢在空气中 SSRT 试样断口侧面形貌母材与焊缝

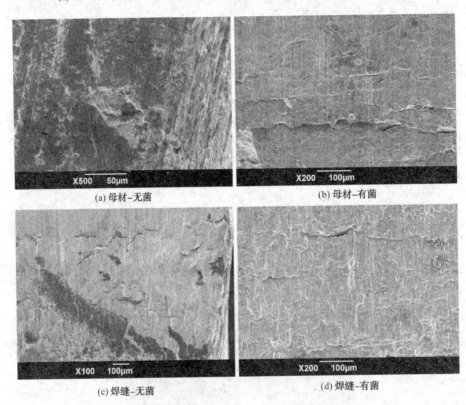

图 15-17 X100 管线钢母材和焊缝在库尔勒土壤模拟溶液无菌与含菌中 SSRT 试样断口侧面形貌

以上分析表明：SRB 的存在降低了 X100 管线钢的 SCC 敏感性，这与人们通常认为的"SRB 是微生物中对钢铁腐蚀最为严重的物种"的观点正好相反。Hernandez 等人的报告中指出，微生物并非总是增强腐蚀的，同一种细菌可能同时具有腐蚀作用和保护作用，假单胞菌就属于这种微生物，而 SRB 所划分的 14 个属中就包含脱硫假单胞菌属。通过改变某些条件，完全相同的微生物会呈现保护作用，使腐蚀减慢。Videla 全面评价了细菌能够减缓或者抑制腐蚀的各种机理。在这方面，他特别关注了三种主要机理，归纳如下：① 中和了环境中存在的腐蚀物质的作用；② 在金属上形成保护膜或者稳定了原先存在的保护膜；③ 导致介质腐蚀性降低。因此，减缓腐蚀可能是上述三种机理之一，或者是这些机理的综合结果。而 SRB 是一种厌氧菌，它可以在除去 O_2 的库尔勒土壤模拟溶液中快速繁殖并形成生物膜，随着实验时间的增加，该生物膜会不断地堆积并变得致密，一定程度上可以阻隔腐蚀性 Cl^- 进入 X100 钢基体表面，进而降低了 X100 钢的 SCC 敏感性。

15.3　本章小结

(1) X100 钢在含 SRB 的西北盐渍土壤环境中的微生物腐蚀研究结果

① 失重实验结果表明：X100 钢在库尔勒土壤模拟溶液中无菌与有菌环境下均属于中度腐蚀；35 天、60 天的平均腐蚀速率在无菌时均大于有菌时，说明 SRB 抑制了 X100 钢的腐蚀。

② 电化学分析结果表明：X100 钢在库尔勒土壤模拟溶液中的阴阳极极化曲线均为活化控制，不存在钝化区。通过极化曲线和交流阻抗谱测试发现 X100 钢的总体腐蚀倾向在库尔勒土壤模拟溶液中有菌无菌时均增加，腐蚀速率随时间变化趋势在库尔勒土壤模拟溶液中无菌时先减小后持续增大，有菌时持续增大，同时无菌时的腐蚀速率基本大于有菌时，在腐蚀初期更明显，这是因为 SRB 代谢活动所产生的生物膜影响了 X100 管线钢电极表面的腐蚀过程，微生物膜本身具有物理阻碍作用，降低有害离子浸入钢基体表面的几率，减缓管线钢的腐蚀过程，此外微生物代谢产物硫化物会填充到微生物膜的孔隙中，进一步增强了微生物膜的物理阻碍作用，微生物胞外聚合物(EPS)和 SRB 的电负性能够阻碍本体溶液中有害离子进入钢基体表面，从而抑制钢的腐蚀。在腐蚀中后期随着溶液中营养物质的消耗，硫酸盐还原菌的代谢活动越来越弱，伴随着微生物膜活性降低，这种抑制作用逐渐减弱。

③ 形貌观察和 EDS 分析表明：X100 钢在库尔勒土壤模拟溶液中的宏观形貌可以看出腐蚀产物基本都分为两层，表层为红褐色或红棕色腐蚀产物，较厚，容易去除；内层很薄为暗黑色，与基体结合牢固，不容易去除。随浸泡时间的增加，腐蚀产物增厚变多，部分外锈层从内锈层上脱落。X100 钢有菌时腐蚀程度要小于无菌时，在 5 天时最为明显。从微观 SEM 形貌可以看出，无菌时表层腐蚀产物比较疏松，薄厚不一，形状不规则，对基体没有保护作用，内锈层比较致密，但布有裂纹，对基体有一定的保护作用；有菌时腐蚀形貌有别于无菌时，通

过高倍形貌可以看出在钢表面有一层透明状的微生物膜，随着腐蚀的进行，微生物膜与腐蚀产物结合在一起形成更致密的结合膜，可以阻碍钢的腐蚀。EDS 与 XRD 分析表明，无菌时腐蚀产物主要为 Fe_3O_4 和 $\alpha\text{-FeO(OH)}$，有菌时腐蚀产物为 Fe_2O_3、Fe_3O_4 和 FeS。

（2）X100 钢在含 SRB 的西北盐渍土壤环境中的应力腐蚀开裂研究结果

① X100 钢在无菌的库尔勒土壤模拟溶液中的断裂寿命、断裂强度、应变量、伸长率和断面收缩率基本上均小于其在有菌（含 SRB）的土壤模拟溶液中的，说明 SRB 的存在抑制了 X100 钢的脆变，致使 X100 钢的 SCC 敏感性降低。有菌与无菌土壤模拟溶液对 X100 管线钢材料的影响主要是塑性的降低，对于强度影响不明显。SRB 对于焊缝的 SCC 敏感性影响作用更大。

② X100 钢母材和焊缝在有菌库尔勒土壤模拟溶液中的 SCC 敏感性较小，且小于无菌时的，说明 SRB 的存在降低了 X100 钢母材和焊缝的 SCC 敏感性。X100 钢在空气中拉伸时，母材和焊缝微观断口均为韧窝-微孔型的韧性断裂，属于典型的韧性断裂特征，X100 钢母材和焊缝在无菌的库尔勒土壤模拟溶液中的拉伸断裂属于应力腐蚀穿晶+沿晶混合断裂，X100 钢母材和焊缝在有菌的库尔勒土壤模拟溶液中的拉伸断裂属于应力腐蚀穿晶断裂。

③ SRB 降低 X100 钢母材和焊缝 SCC 敏感性的原因可能是，SRB 在除去 O_2 的库尔勒土壤模拟溶液中能快速繁殖并形成生物膜，该生物膜随时间的增加会不断地堆积并变得致密，一定程度上阻隔了腐蚀性 Cl^- 进入 X100 钢基体表面，致使 X100 钢的 SCC 敏感性减小。

16　X100 钢在海滨盐碱土壤中的腐蚀行为

SRB 是引起管线钢土壤腐蚀最主要、最具破坏性的微生物，由 SRB 引起的 MIC 是目前集输管线的主要腐蚀形态之一。微生物膜的完整均匀程度能够改变金属的表面性能，进而促进或抑制腐蚀敏感性。SRB 新陈代谢产生具有强腐蚀性、毒性和再活化性的硫化物，能够导致严重的腐蚀问题，同时新陈代谢形成生物膜，其主要成分包括水、铁硫化合物以及胞外高聚物（EPS），是生物膜黏附在各种物质上的媒介，同时促进细菌获得营养物质维持其生长代谢。在所有的腐蚀事故中，点蚀是引起管道内外腐蚀的主要因素，SRB 的活动可以极大地改变特定服役条件下金属表面的腐蚀环境特性，致使金属产生严重的点蚀。

X100 管线钢作为超前储备用钢，凭借更高强度、耐压性好和经济成本低等优势，必将在我国以后的长输管线建设中大批量使用。因此，开展 X100 钢在含 SRB 的土壤环境中的腐蚀行为研究是十分迫切的，也是工程上非常关注的实际问题。我国东南部地区经济发达，地下管网密集，研究表明，海滨盐碱土壤对材料具有很强的腐蚀性，是管线钢发生点蚀最可能的土壤环境之一。因此，本章采用失重法、电化学方法和表面分析技术对海滨盐碱土壤中 SRB 对 X100 管线钢微生物腐蚀行为与应力腐蚀开裂行为的影响进行了深入的研究，为 X100 钢在海滨盐碱土壤中的工程应用提供数据支持与参考。

16.1　实验材料和方法

16.1.1　试样制备

实验材料为 X100 管线钢，其化学成分（%）为 C 0.04，Si 0.20，Mn 1.50，P 0.011，S 0.003，Mo 0.02，Fe 余量，室温力学性能为：抗拉强度 850MPa，屈服强度 $R_{p0.2}$ 为 752MPa，屈强比 0.89，延伸率 24%。试样直接取自直缝焊管，通过线切割加工成 50mm×25mm×2mm 的片状和 11mm×11mm×3mm 的正方形试样。正方形试样用于电化学测量，片状试样用于失重实验和腐蚀形貌观察。

电化学试样的制备：将正方形试样与导线焊接后，用环氧树脂对焊接面和与焊接面相邻的四个面进行密封绝缘，另一面作为实验工作面。试样工作面用砂纸打磨至 1000#，其打磨方向保持一致；然后用无水乙醇棉球擦洗试样，冷风吹干后得到备用挂样。

应力腐蚀试样是按照慢应变拉伸试验机的要求制作的，试样尺寸及形状同图 14-1，其中焊缝位于焊接接头试样标距中间。

16.1.2 实验介质

本实验通过在室内模拟的方法研究了 X100 钢在海滨盐碱土壤模拟溶液中浸泡 5 天、17 天、35 天和 60 天的腐蚀行为及规律，并研究了加入 5%SRB（体积分数）后的腐蚀情况。依据海滨盐碱土壤的主要理化数据配制的模拟溶液成分为：0.426% Cl^-，0.1594% SO_4^{2-}，0.0439% HCO_3^-，pH 值为 7.76。实验溶液均用分析纯 NaCl、$NaSO_4$、$NaHCO_3$ 及去离子水配得。

实验所用硫酸盐还原菌菌种是通过富集培养的方式从某炼油厂的循环冷却水系统中分离出来的。使用修正的 Postgate'C 培养基对水样中 SRB 进行富集培养，培养基成分为：0.5g/L KH_2PO_4，2.0g/L Mg_2SO_4，0.1g/L $CaCl_2$，0.5g/L Na_2SO_4，1.0g/L NH_4Cl，2.5g/L 乳酸钠，1.0g/L 酵母膏。用 1mol/L NaOH 调节 pH 值为 7.2±0.2。实验前将培养好的 SRB 菌种在 30℃恒温箱中进行活化。接菌时将 50mL 细菌培养液接种到 950mL 的土壤模拟溶液中。

16.1.3 实验方法

（1）失重实验

将 X100 管线钢试片在不同时间取出，表面先用机械方法除锈，然后放入除锈液（500mL 盐酸+500mL 去离子水+3.5g 六次甲基四胺）进行彻底除锈后，用分析天平称重。试片经腐蚀和去除腐蚀产物后的腐蚀速率 X(mm/a) 按下式进行计算：

$$X = \frac{8760 \times (W - W_0) \times 10}{A\rho t} = \frac{87600 \times (W - W_0)}{A\rho t}$$

式中　W_0——腐蚀实验前试片的原始质量，g；

　　　W_1——腐蚀实验后，去除腐蚀产物后的试片质量，g；

　　　ρ——挂片材料的密度，g/cm^3；

　　　A——试片的暴露面积，cm^2；

　　　t——腐蚀实验的时间，h；

在计算得到材料的平均腐蚀速率以后，对于腐蚀程度的认识则依赖于 NACERP-0775-91 标准的规定。

（2）电化学实验

电化学测量采用密封的三电极体系。容积为 0.5L。工作电极为 X100 管线钢试片，参比电极为饱和甘汞电极（SCE），辅助电极为铂片。采用美国 EG&G 公司生产的 M 2273 综合电化学测试系统，对 X80 管线钢电极进行动电位扫描极化曲线测量，扫描速度为 0.5mV/s，交流阻抗谱测试所用频率范围为 5mHz～100kHz，施加的正弦波幅值为 10mV。

(3) 应力腐蚀实验

采用 Letry 慢应变速率应力腐蚀试验机进行 SSRT 试验，所有试验采用的应变速率均为 $1\times10^{-6}\mathrm{s}^{-1}$，实验温度为室温。SSRT 实验前 1h 先向接菌的海滨盐碱土壤模拟溶液中通入高纯 N_2 进行除 O_2，防止氧化，整个实验过程中一直缓慢通入 N_2。

实验结束后，先用去离子水冲洗试样表面附着的腐蚀产物，然后在超声波清洗仪中使用丙酮溶液清洗断口，以去除表面腐蚀产物，吹干后放入干燥器中密封保存，在 JSM-6390A 型扫描电子显微镜（SEM）下进行断口形貌观察。

试样拉断后采用断面收缩率损失 I_ψ 和延伸率损失 I_δ 评价 X100 钢在海滨盐碱土壤模拟溶液中的 SCC 敏感性，I_ψ 和 I_δ 的计算公式如下：

$$I_\psi = \left(1 - \frac{\psi}{\psi_0}\right) \times 100\% \quad (16-1)$$

$$I_\delta = \left(1 - \frac{\delta}{\delta_0}\right) \times 100\% \quad (16-2)$$

式中　ψ，ψ_0——试样在溶液和空气中的断面收缩率；

　　　δ，δ_0——试样在溶液和空气中的延伸率。

(4) 表面形貌观察与分析

使用 JEOL JSM-35C SEM 扫描电镜进行微生物膜形貌、腐蚀产物膜和腐蚀形貌分析，并使用与之配套的电子能谱（EDS）进行元素分析，采用 XRD 对腐蚀产物的结构进行分析。对浸泡在无菌溶液和含有 SRB 的腐蚀液中不同时间的试片上附着的生物膜、腐蚀产物和腐蚀形貌也进行了 SEM 观察和相关区域的 EDS 分析。SEM 观察前对用于生物膜观察的浸泡试样做如下处理：将附着有生物膜的试片先在 4% 戊二醛溶液（用无菌蒸馏水配制）中固定 15min，然后分别用 25%、50%、75% 和 100% 的乙醇溶液进行逐级脱水 15min，干燥后用于 SEM 观察。SEM 观察前对用于观察腐蚀形貌的试样做如下处理：用 0.1% Tween-80 试剂（用灭菌水配制）清洗试样，然后用乙醇脱水，干燥后用于 SEM 观察。

(5) 试片表面与断口清洗

采用除锈液（500mL 盐酸+500mL 去离子水+3.5g 六次甲基四胺）将试样表面的腐蚀产物去除，然后用蒸馏水冲洗，丙酮除油，无水酒精脱脂后放置干燥器内备用。除净腐蚀产物后，拍摄实物照片，并用 SEM 观察试片表面与断口腐蚀形貌。

16.2　实验结果与分析

16.2.1　X100 钢在含 SRB 的海滨盐碱土壤环境中的微生物腐蚀行为

(1) 腐蚀速率的测定

图 16-1 为 X100 钢在海滨土壤模拟溶液中浸泡不同时间后的平均腐蚀速率。

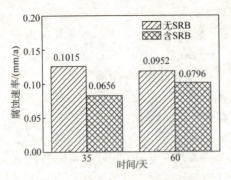

图16-1 X100钢在海滨土壤模拟溶液中浸泡不同时间后的平均腐蚀速率

由图可知，X100钢在海滨土壤模拟溶液中浸泡35天、60天后无菌和有菌的平均腐蚀速率均在0.025~0.125mm/a之间，根据NACE RP-0775-91标准可知，均属于中度腐蚀。同一时间段内，X100管线钢在无菌溶液中的平均腐蚀速率要大于有菌溶液中，说明SRB抑制了腐蚀。

（2）电化学分析

图16-2为X100钢在无菌、有菌的海滨土壤模拟溶液中浸泡不同时间后的动电位极化曲线图，在无菌与有菌下都不存在钝化区，说明在整个实验过程中，X100钢在无菌与有菌的海滨土壤模拟溶液中一直处于活化状态，没有钝态出现。表16-1为极化曲线拟合结果，图16-3为自腐蚀电位与自腐蚀电流密度随时间的变化图，无菌环境中，自腐蚀电位先下降后升高，整体趋势是在升高，说明管线钢的腐蚀倾向在降低。有菌环境中，自腐蚀电位整体趋势是在缓慢上升，说明管线钢的腐蚀倾向也在降低。由Farady第二定律可知，腐蚀电流密度与腐蚀速率之间成正比，因此，无菌环境中，X100钢的腐蚀速率在实验前期先降低，腐蚀受到抑制，这与刚表面生成的致密的腐蚀产物层有关，降低了有害离子浸入管线钢界面的几率；实验后期腐蚀速率又升高，这与腐蚀产物层的脱落有关，导致致密性降低。在有菌环境中，腐蚀速率在实验前期先升高，这与微生物膜的脱落和腐蚀产物的促进有关，在这个阶段微生物已经处于衰亡期，微生物膜的脱落处于优势地位，导致腐蚀速率升高，两者相当时，腐蚀速率达到最高点，在实验中后期随着腐蚀产物层逐渐增厚作为主要因素，蚀速率开始缓慢下降。

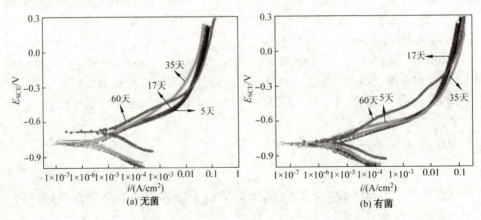

图16-2 X100钢在海滨土壤模拟溶液中浸泡不同时间后的极化曲线

在整个实验过程中,接菌环境中管线钢的腐蚀速率小于无菌环境中的,这与 SRB 及活性生物膜的存在有关。微生物胞外聚合物(EPS)和 SRB 的电负性能够阻碍本体溶液中有害离子进入钢基体表面,从而抑制钢的腐蚀;微生物膜本身具有物理阻碍作用,降低有害离子浸入钢基体表面的几率,减缓管线钢的腐蚀过程;微生物代谢产物硫化物会填充到微生物膜的孔隙中,进一步增强了微生物膜的物理阻碍作用。

表 16-1　X100 钢在海滨土壤模拟模拟溶液中浸泡不同时间后的极化曲线拟合结果

时间/天	无 SRB		含 SRB	
	$i_{corr}/(\mu A/cm^2)$	E_{corr}/mV	$i_{corr}/(\mu A/cm^2)$	E_{corr}/mV
5	9.941	-787.145	0.728	-805.161
17	5.597	-812.363	2.939	-802.698
35	7.101	-792.043	4.303	-805.932
60	12.61	-696.49	2.794	-782.783

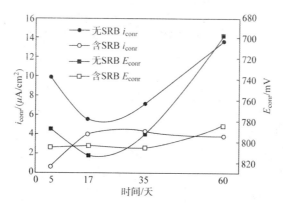

图 16-3　无菌和有菌环境下 X100 钢的腐蚀速率随时间的变化曲线

为了进一步监测腐蚀过程中不同腐蚀时间后各试样表面腐蚀产物的变化情况,进行了交流阻抗测试,其中图 16-4 为 X100 管线钢在海滨土壤模拟溶液中的电化学阻抗图谱。无菌环境中阻抗谱表现为一个时间常数,表明 X100 钢电极的腐蚀行为主要由电极表面电极反应过程决定,随着时间的推移,阻抗半径先增大后减小,表明腐蚀产物层的保护性先增大后减小,腐蚀速率先减小后增大。有菌环境中也表现为一个时间常数,随时间的推移,阻抗半径先减小后增大,表明腐蚀速率先增大后减小,在 35 天左右时腐蚀速率最大。

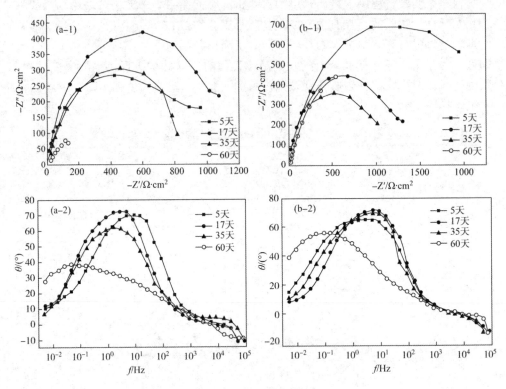

图 16-4 X100 管线钢在海滨土壤模拟溶液中浸泡不同时间后的电化学阻抗图谱
a—无菌；b—有菌；1—Nyquist 图；2—频率相位角图

实验结果采用图 16-5 所示的等效电路进行拟合，采用 Zsimpwin 软件进行数据拟合得到的各等效电路参数如表 16-2 和表 16-3 所示。其中，R_s 为模拟溶液电阻，Q_{dl} 代表双电层电容的常相位元件，R_t 为电荷转移电阻，C_f 为腐蚀产物膜或生物膜电容，R_f 为腐蚀产物膜或生物膜电阻，n_{dl} 表示双电层电容指数。

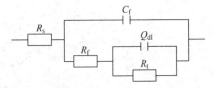

图 16-5 X100 管线钢在海滨土壤模拟溶液中浸泡不同时间下的等效电路图

从图 16-4 的 Nyquist 图可以看出，测出的曲线偏离半圆的轨迹，存在"弥散效应"，弥散效应反映出了电极界面双电层偏离理想电容的性质，即把电极界面双电层简单地等效成一个纯电容是不准确的，本文均用常相位元件 Q 代替电容元件，由于测得腐蚀产物膜或生物膜电容指数 n_f 均为 1，表明 C_f 为纯电容，不用常相位元件 Q 代替。

表 16-2　X100 管线钢在无菌海滨土壤模拟溶液中浸泡不同天数后的 EIS 拟合结果

时间/天	$R_s/(\Omega \cdot cm^2)$	$C_f/(F/cm^2)$	$R_f/(\Omega \cdot cm^2)$	$Q_{dl}/(F/cm^2)$	n_{dl}	$R_t/(\Omega \cdot cm^2)$
5	4.692	0.0004482	38.94	0.001087	0.5009	1052
17	5.518	0.001106	100.2	0.001258	0.6044	1127
35	6.245	0.0005227	4.616	0.002107	0.6929	909.8
60	4.895	0.001913	4.843	0.02835	0.5417	408.5

表 16-3　X100 管线钢在有菌的海滨土壤模拟溶液中浸泡不同天数后的 EIS 拟合结果

时间/天	$R_s/(\Omega \cdot cm^2)$	$C_f/(F/cm^2)$	$R_f/(\Omega \cdot cm^2)$	$Q_{dl}/(F/cm^2)$	n_{dl}	$R_t/(\Omega \cdot cm^2)$
5	5.34	0.0005882	34.82	0.001576	0.6629	2341
17	5.744	0.0004896	82.57	0.0008644	0.6241	1315
35	4.29	0.0009265	74.52	0.001511	0.6469	1041
60	5.253	0.0007045	2.272	0.01091	0.6701	1778

表 16-2 为无菌时 X100 钢电化学阻抗谱拟合结果，可以看出溶液电阻 R_s 在整个过程中变化很小，表明腐蚀过程基本稳定。R_f 随时间变化呈先增大后减小，说明实验初期，管线钢基体上腐蚀产物层先增加，实验后期随着腐蚀产物层的脱落其阻碍作用降低。表 16-3 为有菌时 X100 钢电化学阻抗谱拟合结果，溶液电阻 R_s 在整个过程中变化也很小，表明腐蚀过程也基本稳定。R_f 随时间变化先增大后减小，这与极化电阻的变化不一致，这可能是由于膜层成分的变化造成的，由初期的微生物膜逐渐转化为腐蚀产物膜导致膜层的成分发生了变化。

由于 R_s 相对 R_f 和电荷转移电阻 R_t 来说很小，定义极化电阻 $R_p = R_f + R_t$，用极化电阻 R_p 来表征体系腐蚀速率快慢的变量。图 16-6 为无菌与有菌环境中极化电阻倒数随时间变化曲线，由于极化电阻与腐蚀速率成反比，因此极化电阻倒数可以表征腐蚀速率的变化特征，可以看出与图 16-3 表征的腐蚀速率变化特征完全一致。结合之前对于拟合结果的分析和从 R_p 中得到的腐蚀速率变化规律可知，在有菌环境中，SRB 代谢活动产生的活性微生物膜对腐蚀过程的阻碍作用是整个实验过程腐蚀速率较低的原因。

(3) 腐蚀形貌分析

图 16-7~图 16-9 为 X100 钢

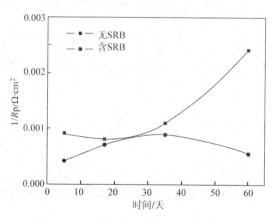

图 16-6　X100 管线钢在海滨模拟溶液中极化电阻随时间变化的曲线

在海滨无菌、有菌土壤模拟溶液中浸泡不同时间的宏观和微观形貌。

结合图16-7和图16-9所示,无菌环境中腐蚀产物可以分为内外两层,随时间变化外层腐蚀产物增多变大,5天时为蝉蛹状,之后变为疏松多孔的团簇状,35天、60天时部分外层腐蚀产物已脱落,颜色大体呈现黄褐色;内层腐蚀产物随时间更致密,35天、60天时存在细裂纹,呈现暗灰色。

结合图16-8和图16-9所示,有菌环境中在5天时表面腐蚀轻微,仍可见打磨痕迹,可以看到表面包裹一层透明状的微生物膜,部分位置还有絮状的腐蚀产物,从宏观形貌可以看出有菌环境下相比无菌时腐蚀轻微,这是因为实验初期微生物活性高,溶液中有机物质较多,SRB代谢产生的微生物膜能够抑制钢基体的腐蚀,但随着营养物质的耗尽及SRB活性的降低,这种抑制作用会减弱,说明SRB存在时形成的活性微生物膜对腐蚀起到了抑制作用;17~60天时钢表面透明状微生物膜上布满更多的颗粒状腐蚀产物,微生物膜与腐蚀产物膜结合的这种膜可看成是一种结合膜,具有物理阻碍作用,降低有害离子浸入钢基体表面的几率,减缓管线钢的腐蚀过程。从宏观形貌可以看出腐蚀产物分为两层,外层腐蚀产物随时间变大后部分脱落,颜色为红褐色,内层腐蚀产物为暗灰色。

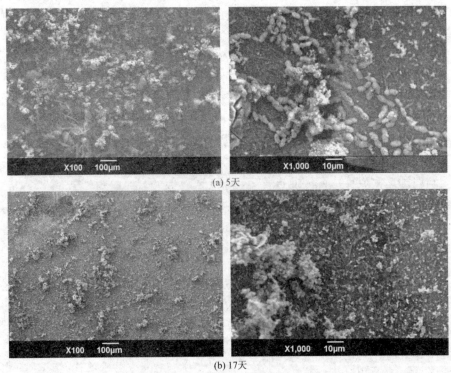

图16-7 X100管线钢在海滨无菌土壤模拟溶液中浸泡不同时间的SEM形貌

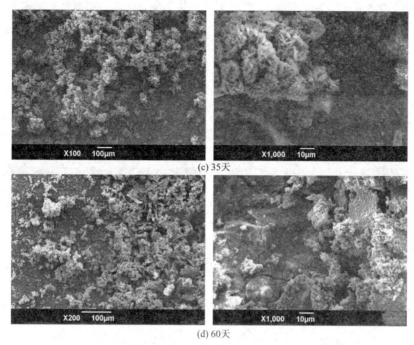

图16-7 X100管线钢在海滨无菌土壤模拟溶液中浸泡不同时间的SEM形貌(续)

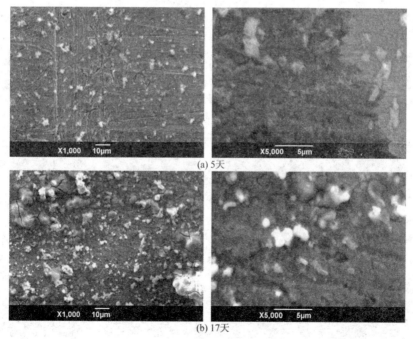

图16-8 X100管线钢在海滨有菌土壤模拟溶液中浸泡不同时间的SEM形貌

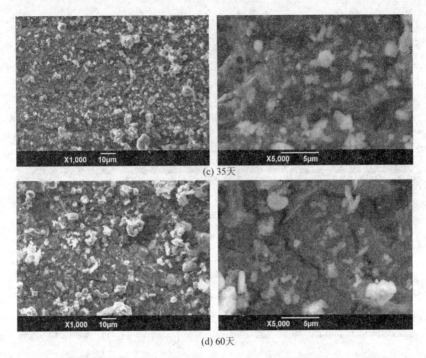

图 16-8 X100 管线钢在海滨有菌土壤模拟溶液中浸泡不同时间的 SEM 形貌(续)

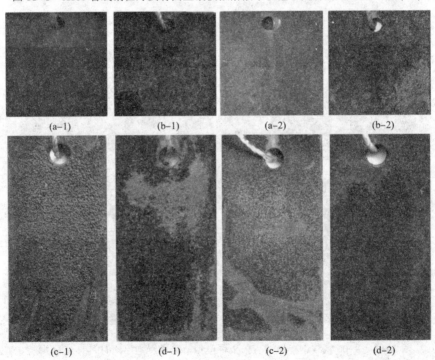

图 16-9 X100 管线钢在海滨土壤模拟溶液中浸泡不同时间的宏观形貌
a—5 天;b—17 天;c—35 天;d—60 天;1—无菌;2—有菌

(4) EDS 及 XRD 分析

图 16-10~图 16-12 为无菌、有菌时 X100 钢在海滨土壤模拟溶液中浸泡 35 天、60 天时的 EDS、XRD 分析结果。

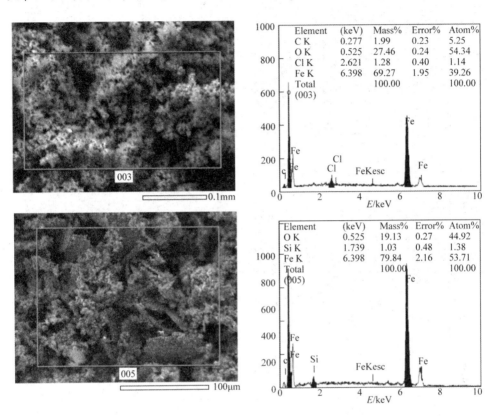

图 16-10 X100 管线钢在海滨土壤无菌模拟溶液中浸泡 35 天、60 天后 EDS 分析
003—35 天；005—60 天

从图 16-10、图 16-11 可知，无菌时腐蚀产物中含有较高含量的铁和氧，表明该腐蚀产物主要为铁的氧化物；从图 16-12 可知腐蚀产物主要有 Fe_2O_3、Fe_3O_4、$\gamma\text{-}FeO(OH)$，表层为红褐色的 Fe_2O_3 和质地疏松无保护作用的 $\gamma\text{-}FeO(OH)$，内层为 Fe_3O_4，它比较致密，可起一定的保护作用。有菌时腐蚀产物中含有较高含量的 O、S、Fe 和 Cr 元素，其中 S 的含量远高于管线钢中的硫含量，表面腐蚀产物可能主要为铁的氧化物、硫化物；从图 16-12 可知，腐蚀产物主要有 Fe_2O_3、Fe_3O_4、$\alpha\text{-}FeO(OH)$、Fe_7S_8，内层主要为致密的 Fe_3O_4、Fe_7S_8，具有一定的保护作用，表层为疏松的 $\alpha\text{-}FeO(OH)$ 和 Fe_2O_3。

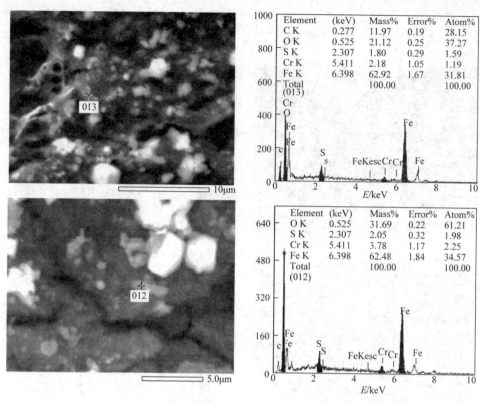

图 16-11 X100 管线钢在海滨土壤有菌模拟溶液中浸泡 35 天、60 天后 EDS 分析

013—35 天；012—60 天

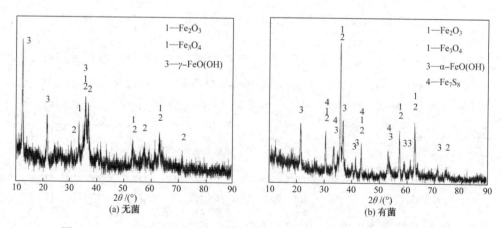

图 16-12 X100 管线钢在海滨土壤模拟溶液中浸泡 60d 数后 XRD 分析结果

16.2.2　X100钢在含SRB的海滨盐碱土壤环境中的应力腐蚀行为

(1) SSRT实验结果

X100管线钢母材及焊缝试样在海滨盐碱土壤模拟溶液及空气中SSRT试样的应力-应变曲线如图16-13和图16-14所示，不同介质中应力腐蚀参数和结果如表16-4所示。

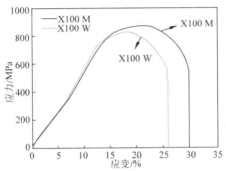

图16-13　X100管线钢母材和焊缝试样在空气中的应力-应变曲线

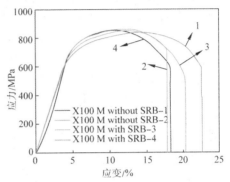

图16-14　X100管线钢母材和焊缝试样在海滨盐碱土壤模拟溶液中的应力-应变曲线

表16-4　X100管线钢在不同介质中的应力腐蚀参数和结果

试样编号	断裂寿命 T_F/h	应变量 ε/%	延伸率 δ/%	断面收缩率 ψ/%	延伸率损失系数 I_δ/%	面缩率损失系数 I_ψ/%
K-M	85.64	29.64	19.00	74.96	—	—
K-W	71.51	25.63	15.58	62.04	—	—
HB-M	55.79	20.00	15.83	50.44	16.67	32.70
HB-W	45.92	16.46	13.00	50.17	16.58	20.42
HB-M-SRB	59.19	21.21	17.25	58.45	9.21	22.01
HB-W-SRB	55.66	18.84	17.50	50.51	-12.30	19.88

注：M和W分别表示母材和焊缝，K表示在空气中，HB表示在海滨盐碱土壤中。

由图16-13、图16-14和表16-4可见，X100钢焊缝试样在无菌的海滨盐碱土壤模拟溶液中的断裂寿命、应变量、延伸率和断面收缩率基本小于其在含SRB的土壤模拟溶液中的。从I_δ、I_ψ和I_σ的变化来看，X100钢的SCC敏感性顺序为：I_δ(含SRB的焊缝试样)<I_δ(含SRB的母材试样)<I_δ(无菌的焊缝试样)<I_δ(无菌的母材试样)，I_ψ(含SRB的焊缝试样)<I_ψ(无菌的焊缝试样)<I_ψ(含SRB的母材试样)<I_ψ(无菌的母材试样)，经过比较可以发现，I_ψ和I_σ的变化规律并不完全一致，难以确定介质与SCC敏感性的确切关系，但可以确定的是，X100钢在无菌的海滨盐碱土壤模拟溶液中SCC敏感性均大于其在含SRB的土壤模拟溶液中的。X100钢焊缝试样在含SRB土壤模拟溶液中拉伸时I_δ为负数，表明焊缝在含SRB

土壤模拟溶液中拉伸时延伸率反而比空气中的大,而且在含 SRB 的溶液中 X100 钢焊缝试样的 I_δ 和 I_ψ 均小于母材试样的,说明 SRB 对于焊缝试样的 SCC 敏感性影响作用更大。根据以上分析可知,在海滨盐碱土壤模拟溶液中 SRB 的存在抑制了 X100 钢的脆变,致使 X100 钢的 SCC 敏感性降低。

(2)断口及裂纹形貌观察

图 16-15 是 X100 管线钢母材和焊缝在空气中的 SSRT 断口形貌。

由图 16-15 可知,X100 钢试样在空气中拉伸时,母材和焊缝的宏观断口附近出现了明显的颈缩现象,且母材的颈缩程度远大于焊缝,母材断裂面与拉伸轴方向垂直,焊缝断裂面与拉伸轴方向大致成 45°角,焊缝的断口较母材平直;母材和焊缝的微观断口形貌均以韧窝为主,且母材的韧窝相比焊缝的要较大且深,同时韧窝间存在着微孔,局部韧窝壁上有明显的蛇形滑移特征,为韧窝-微孔型的韧性断裂,属于典型的韧性断裂特征。以上表明 X100 管线钢在空气环境下的 SSRT 实验伴有塑性形变,当应力大于材料的屈服强度后,材料开始发生塑性形变,在材料内部夹杂物、析出相、晶界、亚晶界等部位发生位错塞积,形成应力集中,进而形成微孔洞,且随着形变增加,显微孔洞相互吞并并变大,最后发生颈缩和断裂。

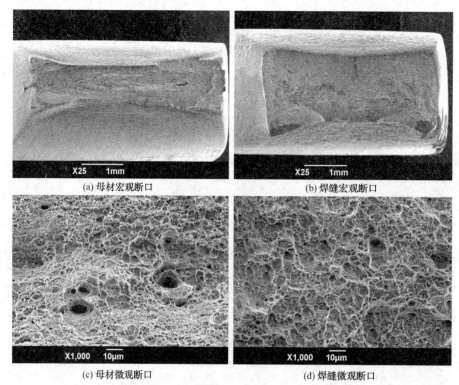

(a) 母材宏观断口　　　　　　　　(b) 焊缝宏观断口

(c) 母材微观断口　　　　　　　　(d) 焊缝微观断口

图 16-15　X100 管线钢母材和焊缝在空气中的断口形貌

图 16-16 是 X100 钢母材在海滨无菌与有菌土壤模拟溶液中的 SSRT 断口的宏观与微观 SEM 形貌，从宏观断口可以看出试样断裂面均为斜断口，与拉伸轴方向大致成 45°角，宏观断口均呈现较明显的颈缩现象，无菌时的颈缩程度小于有菌时的。

由图 16-16 可见，无菌时断口中间区域为准解离断口形貌，部分区域还存在浅小的韧窝，断口边缘区域以小韧窝为主，在断口两侧呈现条纹状的 SCC 裂纹[图 16-16(e)]，说明 X100 钢母材在无菌海滨土壤模拟溶液中具有较大的 SCC 敏感性；有菌时断口边缘区域形貌与无菌时相似为韧窝为主的断口形貌，断口中间区域形貌为准解离断口形貌，部分位置还存在韧窝，在断口两侧均呈现条纹花样的 SCC 裂纹，但该裂纹比无菌时的裂纹少且浅[图 16-16(f)]，说明 X100 钢母材在有菌海滨土壤模拟溶液中的 SCC 敏感性小于无菌时的，说明 SRB 的存在导致 X100 钢母材在海滨土壤模拟溶液中的 SCC 敏感性降低。

图 16-17 是 X100 钢焊缝在海滨盐碱无菌与有菌土壤模拟溶液中的 SSRT 断口的宏观与微观 SEM 形貌。从宏观断口可以看出试样断裂面均为斜断口，与拉伸轴方向大致成 45°角，无菌与有菌时宏观断口颈缩现象明显，两者颈缩程度相当。由微观形貌图可见，无菌时断口边缘区域微观形貌以浅小的韧窝为主，断口中间区域为准解离断口形貌，同时伴有少量孔洞和韧窝，断口呈现出韧性+脆性混合特征，在断口中间存在 SCC 裂纹[图 16-17(g)]，说明 X100 钢焊缝在无菌海滨土壤模拟溶液中具有很大的 SCC 敏感性；有菌时断口中间区域形貌与无菌时相似，呈现准解离断口形貌，同时伴有少量孔洞和韧窝，断口边缘区域形貌以韧窝为主，较无菌时韧窝大，断口呈现出韧性+脆性混合特征，说明 X100 钢焊缝在有菌海滨土壤模拟溶液中具有较大的 SCC 敏感性，但总体上说有菌时的 SCC 敏感性小于无菌时的，说明 SRB 的存在导致 X100 钢焊缝在海滨土壤模拟溶液中的 SCC 敏感性降低。

应力腐蚀的一个主要特征就是在主裂纹之外，会有二次裂纹的存在，二次裂纹的分布特点通常是形核位置多、数量多、裂纹长短和大小不同。一般认为，如果在腐蚀性介质中拉伸断裂试样断口的侧面存在着微裂纹（二次裂纹），则表明该材料对 SCC 是敏感的。

图 16-18 是 X100 管线钢母材和焊缝在空气中拉伸时的断口侧面形貌，母材和焊缝断口侧面均无二次裂纹出现。图 16-19 是 X100 管线钢母材和焊缝在海滨盐碱土壤模拟溶液中拉伸时的断口侧面形貌，可以看到 X100 钢在无菌与有菌海滨盐碱土壤模拟溶液中拉伸时，母材和焊缝断口侧面均存在二次裂纹，部分裂纹已经由于扩张而发生合并且连续，无菌时二次裂纹的扩展方向与外加应力轴方向呈 45°或者垂直，有菌时二次裂纹扩张方向均垂直于外加应力轴方向。由图 16-19(a) 和图 16-19(c) 可见有些裂纹是沿直线方向扩展，而有些裂纹则是沿晶界扩展，可以判断出 X100 钢母材和焊缝在无菌的海边盐碱土壤模拟溶液中的拉伸断裂属于应力腐蚀穿晶+沿晶混合断裂；由图 16-19(b) 和图 16-19(d) 可见二次裂纹均是沿直线方向扩展，因此可以判断出 X100 钢母材和焊缝在含有 SRB

的海滨盐碱土壤模拟溶液中的断裂属于应力腐蚀穿晶断裂;并且在无菌时二次裂纹密度均高于有菌时,且二次裂纹无菌时比有菌时深,说明 X100 钢母材和焊缝在海滨盐碱土壤模拟溶液中拉伸时 SCC 敏感性无菌时较有菌时高,进一步证明 SRB 的存在降低了 X100 钢的 SCC 敏感性。

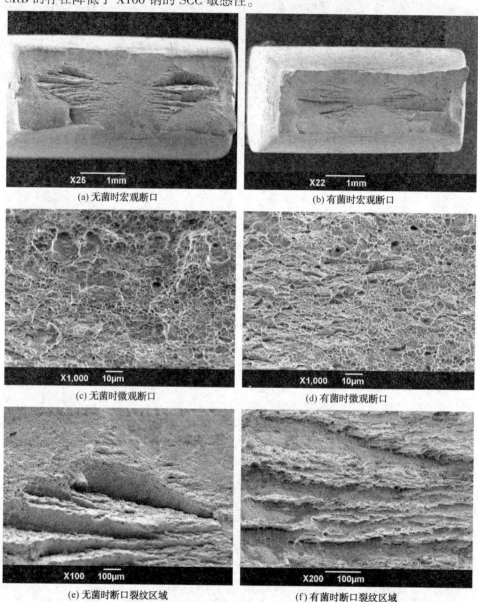

图 16-16　X100 管线钢母材在无菌与有菌的海滨盐碱土壤模拟溶液中的断口形貌

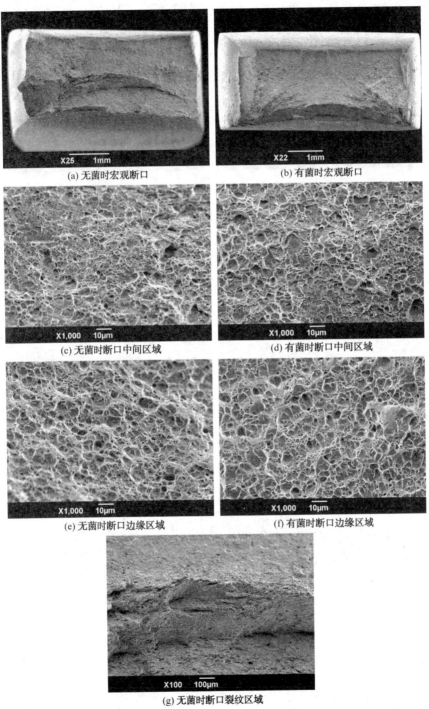

图 16-17 X100 管线钢焊缝在无菌与有菌的海滨盐碱溶液中的断口形貌

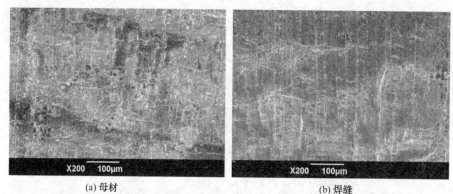

(a) 母材　　　　　　　　　　　　　(b) 焊缝

图 16-18　X100 管线钢在空气中 SSRT 试样断口侧面形貌母材与焊缝

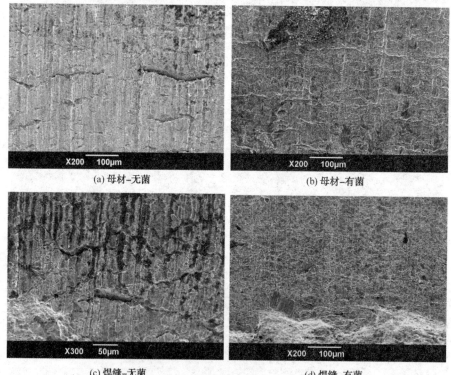

(a) 母材-无菌　　　　　　　　　　(b) 母材-有菌

(c) 焊缝-无菌　　　　　　　　　　(d) 焊缝-有菌

图 16-19　X100 管线钢母材和焊缝在海滨盐碱土壤模拟溶液无菌与含菌中 SSRT 试样断口侧面形貌

以上分析表明：SRB 的存在降低了 X100 管线钢的 SCC 敏感性，这与人们通常认为的"SRB 是微生物中对钢铁腐蚀最为严重的物种"的观点正好相反。Hernandez 等人的报告中指出，微生物并非总是增强腐蚀的，同一种细菌可能同时具有腐蚀作用和保护作用，假单胞菌就属于这种微生物，而 SRB 所划分的 14 个属中就包含脱硫假单胞菌属。通过改变某些条件，完全相同的微生物会呈现保护作用，使腐蚀减慢。Videla 全面评价了细菌能够减缓或者抑制腐蚀的各种机理。在这方面，他特别关注了三种主要机理，归纳如下：① 中和了环境中存在的腐蚀物质的作用；② 在金属上形成保护膜或者稳定了原先存在的保护膜；③ 导致介质腐蚀性降低。因此，减缓腐蚀可能是上述三种机理之一，或者是这些机理的综合结果。而 SRB 是一种厌氧菌，它可以在除去 O_2 的海滨盐碱土壤模拟溶液中快速生长繁殖并形成生物膜，通过胞外聚合物吸附在 X100 钢的表面，随着 SSRT 实验时间的增加，该生物膜会不断地在钢表面堆积并变得致密，一定程度上可以阻隔腐蚀性 Cl^- 进入 X100 钢基体表面，进而降低了 X100 钢的 SCC 敏感性。

16.3 本章小结

（1）X100 钢在含 SRB 的海滨盐碱土壤环境中的微生物腐蚀研究结果

① SEM 形貌观察表明：无菌时 X100 钢表面的腐蚀产物疏松多孔，其上分布有裂纹，对基体基本无保护作用；有菌时在 X100 钢表面有一层透明状的微生物膜，可与腐蚀产物结合在一起形成更致密的结合膜，具有物理阻碍作用，降低有害离子浸入钢基体表面的几率，减缓腐蚀过程。EDS 与 XRD 分析表明，无菌时 X100 钢的腐蚀产物主要为 Fe_2O_3、Fe_3O_4 和 $\gamma\text{-}FeO(OH)$，有菌时主要为 Fe_2O_3、Fe_3O_4、$\alpha\text{-}FeO(OH)$ 和 Fe_7S_8。

② 失重实验表明：X100 钢在海滨盐碱土壤溶液中无菌与有菌环境下均属于中度腐蚀，同一腐蚀时间内，X100 管线钢在有菌溶液中的平均腐蚀速率要小于无菌溶液中，这与 SRB 及活性生物膜的存在有关，说明 SRB 的代谢活动抑制了 X100 钢的腐蚀。

③ 电化学分析表明：随着腐蚀时间的增加，X100 钢在无菌与有菌的海滨土壤模拟溶液中一直处于活化状态，没有钝态出现。无菌环境中，X100 钢的腐蚀速率先降低后升高，这与钢表面生成的腐蚀产物层的致密性有关。在有菌环境中，腐蚀速率先升高后降低，这与微生物膜的脱落和腐蚀产物的增厚有关。

（2）X100 钢在含 SRB 的海滨盐碱土壤环境中的应力腐蚀开裂研究结果

① X100 钢焊缝试样在无菌的海滨盐碱土壤模拟溶液中的断裂寿命、应变量、延伸率和断面收缩率均小于其在含 SRB 的土壤模拟溶液中的，从 I_δ 和 I_ψ 的变化可以确定的是，X100 钢在无菌的海滨盐碱土壤模拟溶液中 SCC 敏感性均大于其在含 SRB 的土壤模拟溶液中的，说明 SRB 的存在抑制了 X100 钢的脆变，致使 X100 钢的 SCC 敏感性降低。

② X100 钢母材和焊缝在有菌的海滨盐碱土壤模拟溶液中的 SCC 敏感性较小，且小于无菌时的，说明 SRB 的存在降低了 X100 钢母材和焊缝的 SCC 敏感性。X100 钢母材和焊缝在无菌的海滨盐碱土壤模拟溶液中的拉伸断裂属于应力腐蚀穿晶+沿晶混合断裂，X100 钢母材和焊缝在有菌的海滨盐碱土壤模拟溶液中的拉伸断裂属于应力腐蚀穿晶断裂。

③ SRB 降低 X100 钢母材和焊缝 SCC 敏感性的原因可能是，SRB 在除去 O_2 的海滨盐碱土壤模拟溶液中能快速繁殖并形成生物膜，该生物膜随时间的增加会不断地堆积并变得致密，一定程度上阻隔了腐蚀性 Cl^- 进入 X100 钢基体表面，致使 X100 钢的 SCC 敏感性减小。

17 X100钢在近中性pH值溶液中的腐蚀行为

17.1 实验材料和方法

17.1.1 试样制备

实验材料为X100管线钢，其化学成分(%)为C 0.04，Si 0.20，Mn 1.50，P 0.011，S 0.003，Mo 0.02，Fe 余量，室温力学性能为：抗拉强度850MPa，屈服强度 $R_{p0.2}$ 为752MPa，屈强比0.89，延伸率24%。试样直接取自直缝焊管，通过线切割加工成 50mm×25mm×2mm 的片状和 11mm×11mm×3mm 的正方形试样。正方形试样用于电化学测量，片状试样用于失重实验和腐蚀形貌观察。

17.1.2 实验介质

实验溶液为近中性土壤溶液，其化学成分(mg/L)为：KCl 122，$NaHCO_3$ 483，$CaCl_2 \cdot 2H_2O$ 181，$MgSO_4 \cdot 7H_2O$ 131，调节pH值为7。实验所用硫酸盐还原菌菌种是通过富集培养的方式从土壤中分离出来的。使用修正的Postgate'C培养基对水样中SRB进行富集培养，培养基成分为：0.5g/L KH_2PO_4，2.0g/L Mg_2SO_4，0.1g/L $CaCl_2$，0.5g/L Na_2SO_4，1.0g/L NH_4Cl，3.5g/L 乳酸钠，1.0g/L 酵母膏。用1mol/L NaOH调节pH值为7.2±0.2。实验前将培养好的SRB菌种在30℃恒温箱中进行活化。接菌时将50mL细菌培养液接种到950mL的土壤模拟溶液中。

17.1.3 实验方法

(1) 失重实验

将X100管线钢试片在不同时间取出，表面先用机械方法除锈，然后放入除锈液(500mL 盐酸+500mL 去离子水+3.5g 六次甲基四胺)进行彻底除锈后，用分析天平称重。试片经腐蚀和去除腐蚀产物后的腐蚀速率 X(mm/a) 按下式进行计算：

$$X = \frac{8760 \times (W-W_0) \times 10}{A\rho t} = \frac{87600 \times (W-W_0)}{A\rho t}$$

式中 W_0 ——腐蚀实验前试片的原始质量，g；

W_1——腐蚀实验后，去除腐蚀产物后的试片质量，g；

ρ——挂片材料的密度，g/cm³；

A——试片的暴露面积，cm²；

t——腐蚀实验的时间，h。

在计算得到材料的平均腐蚀速率以后，对于腐蚀程度的认识则依赖于 NACERP-0775-91 标准的规定。

（2）电化学实验

电化学测量采用密封的三电极体系，容积为2L。参比电极为饱和甘汞电极（SCE），辅助电极为石墨。采用美国 EG&G 公司生产的 M 2273 电化学测试系统，对 X100 管线钢电极进行电化学测量，扫描速度为 1mV/s，交流阻抗谱测试所用频率范围为 5mHz~100kHz，施加的正弦波幅值为 10mV，采用 Zsimpwin 阻抗软件对测试结果进行曲线拟合和数据处理。

（3）表面形貌与观察

对浸泡在无菌溶液和含有 SRB 的溶液中不同时间的 X100 钢试片进行扫描电子显微镜（SEM）观察和相关区域的能谱（EDS）分析。将附着有生物膜的试片先在 4%（质量分数）戊二醛溶液（用无菌水配制）中固定 15min，然后分别用体积分数为 25%、50%、75% 和 100% 的乙醇溶液进行逐级脱水 15min，干燥后用于 SEM 观察。用毛刷将试样表面坚实的腐蚀产物刮去，但要注意避免损伤试样基体，然后用除锈液（500mL 盐酸+500mL 去离子水+3.5g 六次甲基四胺）进行彻底除锈，用无水酒精清洗吹干后放置在干燥器中充分干燥，用电子分析天平称量，计算试片的损失质量及腐蚀速率。

17.2　X100 钢在近中性 pH 值溶液中的实验结果与分析

17.2.1　腐蚀速率的测定

图 17-1 为 X100 钢在近中性 pH 值溶液中浸泡不同时间后的平均腐蚀速率。由图可知，X100 钢在近中性 pH 值溶液中浸泡 35 天、60 天后无菌和有菌的平均腐蚀速率均在 0.025~0.125 之间，根据 NACE RP-0775-91 标准可知，均属于中度腐蚀。同一时间段内，X100 管线钢在无菌溶液中的平均腐蚀速率要大于有菌溶液中，说明 SRB 抑制了腐蚀。

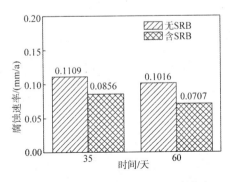

图 17-1　X100 钢在近中性 pH 溶液中浸泡不同时间后的平均腐蚀速率

17.2.2 电化学分析

图 17-2 为 X100 钢在无菌与有菌的近中性 pH 值溶液中浸泡不同时间后的动电位极化曲线图。表 17-1 为 X100 钢在无菌和有菌的近中性 pH 值溶液中不同浸泡时间下的极化曲线拟合结果。从图 17-2 可以看出,无菌与有菌情况下都处于活化状态,没有钝态出现。从表 17-1 可知,自腐蚀电位 E_{corr} 在无菌情况下整体趋势是减小,有菌时整体趋势为增大,说明 X100 钢的腐蚀倾向在无菌溶液中为增加,有菌溶液中时为减小。自腐蚀电流密度 i_{corr} 在无菌时 17 天时最小,呈现先减小后持续增大趋势,有菌时 17 天时最大,呈现先增大后持续减小趋势,由 Farady 第二定律可知,腐蚀电流密度与腐蚀速率之间成正比,这说明 X100 钢的腐蚀速率在无菌与有菌溶液中随时间延长的变化趋势分别为:迅速减小→持续增大和迅速增大→持续缓慢增加。同时对比无菌溶液与有菌溶液的自腐蚀电流密度发现,在腐蚀初期(5 天)时有菌时的腐蚀速率要远小于无菌时,在腐蚀中后期有菌时的腐蚀速率略小于无菌时的,这说明 SRB 代谢活动所产生的生物膜影响了 X100 管线钢电极表面的腐蚀过程,生物膜的存在对腐蚀有一定的抑制作用,尤其是在腐蚀初期这种影响作用最强,跟生物膜的活性及溶液中营养物质的富裕有关。

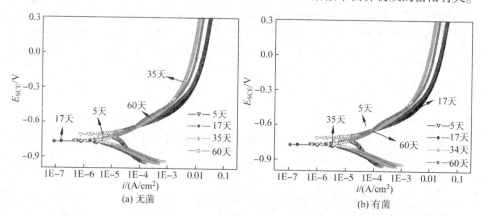

图 17-2　X100 钢在近中性 pH 值溶液中浸泡不同时间后的极化曲线

表 17-1　X100 管线钢在近中性 pH 值溶液中浸泡不同时间后的极化曲线拟合结果

时间/天	无 SRB		含 SRB	
	$i_{corr}/(\mu A/cm^2)$	E_{corr}/mV	$i_{corr}/(\mu A/cm^2)$	E_{corr}/mV
5	18.67	-725.097	2.822	-862.81
17	2.453	-786.768	8.879	-796.437
35	8.389	-779.487	7.436	-769.313
60	10.16	-782.547	7.293	-799.246

为了进一步监测腐蚀过程中不同腐蚀时间后各试样表面腐蚀产物的变化情况，进行了交流阻抗测试，其中图 17-3 为 X100 管线钢在无菌与有菌时近中性 pH 值溶液中的电化学阻抗图谱。实验结果采用图 17-4 所示的等效电路进行拟合，采用 Zsimpwin 软件进行数据拟合得到的各等效电路参数如表 17-2 和表 17-3 所示。其中，R_s 为模拟溶液电阻，Q_{dl} 代表双电层电容的常相位元件，R_t 为电荷转移电阻，Q_f 为腐蚀产物膜或生物膜电容，R_f 为腐蚀产物膜或生物膜电阻，n_f 表示电容指数，n_{dl} 表示双电层电容指数。从图 17-3 的 Nyquist 图可以看出，测出的曲线偏离半圆的轨迹，存在"弥散效应"，弥散效应反映出了电极界面双电层偏离理想电容的性质，即把电极界面双电层简单地等效成一个纯电容是不准确的，本文均用常相位元件 Q 代替电容元件。

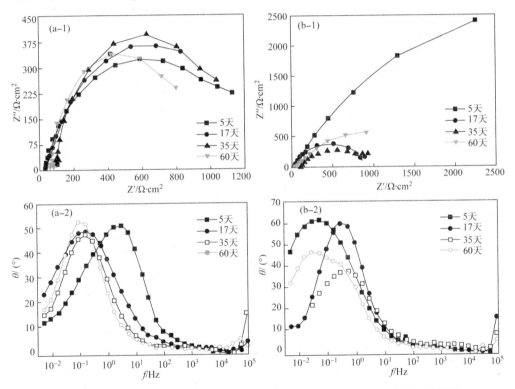

图 17-3　X100 管线钢在近中性 pH 值溶液中浸泡不同时间后的电化学阻抗图谱
a—无菌；b—有菌；1—Nyquist 图；2—频率相位角图

从图 17-3 可知，无菌环境中阻抗谱表现为一个时间常数，表明 X100 钢电极的腐蚀行为主要由电极表面电极反应过程决定，随着时间的推移，阻抗半径在 17 天时最大，然后减小，表明腐蚀产物层的保护性先增大后减小，腐蚀速率先减小后增大。有菌环境中也表现为一个时间常数，阻抗半径在 5 天时最大，17 天时最小，之后持续增大，表明腐蚀速率 17 天时最大，之后减小。

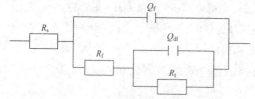

图 17-4 X100 管线钢在近中性 pH 值溶液中浸泡不同时间下的等效电路图

表 17-2 和表 17-3 为无菌与有菌环境下电化学阻抗谱拟合结果,由于 R_s 相对 R_f 和电荷转移电阻 R_t 来说很小,定义极化电阻 $R_p=R_f+R_t$,用极化电阻 R_p 来表征体系腐蚀速率快慢的变量。

表 17-2 X100 钢在无菌近中性 pH 值溶液中浸泡不同天数后的 EIS 拟合结果

时间/天	$R_s/(\Omega\cdot cm^2)$	$Q_f/(F/cm^2)$	n_f	$R_f/(\Omega\cdot cm^2)$	$Q_{dl}/(F/cm^2)$	n_{dl}	$R_t/(\Omega\cdot cm^2)$
5	32.63	0.0005261	0.9329	128.8	0.00134	0.4782	1252
17	36.02	0.005356	0.7228	1130	0.3375	0.9922	971.2
35	81.28	0.003765	0.8259	1055	0.5172	1	162.6
60	60.64	0.006516	0.8924	812.9	0.4015	1	199.8

表 17-3 X100 钢在有菌近中性 NS4 溶液中浸泡不同天数后的 EIS 拟合结果

时间/天	$R_s/(\Omega\cdot cm^2)$	$Q_f/(F/cm^2)$	n_f	$R_f/(\Omega\cdot cm^2)$	$Q_{dl}/(F/cm^2)$	n_{dl}	$R_t/(\Omega\cdot cm^2)$
5	54.62	0.002172	0.8186	32.67	0.002004	0.7948	7232
17	41.44	0.002927	0.931	850	0.3238	0.9999	320.9
35	82.68	0.002157	0.7181	847.6	0.04874	0.6154	484.5
60	52.71	0.005032	0.8349	301	0.006955	0.7986	1320

在无菌环境下,极化电阻 R_p 依次为:1380.8$\Omega\cdot cm^2$、2101.2$\Omega\cdot cm^2$、1217.6$\Omega\cdot cm^2$ 和 1012.7$\Omega\cdot cm^2$,17 天时最大,之后减小,说明腐蚀速率 17 天时最小,之后缓慢增大,这是因为在实验初期随着腐蚀产物的增厚减缓了腐蚀的继续进行,在实验后期腐蚀产物增大变厚之后会有脱落,腐蚀速率会继续缓慢增大。在有菌环境下,极化电阻 R_p 依次为:7265.67$\Omega\cdot cm^2$、1170.9$\Omega\cdot cm^2$、1332.1$\Omega\cdot cm^2$ 和 1621$\Omega\cdot cm^2$,5 天时最大 17 天时最小,之后持续增大,说明腐蚀速率在实验初期最小,中期最大,后期持续减小。在实验初期有菌时的腐蚀速率远小于无菌时,这是因为硫酸盐还原菌初期在钢表面形成微生物膜,微生物膜本身具有物理阻碍作用,降低有害离子浸入钢基体表面的几率,减缓管线钢的腐蚀过程;微生物代谢产物硫化物会填充到微生物膜的孔隙中,进一步增强了微生物膜的物理阻碍作用;在实验中后期随着溶液中微生物代谢活动的减弱,微生物膜的活性降低,腐蚀的抑制作用逐渐降低。

17.2.3 腐蚀形貌分析

图 17-5~图 17-7 为 X100 管线钢在近中性 pH 值溶液中浸泡不同时间的 SEM 形貌与宏观形貌。从图可知,在无菌环境下,腐蚀产物可分为两层,外层呈团粗状,疏松多孔不致密,内层较致密但布有裂纹,5 天时分层最明显。从宏观形貌

可以看出随着时间延长外层腐蚀产物增多变大，呈现红褐色，但局部位置已脱落，露出颜色较深的内层腐蚀产物。

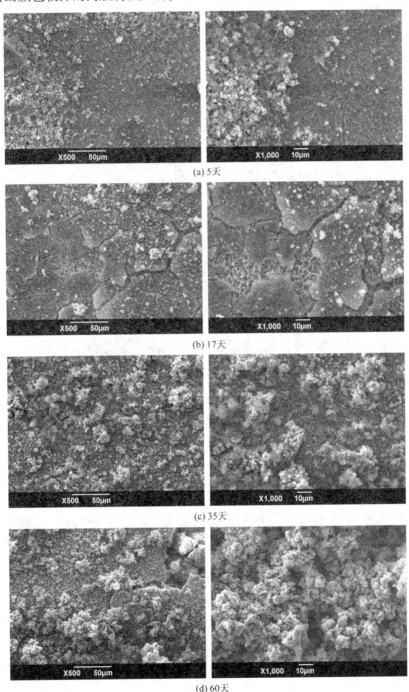

图 17-5　X100 管线钢在近中性 pH 值无菌溶液中浸泡不同时间的 SEM 形貌

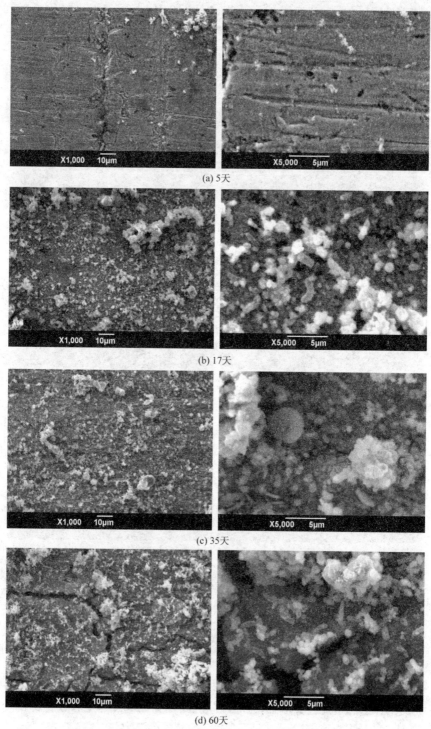

图 17-6　X100 管线钢在近中性 pH 值有菌溶液中浸泡不同时间的 SEM 形貌

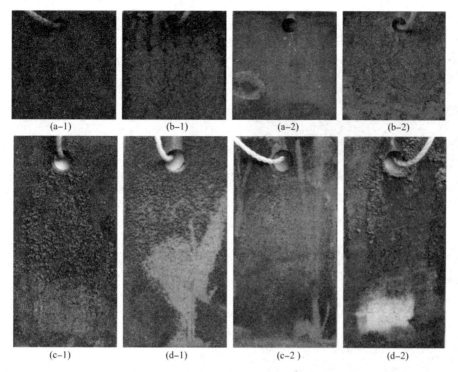

图 17-7　X100 管线钢在近中性 pH 值溶液中浸泡不同时间的宏观形貌
a—5 天；b—17 天；c—35 天；d—60 天；1—无菌；2—有菌

在有菌环境下，5 天时钢基体表面腐蚀轻微，仍可见机械加工痕迹，只有少许腐蚀产物，相比无菌时腐蚀轻微，这是因为硫酸盐还原菌加入后在钢基体表面形成一层微生物膜，其致密完整，能够阻碍有害离子浸入，减缓管线钢的腐蚀。从微观腐蚀形貌可以看出有菌环境下不同时期腐蚀产物较无菌时数量少、颗粒小。在高倍的腐蚀形貌下可见透明棒状的硫酸盐还原菌，说明在实验中一直存在硫酸盐还原菌的抑制腐蚀作用，但随着中后期溶液中微生物代谢活动的减弱，微生物膜的活性降低，这种腐蚀的抑制作用逐渐降低。从宏观形貌可以看出，腐蚀产物分为两层，外层呈团簇、颗粒状，疏松不致密，呈现红褐色，较无菌时的腐蚀产物少，60 天时大部分已脱落；内层布有裂纹，较致密，对钢基体能起到保护作用，呈现暗黑色。

17.2.4　EDS 及 XRD 分析

图 17-8~图 17-10 为无菌、有菌时 X100 钢在近中性 pH 值溶液中浸泡 35 天、60 天时的 EDS、XRD 分析结果。

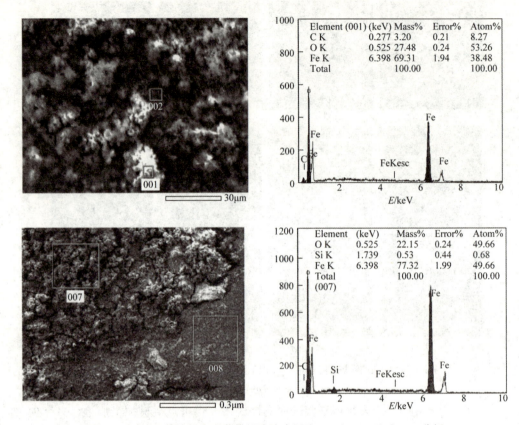

图 17-8 X100 管线钢在无菌模拟溶液中浸泡 35 天、60 天后 EDS 分析
001—35 天；007—60 天

从图 17-8、图 17-9 可知，无菌时腐蚀产物中含有较高含量的铁和氧，表明该腐蚀产物主要为铁的氧化物；从图 17-10 可知腐蚀产物主要有 Fe_3O_4、α-FeO(OH)，表层为质地疏松无保护作用的 γ-FeO(OH)，内层为 Fe_3O_4，它比较致密，可起一定的保护作用。有菌时腐蚀产物中含有较高含量的 O、S、Fe 和 Cr 元素，其中 S 的含量远高于管线钢中的硫含量，表面腐蚀产物可能主要为铁的氧化物、硫化物；从图 17-10 知，腐蚀产物主要有 Fe_3O_4、FeS，从 60 天宏观形貌看出外层疏松的腐蚀产物非常少，致使 XRD 分析没有检测到 α-FeO(OH)、γ-FeO(OH) 或 Fe_2O_3，内层主要为致密的 Fe_3O_4、FeS，具有一定的保护作用。

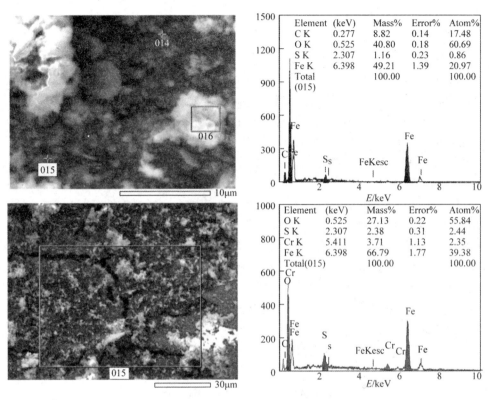

图 17-9 X100 管线钢在有菌模拟溶液中浸泡 35 天、60 天后 EDS 分析

015—35 天；015—60 天

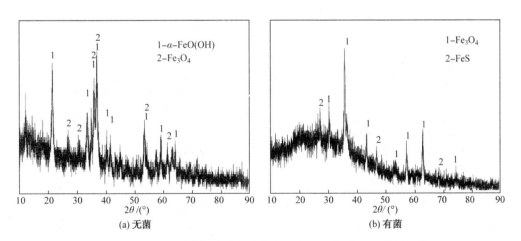

图 17-10 X100 管线钢在模拟溶液中浸泡 60d 数后 XRD 分析结果

17.3 本章小结

① X100 钢在近中性土壤溶液中无菌与有菌环境下均属于中度腐蚀，且在该溶液中 5 天、35 天和 60 天的平均腐蚀速率无菌时均大于有菌时，说明 SRB 抑制了腐蚀。

② X100 钢在近中性 pH 值土壤溶液中的阴阳极极化曲线均为活化控制，不存在钝化区。通过极化曲线和交流阻抗谱测试发现 X100 钢的总体腐蚀倾向在无菌时增加，有菌时减小。腐蚀速率随时间变化趋势是无菌时先减小后持续增大，有菌时先增大后趋于稳定。

③ X100 钢在近中性土壤溶液中无菌时的腐蚀速率基本大于有菌时，在腐蚀初期更明显，这是因为 SRB 代谢活动所产生的生物膜影响了 X100 钢电极表面的腐蚀过程，微生物膜本身具有物理阻碍作用，降低有害离子浸入钢基体表面的几率，减缓管线钢的腐蚀过程。在腐蚀中后期随着溶液中营养物质的消耗，SRB 的代谢活动越来越弱，伴随着微生物膜活性降低，这种抑制作用逐渐减弱。

④ SEM 形貌表明：无菌时 X100 钢腐蚀产物比较疏松，薄厚不一，形状不规则，对基体基本无保护作用；有菌时在 X100 钢表面有一层透明状的微生物膜，随着腐蚀的进行，微生物膜与腐蚀产物结合在一起形成更致密的结合膜，可以阻碍 X100 钢的腐蚀。EDS 与 XRD 分析表明，无菌时 X100 钢的腐蚀产物主要为 Fe_3O_4 和 α-FeO(OH)，有菌时主要为 Fe_3O_4 和 FeS。

参 考 文 献

[1] 冯耀荣, 霍春勇, 吉玲康, 等. 我国高钢级管线钢和钢管应用基础研究进展及展望[J]. 石油科学通报, 2016, 1(1): 143-153.
[2] 冯耀荣, 陈浩, 张劲军, 等. 中国石油油气管道技术发展展望[J]. 油气储运, 2008, 27(3): 1-8.
[3] 霍春勇. 高钢级管材的发展[C]. 石油设备材料国产化会议, 北京, 2013.
[4] 庄传晶, 冯耀荣, 霍春勇. 国内 X80 级管线钢的发展及今后的研究方向[J]. 焊管, 2005(2): 10-14.
[5] "西气东输二线 X80 管材技术条件及关键技术指标研究"技术报告[R]. 中国石油集团石油管工程技术研究院, 2009.
[6] "西气东输二线管道断裂与变形控制关键技术研究"技术报告[R]. 中国石油集团石油管工程技术研究院, 2013.
[7] CAO N. Automatic girth welding and performance evaluation of the joints of hot-induction-bend and line pipes with different wall thickness[J]. Baosteel Technical Research, 2018, 12(2): 19-26.
[8] 严琳, 赵云峰, 孙鹏. 全球油气管道分布现状及发展趋势[J]. 油气储运, 2017, 36(5): 481-486.
[9] 王红菊, 祝悫智, 张延萍. 全球油气管道建设概况[J]. 油气储运, 2015, 34(1): 15-18.
[10] Zhang ML, Wang HX, Han XM. Preparation of metal-resistant immobilized sulfate reducing

bacteria beads for acid mine drainage treatment[J]. Chemosphere, 2016, 154: 215-223

[11] 范华军, 王中红. 亚洲油气管道建设的特点及发展趋势[J]. 石油工程建设, 2010, 36(5): 6-9.

[12] 吕向飞. 长输油气管道 EPC 总承包商风险评价研究[D]. 西南石油大学, 2013.

[13] 何仁洋, 吉建立. 美国油气管道安全管理经验及启示[J]. 质量探索, 2014, (6): 45-46.

[14] 中国石油新闻中心. 中国第四次管道建设高潮十大亮点[DB/OL]. http://news.cnpc.com.cn/system/2016/01/22/001576805.shtml, 2016-01-22.

[15] 国家统计局. 2009-2014 年我国油气管道工程建设情况[DB/OL]. http://www.chyxx.com/industry/201512/364161.html, 2015-12-02.

[16] 中国经济网. 2025 年我国油气管网规模将达到 24 万公里[DB/OL]. http://www.cankaoxiaoxi.com/finance/20170712/2183927.shtml, 2017-07-12.

[17] 黄开文. X80 和 X100 钢级管线钢的合金化原理和生产要点[J]. 轧钢, 2004, 21(6): 55-58.

[18] 高惠临. 管线钢组织、性能、焊接行为[M]. 西安: 陕西科学技术出版社, 1995.

[19] Hernandez ME, Kappler A, Newman DK. Phenazines and other redox-active antibiotics promote microbial mineral reduction [J]. Applied and Environmental Microbiology, 2004, 70(2): 921-928

[20] 罗海文, 董瀚. 高级别管线钢 X80-X120 的研发与应用[J]. 中国冶金, 2006, 16(4): 9-15.

[21] 张斌, 钱成文, 王玉梅, 等. 国内外高钢级管线钢的发展及应用[J]. 石油工程建设, 2012, 38(1): 1-4.

[22] 张小立, 冯耀荣, 庄传晶. X100 高钢级管线钢的发展及组织设计[J]. 材料导刊, 2007, (5): 34-38.

[23] 周平, 李辉. X100、X120 高强韧性管线钢的研发和应用综述[J]. 莱钢科技, 2009, (6): 9-12.

[24] PHMSA, Pipeline Incident 20 Year Trends [EB/OL]. https://www.phmsa.dot.gov/data-and-statistics/pipeline/pipeline-incident-20-year-trends, 2020-03-01.

[25] Contreras A, Hernández S L, Orozco-Cruz R. Mechanical and environmental effects on stress corrosion cracking of low carbon pipeline steel in a soil solution[J]. Materials & Design, 2012, 35: 281-289.

[26] Pourazizia Reza, Mohtadi-Bonabb M A, Szpunara J A. Investigation of diffferent failure modes in oil and natural gas pipeline steels[J]. Engineering Failure Analysis, 2020, 109: 104400.

[27] Biezmaa M V, Andrésb M A, Agudoa D, Briz E. Most fatal oil & gas pipeline accidents through history: A lessons learned approach[J]. Engineering Failure Analysis, 2020, 110: 104446.

[28] Akvan, Farzaneh, Neshati, Jaber, Mofidi, Jamshid. An electrochemical measurement for evaluating the cathodic disbondment of buried pipeline coatings under cathodic protection[J]. Iranian Journal of Chemistry & Chemical Engineering, 2015, 34(1-4): 83-91.

[29] Sungur EI, Cotuk A. Characterization of sulfate reducing bacteria isolated from cooling towers [J]. Environmental Monitoring and Assessment, 2005, 104(1/3): 211-219.

[30] Eslami A, Kania R, Worthingham B, Boven G V. Effect of CO_2 and K-ratio on near-neutral pH stress corrosion cracking initiation under a disbonded coating of pipeline steel[J]. Corrosion science, 2011, 53(6): 2318-2327.

[31] Beavers, John A, Harle, Brent A. Mechanisms of high-pH and near-neutral-pH SCC of underground pipelines[J]. Journal of Offshore Mechanics & Arctic Engineering, 2001, 123(3): 147.

[32] Chen W, Zhao J, Been J, Been J. Update of understanding of near-neutral ph scc crack growth mechanisms and development of pipe-online software for pipeline integrity management [C]. ASME 2016 11th International Pipeline Conference, Calgary, 2016.

[33] Lei X, Wu K, Wang H. Microstructure evolution and alloying features of a developed high strength and high toughness weld metal used for pipeline steels[J]. Journal of Coastal Research, 2015, 73: 265-269.

[34] Luo J, Xu C. The influence of microstructures on the corrosion properties of X80 pipeline steel in near-neutral pH soil[J]. Advanced Materials Research, 2012, 476-478: 212-217.

[35] Smith WL, Gadd GM. Reduction and precipitation of chromate by mixed culture sulphate-reducing bacterial biofilms[J]. Journal of Applied Microbiology, 2000, 88(6): 983-991.

[36] Zhu M, Du C W, Li X G. Effect of strength and microstructure on stress corrosion cracking behavior and mechanism of X80 pipeline steel in high pH carbonate/bicarbonate solution[J]. Journal of Materials Engineering and Performance, 2014, 23(4): 1358-1365.

[37] Zvirkoa O I, Savulab S F, Tsependab V M, Gabettac G. Stress corrosion cracking of gas pipeline steels of different strength[J]. Procedia Structural Integrity, 2016, 2: 509-516.

[38] Zhu M, Du C, Li X, Liu Z. Effect of strength and microstructure on stress corrosion cracking behavior and mechanism of X80 pipeline steel in high pH carbonate/bicarbonate solution[J]. Journal of Materials Engineering & Performance, 2014, 23(4): 1358-1365.

[39] Hryhoriy Nykyforchyn, Halyna Krechkovska, Oleksandra Student, Olha Zvirko. Feature of stress corrosion cracking of degraded gas pipeline steels[J]. Procedia Structural Integrity, 2019, 16: 153-160.

[40] Contreras A, Hernández S L. Mechanical and environmental effects on stress corrosion cracking of low carbon pipeline steel in a soil solution[J]. Materials and Design, 2012, 35: 281-289.

[41] Ma H C, Liu Z Y, Du C W. Effect of cathodic potentials on the SCC behavior of E690 steel in simulated seawater[J]. Materials Science & Engineering A, 2015, 642: 22-31.

[42] Wang L, Cheng L, Li J. Combined effect of alternating current interference and cathodic protection on pitting corrosion and stress corrosion cracking behavior of X70 pipeline steel in near-neutral pH environment[J]. Materials, 2018, 11(4): 465-472.

[43] 曹楚南. 中国材料的自然环境腐蚀[M]. 北京: 化学工业出版社, 2005.

[44] Brioukhanov AL, Netrusov AI. Aerotolerance of strictly anaerobic microorganisms and factors of defense against oxidative stress: a review[J]. Applied Biochemistry and Microbiology, 2007, 43(6): 567-582

[45] SRIKANTH S, SANKARANARAYANAN T S N, GOPALAKRISSHNA. Corrosion in a buried pressurized water pipeline[J]. Engineering Failure Analysis, 2005, 12: 634-651.

[46] 赵麦群, 雷阿丽. 金属的腐蚀与防护[M]. 北京, 国防工业出版社, 2002: 133-137.

[47] DE L D, MACIAS O F. Effect of spatial correlation on the failure probability of pipelines under corrosion[J]. International Journal of Pressure Vessels and Piping, 2005, 82(2): 123-128.

[48] RIEMER D, ORAZERN M. A mathematical model for the catholic protection of tank bottoms[J]. Corrosion Science, 2005, 47(3): 849-868.

[49] Xu D, Gu T. Carbon source starvation triggered more aggressive corrosion against carbon steel by the Desulfovibrio vulgaris biofilm[J]. International Biodeterioration & Biodegradation, 2014, 91: 74-81.

[50] 孙成, 李洪锡, 张淑泉, 等. 不锈钢在土壤中腐蚀规律的研究[J]. 腐蚀科学与防护技术, 1999, 11(2): 94-99.

[51] 武俊伟, 杜翠薇, 李晓刚, 等. 低碳钢在库尔勒土壤中腐蚀行为的室内研究[J]. 腐蚀科学与防护技术, 2004, 16(5): 280-283.

[52] GURRAPPA I, REDDY D V. Characterisation of titanium alloy, IMI-834 for corrosion resistance under different environmental conditions[J]. Journal of Alloys and Compounds, 2005, 390(2): 270-274.

[53] KOBAYASH T. Effect of environmental factors on the protential of steel[C]. In Proceedings of

the 5th International Congress on Metallic Corrosion. Houston NACE, 1974: 627-642.
[54] MORGAN J. Cathodic Protection[M]. 2nd Edition, Houston: NACE, 1993: 102-105.
[55] KIM J G, KIM Y W. Cathodic protection criteria of thermally insulated pipeline buried in soil [J]. Corrosion Science, 2001, 43(11): 2011-2021.
[56] SEKINE I, NAKAHATA Y, TANABE H. The corrosion inhibition of mild steel by ascorbic and folic acids[J]. Corrossion science, 1989, 29(7): 987-1001.
[57] PARK J J, PYUN S I. Stochastic approach to the pit growth kinetics of Inconel alloy 60 in Cl⁻ ion- containing thiosulphate solution at temperatures 25~150℃ by analysis of the potentiostatic current transients[J]. Corrosion science, 2004, 46(2): 285-296.
[58] 武俊伟, 李晓刚, 杜翠薇, 等. X70钢在库尔勒土壤中短期腐蚀行为研究[J]. 中国腐蚀与防护学报, 2005, 25(1): 15-19.
[59] 刘文霞, 陈永利, 孙成. 盐渍土壤湿度变化对碳钢腐蚀的影响[J]. 全面腐蚀控制, 2005, 19(1): 26-30
[60] MURRAY J N, MORAN P J. Influence of moisture on corrosion of pipeline steel in soil using in-situ impedance spectroscopy[J]. Corrosion, 1989, 45(1): 34-41.
[61] GUPTA S K, GUPTA B K. The critical soil moisture content in the underground corrosion of mild steel[J]. Corrosion Science, 1979, 19(3): 171-178.
[62] 李谋成, 林海潮, 曹楚南. 湿度对钢铁材料在中性土壤中腐蚀行为的影响[J]. 腐蚀科学与防护, 2000, 12(4): 218-220.
[63] Vigneron A, Alsop EB, Chambers B, et al. Complementary microorganisms in highly corrosive biofilms from an offshore oil production facility[J]. Applied and Environmental Microbiology, 2016, 82(8): 2545-2554
[64] 李谋成, 林海潮, 曹楚南. 碳钢在中性土壤中的腐蚀行为研究[J]. 材料科学与工程, 2000, 18(4): 57-61.
[65] 孙成, 李洪锡, 张淑泉, 等. 大港海滨盐土的土壤腐蚀性研究[J]. 环境科学与技术, 1999, 2(1): 1-4.
[66] LI S, KIM Y, JEON K, KHO Y. Microbiologically influenced corrosion of carbon steel exposed to anaerobic soil[J]. Corrosion, 2001, 57(9): 23-28.
[67] JACK T R, WILMOOT M J. Indicator minerals formed during external corrosion of line pipe[J]. Material Performance, 1995, 11(1): 19-22.
[68] 何斌, 孙成, 韩恩厚, 等. 不同湿度土壤中硫酸盐还原菌对碳钢腐蚀的影响[J]. 腐蚀科学与防护技术, 2003, 15(1): 1-4.
[69] 金名惠, 孟厦兰, 黄辉桃, 等. 碳钢在我国四种土壤中腐蚀机理的研究[J]. 华中科技大学学报, 2002, 30(7): 104-107.
[70] TRAUTMAN B L. Cathodic Disbonding of Fusion Bonded Epoxy Coatings[Masters Thesis]. Case Western Reserve University, 1994.
[71] HOFFMANN K, STRATMANN M. Delamination of organic coatings from rusty steel substrates [J]. Corrosion Science, 1993, 34(10): 1625-1645.
[72] Dai XY, Wang H, Ju LK, et al. Corrosion of aluminum alloy 2024 caused by Aspergillus niger [J]. International Biodeterioration & Biodegradation, 2016, 115: 1-10.
[73] ONUCHUKWU A I, OKOLUE B N, NJOKU P C. Effect of metal-doped copper ferrite activity on the catalytic decomposition of hydrogen peroxide[J]. Materials Chemistry and Physics, 1994, 36(11): 1185-1124.
[74] PERDOMO J J, CHABICA M E, SONG I. Chemical and electrochemical condition on steel under disbanded coatings: the effect of previously corroded surfaces and wet and dry cycles[J]. Corrosion Science, 2001, 43(10): 515-532.
[75] 孙成, 李洪锡, 张淑泉, 等. 碳钢的土壤盐浓差宏电池腐蚀研究[J]. 腐蚀与防护, 1999,

20(10):438-440.

[76] 银耀德,高英,张淑泉,等.土壤中阴离子对20#钢腐蚀的研究[J].腐蚀科学与防护技术,1990,2(2):22-28.

[77] Enning D, Garrelfs J. Corrosion of iron by sulfate-reducing bacteria: new views of an old problem[J]. Applied and Environmental Microbiology, 2014, 80(4):1226-1236.

[78] 王开军.土壤盐分与金属电极电位的变化[J].腐蚀科学与防护技术,1994,6(4):358-340.

[79] 刘大扬,魏开金.金属在南海海域腐蚀电位研究[J].腐蚀科学与防护技术,1999,11(6):330-335.

[80] 李素芳,陈宗璋,曹红明,等.碳钢在黄土中的腐蚀研究[J].四川化工与腐蚀控制,2002,5(6):12-15.

[81] 刘晓敏,史志明,许刚,等.硫酸盐和温度对钢筋腐蚀行为的影响[J].中国腐蚀与防护学报,1999,19(1):55-58.

[82] 杜翠微,李晓刚,武俊伟.三种土壤对X70钢腐蚀行为的比较[J].北京科技大学学报,2004,26(5):529-532.

[83] 郭稚弧,金名惠,周建华.碳钢在土壤中的腐蚀及影响因素[J].油气田地面工程,1995,14(4):27-29.

[84] 金名惠,黄辉桃.金属材料在土壤中的腐蚀速度与土壤电阻率[J].华中科技大学学报,2001,29(5):103-107.

[85] WERNER G, ROLAND B. Effect of soil parameters on the corrosion of archaeological metal finds[J]. Geoderma, 2000, 96(1):63-80.

[86] CZEREWKO M A, CRIPPS J C, REID J M, et al. Sulful species in geological materials-sources and quantification[J]. Cement and Concrete Composites, 2003, 25(7):657-671.

[87] NACE Standard RP0169: Control of external corrosion on underground or submerged metallic piping systems[S]. Houston, TX: NACE, 1969.

[88] KAJIYAMA F, OKAMURA K. Evaluating cathodic protection reliability on steel pipe in microbially active soils[J]. Corrosion, 1999, 55(1):74-80.

[89] KIM JUNG-GU, KIM YOOG-WOOK. Cathodic protection criteria of thermally insulated pipeline buried in soil[J]. Corrosion Science, 2001, 43(11):2011-2021.

[90] Yuan SJ, Liang B, Zhao Y, et al. Surface chemistry and corrosion behaviour of 304 stainless steel in simulated seawater containing inorganic sulphide and sulphate-reducing bacteria[J]. Corrosion Science, 2013, 74:353-366

[91] 侯保荣,西方笃,水流澈.阴极保护时碳钢的交流阻抗特性和最佳防蚀电位[J].海洋与湖沼,1993,24(3):272-278.

[92] GUEZENNEC J, THERENEMARTINE. A study of the influence of cathodic protection on the growth of SRB and corrosion in marine sediments by electrochemical techniques[J]. Microbial Corrosion, 1983:256-265.

[93] GUEZENNE J. Cathodic protection and microbially induced corrosion[J]. International Biodeterioration & Biodegradation, 1994, 34 (3-4):275-288.

[94] GUEZENNEC J, DOWLING N J E, BULLEN J, et al. Relationship between bacterial colonization and cathodic current density associated with mild steel surfaces[J]. Biofouling, 1994, 8(2):133-146.

[95] GABERRTG, BENNARDO A, SOPRANI M. EIS measurements on buried pipelines cathodically protected[J]. NACE, Corrosion, 1998, 618.

[96] DEROMEROM F, DUQUE Z, DERINCONO T, et al. Microbiological corrosion: hydrogen permeation and sulfate-reducing bacteria[J]. Corrosion, 2002, 58(5):429-435.

[97] PIKAS J L. Case histories of external microbiologically influenced corrosion underneath disbonded

coatings[J]. Corrosion, 1996: 198.

[98] JACK T R, WILMOOT M J. External corrosion of line pipe-A summary of research activities performed since 1983[J]. Materials Performance, 1996, 35: 18-24.

[99] LI S Y, JEON K S, KANG T Y, et al. Microbiologically influenced corrosion of carbon steel exposed to anaerobic soil[J]. Corrosion, 2012, 57(9): 815-828.

[100] KAJIYAMA F. Evaluating cathodic protection reliability on steel pipe in microbiologically active soils[J]. Corrosion, 1999, 55(1): 74-80.

[101] GROBE S, PRINZ W, SCHONEICH H G, et al. Influence of sulfate-reducing bacteria on cathodic protection[J]. Werkstoffe und Corrosion-Materials and Corrosion, 1996, 47(8): 102.

[102] 董超芳, 李晓刚, 武俊伟, 等. 土壤腐蚀的实验研究与数据处理[J]. 腐蚀科学与防护技术, 2003, 15(3): 154-160.

[103] 胡士信. 阴极保护手册[M]. 北京: 化学工业出版社, 1987, 116.

[104] Etique M, Jorand FPA, Zegeye A, et al. Abiotic process for Fe(II) oxidation and green rust mineralization driven by a heterotrophic nitrate reducing bacteria (Klebsiella mobilis)[J]. Environmental Science & Technology, 2014, 48(7): 3742-3751.

[105] 宋光铃, 曹楚南, 林海潮, 等. 土壤腐蚀性评价方法综述[J]. 腐蚀科学与防护技术, 1993, 5(4): 268.

[106] 刘继旺. 钢铁试件腐蚀研究[A]. 全国土壤腐蚀试验网站资料选编[C], 国家科委全国土壤腐蚀试验网站, 哈尔滨: 黑龙江省新闻出版局, 1987. 20.

[107] Pokorna D, Zabranska J. Sulfur-oxidizing bacteria in environmental technology[J]. Biotechnology Advances, 2015, 33(6): 1246-1259.

[108] 吴沟, 张道明, 孙慧珍. 土壤腐蚀性研究[A]. 全国土壤腐蚀试验网站资料选编[C], 国家科委全国土壤腐蚀试验网站. 上海: 上海交通大学出版社, 1992. 90.

[109] 王强. 地下金属管道的腐蚀与阴极保护[M]. 西宁: 青海人民出版社, 1984. 62.

[110] 中国腐蚀与防护学会金属腐蚀手册编辑委员会. 金属腐蚀手册[M]. 上海: 上海科学技术出版社, 1987, 116.

[111] 李谋成, 林海潮, 郑立群. 土壤腐蚀性检测器的研制[J]. 中国腐蚀与防护学报, 2000, 20(3): 161-166.

[112] 朱一帆, 孙慧珍, 万小山, 等. 土壤腐蚀测试的一种新型电极[J]. 南京工业大学学报(自然科学版), 1995, 17(12): 161-164.

[113] 吴均. 土壤性质对钢铁电极电位的影响[J]. 土壤学报, 1991, 28(2): 117-123.

[114] 银耀德, 张淑泉, 高英. 不锈钢、铜和铝合金酸性土壤腐蚀行为研究[J]. 腐蚀科学与防护技术, 1995, 7(3): 269-271.

[115] 孟厦兰, 金名惠, 孙嘉瑞. A3钢在土壤中自然腐蚀和电偶腐蚀规律的探讨[J]. 油气田地面工程, 1996, 15(3): 37-39.

[116] McBeth JM, Emerson D. In situ microbial community succession on mild steel in estuarine and marine environments: exploring the role of iron-oxidizing bacteria[J]. Frontiers in Microbiology, 2016, 7: 767.

[117] KASAHARA KOMEI, KAJIYAMA FUMIO. International Congress on Metallic Corrosion, 1984 Sponsored by: Nat l Research Council of Canada, Ottawa, Ont, Can Nat l Research C ouncil of Canada. : 455.

[118] 金名惠, 孟厦兰, 冯国强. 碳钢在不同土壤中的腐蚀过程[J]. 材料保护, 1999, 10B: 358.

[119] Keresztes Z, Felhösi I, Kálmán E. Role of redox properties of biofilms in corrosion processes [J]. Electrochimica Acta, 2001, 46(24/25): 3841-3849.

[120] 孔君华, 郑磊, 黄国建, 等. X80管线钢和钢管在中国的研制与应用[C]. 巴西: 2006年石油天然气管道工程技术及微合金化钢国际研讨会论文集, 2006: 134-143.

[121] Venzlaff H, Enning D, Srinivasan J, et al. Accelerated cathodic reaction in microbial corrosion

of iron due to direct electron uptake by sulfate-reducing bacteria[J]. Corrosion Science, 2013, 66: 88-96.

[122] 杜燕飞, 华建敏. 十二五末我长输油气管道总里程超 10 万公里 [DB/OL]. http://energy.people.com.cn/GB/12811459.html, 2010.

[123] 张华伟. 油气长输管线的腐蚀剩余寿命预测[D]. 北京: 中国石油大学, 2009.

[124] 吉玲康, 李鹤林, 冯耀荣. 高钢级管线钢管应用技术的发展及方向[J]. 石油管工程, 2007, 13(5): 1-11.

[125] Argonne National Laboratory. Environmentally acceptable methods control pipeline corrosion at lower cost[J]. Materials Performance, 1997, 36 (2): 71.

[126] A. W. 皮博迪. 管线腐蚀控制[M]. 第二版. 北京: 化学工业出版社, 2004. 269.

[127] Fang BY, AtrensA, Wang JQ. Review of stress corrosion cracking of pipeline steels in "low" and "high" pH solutions[J]. J. Mater. Sci., 2003, 38: 127-132.

[128] J Pikas. Case histories of external microbiologically influenced corrosion underneath disbanded coatings[J]. Corrosion, 1996: 354.

[129] Li S, Kim Y. Microbiologicallly influenced corrosion of carbonsteel exposed to anaerobic soil[J]. Corrosion, 2001, 57 (9): 815.

[130] J. A. Hardy, Utilization of cathodic hydrogen by sulphate-reducing bacteria[J]. British Corros. J., 1983, 18(4): 190-193.

[131] Warren P. Iverson. Research on the mechanisms of anaerobic corrosion. International biodeterioration & Biodegradation, 2001, 47(2): 63-70.

[132] Remy. Marchal, Bernard Chausseipied, Michel Warzywoda. Effect of ferrous ion availability on growth of a corroding SRB[J]. Int. Biodet&Biodegrag. 2001, 47: 125-131.

[133] W. Bouaeshi, S. Ironside, R. Eadie. Research and cracking implications from an assessment of two variants of near-neutral pH crack colonies in liquid pipelines, Corrosion, 2007, 63: 648.

[134] J. J. Park, S. I. Pyun, K. H. Na. Kho. Effect of passivity of the oxide film on low-pH stress corrosion cracking of API 5L X-65 pipeline steel in bicarbonate solution, Corrosion, 2002, 58: 329.

[135] R. Javaherdashtia. Panter. Microbiologically assisted stress corrosion cracking of carbon steel in mixed and pure cultures of sulfate reducing bacteria[J]. Int. Biodet&Biodegrag, 2006, 58: 27-35.

[136] A. Eslami, B. Fang, R. Kania. Stress corrosion cracking initiation under the disbonded coating of pipeline steel in near-neutral pH environment[J]. Corrosion Science, 2010, 52: 3750-3756.

[137] S. Sh. Abedi, A. Abdolmaleki, N. Adibi. Failure analysis of SCC and SRB induced cracking of a transmission oil products pipeline[J]. Engineering Failure Analysis, 2007, 14: 250-261.

[138] M. Victoria Biezma. The role of hydrogen in microbiologically influenced corrosion and stress corrosion cracking[J]. International Journal of Hydrogen Energy, 2001, 26: 515-520.

[139] Wang J Q, Atrens A. SCC initiation for X65 pipeline steel in the high pH carbonate/bicarbonate solution[J]. Corrosion Science, 2003, 45.

[140] He D X, Chen W, Luo J L. Effect of Cathodic Potential on Hydrogen Content in a Pipeline Steel Exposed to NS4 Near-Neutral pH Soil Solution[J]. Corrosion -Houston Tx-, 2004, 60 (8): 778-786.

[141] 李鹤林. 天然气输送钢管研究与应用中的几个热点问题[J]. 焊管, 2000, 23(3).

[142] Y. Z. Jia, J. Q. Wang. Stress corrosion cracking of x80 pipeline steel in near-neutral ph environment under constant load tests with and without preload[J]. J. Mater. Sci. Technol., 2011, 27(11): 1039-1046.

[143] 郑义征, 王俭秋, 韩恩厚, 等. X100 管线钢在恒载荷作用下的应力腐蚀开裂[J]. 中国腐

蚀与防护学报, 31(3): 184-189.

[144] 郭浩, 李光福. 外加电位对X70管道钢在近中性pH溶液中的应力腐蚀破裂的影响[J]. 中国腐蚀与防护学报, 2004, 24(4): 208-212.

[145] Zhao JL, Xu DK, Shahzad MB, et al. Effect of surface passivation on corrosion resistance and antibacterial properties of Cu-bearing 316L stainless steel[J]. Applied Surface Science, 2016, 386: 371-380.

[146] 刘智勇, 李晓刚. 管道钢在土壤环境中应力腐蚀模拟溶液进展[J]. 油气储运, 2008, 27(4): 34-39.

[147] Kip N, van Veen JA. The dual role of microbes in corrosion[J]. The ISME Journal, 2015, 9(3): 542-551.

[148] 帅健. 我国输气管道应力腐蚀开裂的调查与研究[J]. 油气储运, 2006, 25(4).

[149] 刘智勇, 翟国丽, 杜翠薇, 等. X70钢在酸性土壤模拟溶液中的应力腐蚀行为[J]. 金属学报, 2008, 44(2): 209-214.

[150] 张亮, 李晓刚, 杜翠薇. X70管线钢在库尔勒土壤环境中应力腐蚀研究[J]. 材料热处理学报, 2008, 29(3): 49-52.

[151] Parkins RN. Factors influencing stress corrosion crack growth kinetics[J]. Corrosion, 1987, 43(3): 130-139.

[152] Pikey AK, Lambert SB, Plumtree A. Stress corrosion cracking of X-60 line pipe steel in a carbonate-bicarbonate solution[J]. Corrosion, 1995, 51(2): 91-95.

[153] 许淳淳, 池琳, 胡钢. X70管线钢在CO_3^{2-}/HCO_3^-溶液中的电化学行为研究[J]. 腐蚀科学与防护技术, 2004, 16(5): 268-271.

[154] Rebak r B, Xia Z, Safruddin R, et al. Effect of solution composition and electrochemical potential on stress stress corrosion cracking of x-52 pipeline steel[J]. Corrosion, 1996, 52(5): 396-405.

[155] Lu BT, Luo JL. Relationship between yield strength and near-neutral ph stress corrosion cracking resistance of pipeline steels – an effect of microstructure[J]. Corrosion, 2006, 62(2): 129-138.

[156] Harle B A, Beavers JA. Technical note: Low pH stress corrosion crack propagation in API X65 pipeline steel[J]. Corrosion, 1993, 49(10): 861-863.

[157] Chen YY, Liou YM, Shih HC. Stress corrosion cracking of type 321 stainless steels in simulated petro-chemical process environments containing hydrogen sulfide and chloride[J]. Materials Science and Engineering A, 2005(407): 114-126.

[158] Parkins RN, Blanchard Jr. WK, Delanty BS. Transgranular stress corrosion cracking of high pressure pipelines in contact with solutions of near neutral pH[J]. Corrosion, 1994, 50(5): 394-408.

[159] Gu B, Luo J, Mao X. Hydrogen-facilitated anodic dissolution-type stress corrosion cracking of pipeline steels in near-neutral pH solution [J]. Corrosion, 1999, 55 (1): 96-106.

[160] Bulger J, Luo J. Effect of microstructure on near-neutral pH SCC. In: International Pipeline Conference (IPC), vol. 2. ASME; 2000. p. 947 – 52.

[161] Lu BT, Luo JL. Relationship between yield strength and near-neutral pH stress corrosion cracking resistance of pipeline steels – an effect of microstructure[J]. Corrosion, 2006, 62: 129-138.

[162] Al-Mansour M, Alfantazi AM, El-boujdaini M. Sulfide stress cracking resistance of API-X100 high strength low alloy steel[J]. Materials and Design, 2009, 30(10): 4088-4094.

[163] Fang B, Han EH, Wang J, Ke W. Mechanical and environmental influences on stress corrosion cracking of an X-70 pipeline steel in dilute near-neutral pH solutions[J]. Corrosion, 2007, 63: 419-432.

[164] A. Contreras, S. L. Hernández. Mechanical and environmental effects on stress corrosion cracking of low carbon pipeline steel in a soil solution[J]. Materials and Design, 2012, 35: 281-289.

[165] Zhang L, Li X, Du C, Huang Y. Effect of applied potentials on stress corrosion cracking of X70 pipeline steel in alkali solution[J]. Materials and Design, 2009, 30: 2259-2263.

[166] 赵明纯, 单以银, 李玉海, 等. 显微组织对管线钢硫化物应力腐蚀开裂的影响[J]. 金属学报, 2001, 37(10): 1087-1092.

[167] C. F. Dong, Z. Y. Liu, X. G. Li. Effects of hydrogen-charging on the susceptibility of X100 pipeline steel to hydrogen-induced cracking[J]. International Journal of Hydrogen energy, 2009, 34(24): 9879-9884.

[168] C. Zhang, Y. F. Cheng. Synergistic effects of hydrogen and stress on corrosion of X100 pipeline steel in a near-neutral ph solution[J]. Journal of Mater Eng and Perform, 2010, 19(9): 1284-1289.

[169] A. Mustapha, E. A. Charles, D. Hardie. Evaluation of environment-assisted cracking susceptibility of a grade X100 pipeline steel[J]. Corrosion Science, 2012, 54: 5-9.

[170] D. D. Macdonald, M. Urquidi-Macdonald. A coupled environment model for stress corrosion cracking in sensitized type 304 stainless steel in LWR environments[J]. Corrosion Science, 1991, 32(1): 51-58.

[171] Emerson D, Fleming EJ, McBeth JM. Iron-oxidizing bacteria: an environmental and genomic perspective[J]. Annual Review of Microbiology, 2010, 64(1): 561-583.

[172] Masayuki Kamaya, Mitsuhiro Itakura. Simulation for intergranular stress corrosion cracking based on a three-dimensional polycrystalline model[J]. Engineering Fracture Mechanics, 2009, 76: 386-401.

[173] Wang YZ, Hardie D, Parkins RN. The behaviour of multiple stress corrosion cracks in a Mn-Cr and a Ni-Cr-Mo-V steel: III-Monte Carlo simulation[J]. Corrosion Science, 1995, 37: 1705-1720.

[174] Videla H A. Prevention and control of biocorrosion[J]. Int. Biode-ter. Biodegr., 2002, 49: 259.

[175] Dennis Enning, Julia Garrelfs. Corrosion of Iron by Sulfate-Reducing Bacteria: New Views of an Old Problem[J]. Applied and Environmental Microbiology, 2014, 80: 1226.

[176] Kamaya M, Kitamura T. A Simulation on growth of multiple small cracks under stress corrosion. Int J Fracture 2004; 130: 787-801.

[177] J. Been, F. King, L. Fenyvesi, R. Sutherby, A modeling approach to high pH environmental assisted cracking. International Pipeline Conference, Paper IPC 04-0361, 2004.

[178] F. M. Song. Predicting the mechanisms and crack growth rates of pipelines undergoing stress corrosion cracking at high pH[J]. Corrosion Science, 2009, 51: 2657-2674.

[179] CAO N. Automatic girth welding and performance evaluation of the joints of hot-induction-bend and line pipes with different wall thickness[J]. Baosteel Technical Research, 2018, 12(2): 19-26.

[180] 张伟卫, 熊庆人, 吉玲康, 等. 国内管线钢生产应用现状及发展前景[J]. 焊管, 2011, 34(1): 5-8.

[181] Garrett JH. The action of water on lead[M]. London: H. K. Lewis, 1891.

[182] 徐桂英. 金属微生物腐蚀的电化学机理. 辽宁师范大学学报. 1994, 17(2): 173~176.

[183] Walsh D, Pope D, Danford M, et al. The effect of microstructure on microbiologically influenced corrosion[J]. JOM, 1993, 45(9): 22-30.

[184] Tatnall RE. Microbiologicaly influenced corrosion[M]. Houston: NACE International, 1993.

[185] Oh Y J, Jo W, Yang Y, et al. Influence of culture conditions on Escherichia coli O157: H7

biofilm formation by atomic force microscopy. [J]. Ultramicroscopy, 2007, 107(10-11): 869-874.

[186] 王伟. 海洋环境中微生物膜与金属电化学状态相关性研究[D]. 青岛: 中国科学院海洋研究所, 2003.

[187] Turakhia M, Characklis WG. Observation of microbial cell cell accumulation in a finned tube [J]. Canadian Journal of Chemical Engineering, 1983, 61(6): 873-875.

[188] Geesey GG. Introduction Part II-Biofilm Formation, in Kobrin, G. (ed.). Microbiologically Influenced Corrosion[M]. Houston: NACE International, 1993.

[189] Din A M S E, Saber T M H, Hammoud A A. Biofilm formation on stainless steels in Arabian Gulf water[J]. Desalination, 1996, 107(3): 251-264.

[190] Diósi G, Telegdi J, Farkas Gy, et al. Corrosion influenced by biofilms during wet nuclear waste storage[J]. International Biodeterioration & Biodegradation, 2003, 51(2): 151-156.

[191] Walch M, Mitchell R. Proceedings of the International Conference on Biologically Induced Corrosion[M]. Houston: NACE, 1986: 201-208.

[192] Gu JD, Roman Monsi. The role of microbial biofilms in deterioration of space station candidate materials[J]. International Biodeterioration & Biodegradation, 1998, 41(1): 25-33.

[193] Percival SL, Walker JT. Potable water and biofilms: a review of the public health implications. Biofouling[J]. 1999, 14(2): 99-115.

[194] R. Winston Revie. Uhlig's Corrosion Handbook[M]. Second Edition. New York: John Wiley & Sons Inc., 2000: 915-927.

[195] Magali B, Boniface K, Patrick L, et al. Biofilm responses to ageing and to a high phosphate load in a bench-scale drinking water system[J]. Water Research, 2003, 37: 1351-1361.

[196] 吴建华, 刘光洲, 于辉, 等. 海洋微生物腐蚀的电化学方法[J]. 腐蚀与防护, 1999, 5(2): 231-237.

[197] Little B, Ray R. A perspective on corrosion inhibition by biofilms[J]. Corrosion, 2002, 58(5): 424-428.

[198] Marchal R, Chaussepied B, Warzywoda M. Effect of ferrous ion availability on growth of a corroding SRB[J]. International Biodeterioration & Biodegradation, 2001, 47(3): 125-131.

[199] Romero M de; Duque Z; Rodríguez L, et al. A Study of Microbiologically Induced Corrosion by Sulfate-Reducing Bacteria on carbon steel using hydrogen permeation[J]. Corrosion, 2005, 61(1): 68-75.

[200] 余敦义. 硫酸盐还原菌生长规律的研究现状与热点[J]. 中国腐蚀与防护学报, 1996, (16): 64-68.

[201] Yang F, Shi BY, Bai YH, et al. Effect of sulfate on the transformation of corrosion scale composition and bacterial community in cast iron water distribution pipes[J]. Water Research, 2014, 59: 46-57

[202] 李家俊, 刘玉民, 张香文, 等. 油田回注水中硫酸盐还原菌对金属腐蚀的机理及其防治方法[J]. 工业水处理, 2007. 27(11): 4-7.

[203] Kinzler K, Gehrke T, Telegdi J, et al. Bioleaching-a result of interfacial processes caused by extracellular polymeric substances (EPS)[J]. Hydrometallurgy, 2003, 71(1-2): 83-88.

[204] Ryoko YI, Saburo M, Tomoaki K. Interactions between filamentous sulfur bacteria, sulfate reducing bacteria and polyp accumulating bacteria in anaerobic-oxic activated sludge from a municipal plant [J]. Water Science and Technology, 1998, 37(4-5): 599-603.

[205] Rao TS, Sariram TN, Viswanathan B, et al. Carbon steel corrosion by iron oxidizing and sulphate reducing bacteria in a fresh water cooling system[J]. Corrosion Science, 2000, 42(8): 1417-1431.

[206] Hardy JA. Utilization of cathodic hydrogen by sulfate-reducing bacteria[J]. British Corros. J.,

1983, 18(4): 190-193.

[207] Rémy Marchal, Bernard Chaussepied, Michel Warzywoda. Effect of ferrous ion availability on growth of a corroding sulfate-reducing bacterium[J]. International Biodeterioration & Biodegradation, 2001, 47(3): 125-131.

[208] 曾锋, 刘向荣, 白金刚. 硫酸盐还原菌对 16Mn 钢在海泥中应力腐蚀开裂敏感性的影响[J]. 科教信息, 2007(17): 276-277.

[209] Zhang C, Cheng Y F. Synergistic effects of hydrogen and stress on corrosion of X100 pipeline steel in a near-neutral pH solution [J]. Mater. Eng. Perform., 2010, 19: 1284.

[210] Tangqing Wu, Jin Xu, Cheng Sun. Microbiological corrosion of pipeline steel under yield stress in soil environment[J]. Corrosion Science, 2014, 88: 291-305.

[211] Claudia Cote, Omar Rosas, Magdalena Sztyler. Corrosion of low carbon steel by microorganisms from the 'pigging' operation debris in water injection pipelines[J]. Bioelectrochemistry, 2014, 97: 97-109.

[212] Tangqing Wu, Maocheng Yan, Dechun Zeng. Stress Corrosion Cracking of X80 Steel in the Presence of Sulfate-reducing Bacteria[J]. Journal of Materials Science & Technology, 2015, 31(4): 413-422.

[213] 李晓刚, 杜翠薇, 董超芳. X70 钢的腐蚀行为与试验研究[M]. 北京: 科学出版社, 2006: 1-20.

[214] 束德林, 凤仪, 陈九磅. 工程材料力学性能[M]. 北京: 机械工业出版社, 2005.

[215] Hernandez G, Kucern V, Thierry D, Pedersen A. Corrosion inhibition of steel by bacteria[J]. Corrosion, 1994, 50(8): 603-608.

[216] Videla HA. Mechanisms of MIC: Yesterday, today and tomorrow[C]. MIC - An International Perspective Symposium, Extrin Corrosion Consultants, Curtin University, Perth, Australia, 2007.

[217] Zhang P, Xu D, Li Y, et al. Electron mediators accelerate the microbiologically influenced corrosion of 304 stainless steel by the Desulfovibrio vulgaris biofilm[J]. Bioelectrochemistry, 2015, 101: 14-21.

[218] Yuan S J, Pehkonen S O. AFM Study of microbial colonization and its deleterious effect on 304 stainless steel by pseudomonas NCIMB 2021 and desulfovibrio desulfuricans in simulated seawater [J]. Corrosion Science, 2009, 51(6): 1372-1385.

[219] Hector A V, Liz K H. Microbiologically influenced corrosion: looking to the future [J]. International Microbiology, 2005, 8(3): 169-180.

[220] Xu Chen, Guanfu Wang, Fengjiao Gao. Effects of sulphate-reducing bacteria on crevice corrosion in X70 pipeline steel under disbonded coatings[J]. Corrosion Science, 2015, 101: 1-11.

[221] Machuca LL, Jeffrey R, Melchers RE. Microorganisms associated with corrosion of structural steel in diverse atmospheres[J]. International Biodeterioration & Biodegradation, 2016, 114: 234-243.

[222] Remy. Marchal, Bernard Chaussepied, Michel Warzywoda. Effect of ferrous ion availability on growth of a corroding SRB[J]. Int. Biodet&Biodegrag. 2001, 47: 125-131.

[223] Wan Y, Zhang D, Liu H Q, et al. Influence of sulphate-reducing bacteria on environmental parameters and marine corrosion behavior of Q235 steel in aerobic conditions[J]. Electrochim Acta, 2010, 55(5): 1528-1534.

[224] Souad B, Mohamed A L, Samir H. Effect of biofilm on naval steel corrosion in natural seawater [J]. J Solid State Electrochem., 2011, 15(3): 525-537.

[225] 刘宏芳, 刘涛, 郑碧娟. EPS 活性对 13Cr 钢钝化膜点蚀敏感性的影响[J]. 华中科技大学学报, 2009, 37(7): 122-125.

[226] Beech I B, Zinkevitch V, Tapper R. Study of the interaction of sulphate-reducing bacteria ex-

opolymers with iron using X-ray photoelectron spectroscopy and time-of-flight secondary ionization mass spectrometry[J]. J. Microbial Methods, 1999, 36(1/2): 3-10.
[227] Xu D, Li Y, Gu T. Mechanistic modeling of biocorrosion caused by biofilms of sulfate reducing bacteria and acid producing bacteria[J]. Bioelectrochemistry, 2016, 110: 52-58.
[228] 樊友军, 皮振邦, 华萍. 微生物腐蚀的作用机制与研究方法现状[J]. 材料保护, 2001, 34(5): 28-30.
[229] Kiran MG, Pakshirajan K, Das G. Heavy metal removal from multicomponent system by sulfate reducing bacteria: mechanism and cell surface characterization[J]. Journal of Hazardous Materials, 2017, 324: 62-70.
[230] 梅鹏, 刘涛, 吴堂清. 红壤浸出液中X100管线钢微生物腐蚀特征[J]. 全面腐蚀控制, 2013, 27(6): 23-25.
[231] Usher KM, Kaksonen AH, MacLeod ID. Marine rust tubercles harbour iron corroding archaea and sulphate reducing bacteria[J]. Corrosion Science, 2014, 83: 189-197.
[232] 曹楚南, 张鉴清. 电化学阻抗谱导论[M]. 北京: 科学出版社, 2002.
[233] Javed M A, Stoddart P R, McArthur S L, et al. The effect of metal microstructure on the initial attachment of Escherichia coli to 1010 carbon steel[J]. Biofouling, 2013, 29: 939.
[234] 许萍, 翟羽佳, 王婧, 等. 从新的视角理解生物膜——微生物防腐蚀研究进展[J]. 腐蚀科学与防护技术, 2016, 28(4): 356-360.
[235] 宗月, 谢飞, 吴明, 等. 硫酸盐还原菌腐蚀影响因素及防腐技术的研究进展[J]. 表面技术, 2016, 45(3): 24-30, 95.
[236] Gu TY. New understandings of biocorrosion mechanisms and their classifications[J]. Journal of Microbial & Biochemical Technology, 2012, 4(4): 3-6.
[237] Sungur EI, Ozuolmez D, Cotuk A, et al. Isolation of a sulfide-producing bacterial consortium from cooling-tower water: evaluation of corrosive effects on galvanized steel[J]. Anaerobe, 2017, 43: 27-34.
[238] 夏进, 徐大可, 南黎等. 从生物能量学和生物电化学角度研究金属微生物腐蚀的机理[J]. 材料研究学报, 2016, 30(3): 161.
[239] Li DP, Zhang L, Yang JW, et al. Effect of H_2S concentration on the corrosion behavior of pipeline steel under the coexistence of H_2S and CO_2[J]. International Journal of Minerals, Metallurgy and Materials, 2014, 21(4): 388-394.
[240] Nguyen VK, Lee MH, Park HJ, et al. Bioleaching of arsenic and heavy metals from mine tailings by pure and mixed cultures of Acidithiobacillus spp[J]. Journal of Industrial and Engineering Chemistry, 2015, 21: 451-458.
[241] Starosvetsky D, Armon R, Yahalom J, et al. Pitting corrosion of carbon steel caused by iron bacteria[J]. International Biodeterioration & Biodegradation, 2001, 47(2): 79-87.
[242] Gu T, Galicia B. Can acid producing bacteria be responsible for very fast MIC pitting?[C]. Proceedings of the 2012 National Association of Corrosion Engineers International Corrosion Conference. Salt Lake City, Utah: NACE International, 2012.
[243] Mori K, Tsurumaru H, Harayama S. Iron corrosion activity of anaerobic hydrogen-consuming microorganisms isolated from oil facilities[J]. Journal of Bioscience and Bioengineering, 2010, 110(4): 426-430.
[244] Usher KM, Kaksonen AH, Cole I, et al. Critical review: microbially influenced corrosion of buried carbon steel pipes[J]. International Biodeterioration & Biodegradation, 2014, 93: 84-106.
[245] Starosvetsky J, Starosvetsky D, Pokroy B, et al. Electrochemical behaviour of stainless steels in media containing iron-oxidizing bacteria (IOB) by corrosion process modeling[J]. Corrosion Science, 2008, 50(2): 540-547.

[246] Maeda T, Negishi A, Komoto H, et al. Isolation of iron-oxidizing bacteria from corroded concretes of sewage treatment plants[J]. Journal of Bioscience and Bioengineering, 1999, 88(3): 300-305.

[247] 黄烨, 刘双江, 姜成英. 微生物腐蚀及腐蚀机理研究进展[J]. 微生物学通报, 2017, 44(7): 1699-1713.

[248] Kuang F, Wang J, Yan L, et al. Effects of sulfate-reducing bacteria on the corrosion behavior of carbon steel[J]. Electrochimica Acta, 2007, 52(20): 6084-6088.

[249] 史显波, 杨春光, 严伟, 等. 管线钢的微生物腐蚀[J]. 中国腐蚀与防护学报, 2019, 39(1): 11-19.

[250] Al-Abbas F, Kakpovbia A, Mishra B, et al. Could non-destructive methodologies enhance the microbiologically influenced corrosion (MIC) in pipeline systems? [C]// American Institute of Physics Conference Series. American Institute of PhysicsAIP, 2013.

[251] 尹衍升, 董丽华, 刘涛, 等. 海洋材料的微生物附着腐蚀[M]. 北京: 科学出版社, 2012.

[252] 刘宏伟, 徐大可, 吴亚楠, 等. 微生物生物膜下的钢铁材料腐蚀研究进展[J]. 腐蚀科学与防护技术, 2015, 27: 409.

[253] Abedi S S, Abdolmaleki A, Adibi N. Failure analysis of SCC and SRB induced cracking of a transmission oil products pipeline[J]. Engineering Failure Analysis, 2007, 14(1): 250-261.

[254] Li S Y, Kim Y G, Jeon K S, et al. Microbiologically influenced corrosion of underground pipelines under the disbonded coatings[J]. Metals & Materials, 2000, 6(3): 281-286.

[255] Al-Jaroudi S S, Ul-Hamid A, Al-Gahtani M M. Failure of crude oil pipeline due to microbiologically induced corrosion[J]. Corrosion Engineering, Science and Technology, 2011, 46(4): 568-579.

[256] Sherar B W, Power I M, Keech P G, et al. Characterizing the effect of carbon steel exposure in sulfide containing solutions to microbially induced corrosion[J]. Corrosion Science, 2011, 53(3): 955-960.

[257] Alabbas F M, Williamson C, Bhola S M, et al. Influence of sulfate reducing bacterial biofilm on corrosion behavior of low-alloy, high-strength steel (API-5L X80)[J]. International Biodeterioration & Biodegradation, 2013, 78: 34-42.

[258] Little B J, Lee J S, Ray R I. The influence of marine biofilms on corrosion: A concise review[J]. Electrochimica Acta, 2009, 54(1): 2-7.

[259] Javed M, Neil W, Stoddart P, et al. Influence of carbon steel grade on the initial attachment of bacteria and microbiologically influ-enced corrosion[J]. Biofouling, 2016, 32: 109.

[260] Eckert R B. Emphasis on biofilms can improve mitigation of microbiologically influenced corrosion in oil and gas industry[J]. Corrosion Engineering ence and Technology, 2015, 50(3): 163.

[261] Stoodley P, Sauer K, Davies D G, et al. Biofilms as complex differentiated communities[J]. Ann. Rev. Microbiol., 2002, 56: 187.

[262] Enning D, Venzlaff H, Garrelfs J, et al. Marine sulfate-reducing bacteria cause serious corrosion of iron under electroconductive biogenic mineral crust[J]. Environmental Microbiology, 2012, 14(7): 1772-1787.

[263] Kato S. Microbial extracellular electron transfer and its relevance to iron corrosion[J]. Microbial Biotechnology, 2016, 9(2): 141-148.